21世纪高等学校计算机规划教材

21st Century University Planned Textbooks of Computer Science

Visual Basic
程序设计

Visual Basic Programming

李志强 主编
山笑珂 夏辉丽 副主编

U0191638

高校系列

人民邮电出版社
北京

图书在版编目（CIP）数据

Visual Basic程序设计 / 李志强主编. -- 北京：
人民邮电出版社，2015.2（2022.1重印）
21世纪高等学校计算机规划教材. 高校系列
ISBN 978-7-115-37925-2

Ⅰ. ①V… Ⅱ. ①李… Ⅲ. ①BASIC语言－程序设计－
高等学校－教材 Ⅳ. ①TP312

中国版本图书馆CIP数据核字(2015)第022483号

内 容 提 要

本书是根据教育部高等学校计算机基础课程教学指导委员会编制出版的《高等学校计算机基础教学发展战略研究报告暨计算机基础课程教学基本要求》中有关"计算机程序设计基础课程教学基本要求"组织编写的。

本书在结构上考虑了初学者的特点，尽量将学习 Visual Basic 语言成分、界面元素和学习算法的难度分散。本书主要内容包括：Visual Basic 6.0 的集成开发环境、程序设计的基本概念和基础知识、结构化程序的三种基本结构，数组、过程、Visual Basic 常用控件、界面设计、文件和数据库基础等。

本书既可作为高等学校非计算机专业学习高级程序设计语言课程的教材，也可供其他对程序设计有兴趣的读者学习、参考，还可为准备参加全国计算机等级考试二级 Visual Basic 的读者提供指导。

◆ 主　编　李志强
　　副 主 编　山笑珂　夏辉丽
　　责任编辑　张孟玮
　　执行编辑　李　召
　　责任印制　沈　蓉　彭志环

◆ 人民邮电出版社出版发行　　北京市丰台区成寿寺路 11 号
　　邮编　100164　电子邮件　315@ptpress.com.cn
　　网址　http://www.ptpress.com.cn
　　北京九州迅驰传媒文化有限公司印刷

◆ 开本：787×1092　1/16
　　印张：17.5　　　　　　2015 年 2 月第 1 版
　　字数：459 千字　　　　2022 年 1 月北京第 5 次印刷

定价：39.80 元
读者服务热线：(010)81055256　印装质量热线：(010)81055316
反盗版热线：(010)81055315

前　言

  Visual Basic 是 Microsoft 公司推出的 Windows 环境下的软件开发工具，它以功能强大、易于掌握的特点受到广大用户的青睐。Visual Basic 的集成开发环境与 Windows 风格完全一致，因而对广大熟悉 Windows 平台的用户来说，使用非常方便。Visual Basic 6.0 引入面向对象的编程机制，巧妙地将 Windows 编程的复杂性封装起来，提高了应用程序的开发效率，因而越来越多的高等院校已经将 Visual Basic 作为非计算机专业甚至计算机专业的程序设计类课程之一，许多学生已经将 Visual Basic 作为学习面向对象程序设计语言的首选。

  本书根据教育部高等学校计算机基础课程教学指导委员会编制出版的《高等学校计算机基础教学发展战略研究报告暨计算机基础课程教学基本要求》中有关"计算机程序设计基础课程教学基本要求"组织编写，由多年从事程序设计教学、具有丰富教学与应用项目开发经验的高校教师执笔。本书介绍了利用 Visual Basic 6.0 进行 Windows 程序设计的基本方法和技巧，包含了大量常见算法的分析及示例。本书在编写方式上，先给出设计目标，再介绍为实现本目标而采取的设计方法，使学生能够明确程序设计的基本思想和方法，着重培养学生分析问题、解决问题的能力，把重点放在解决实际应用上。

  全书在编排上从简到繁、由浅入深，围绕各章主题，通过大量示例循序渐进地讲解，做到内容新颖、结构完整、概念清晰、通俗易懂、层次分明、实用性强。每章都配有练习题，并配有大量的上机操作题。另外，本书在编写过程中，参考了全国计算机等级考试的考试大纲，内容基本涵盖了全国计算机等级考试二级 Visual Basic 的知识点。

  本书共分 12 章，由李志强、山笑珂、夏辉丽、王继州和李晓玲共同编写。全书由李志强统稿并定稿。在本书的编写和出版过程中得到了中原工学院信息商务学院的大力支持和帮助，在此表示衷心感谢。

  限于编者水平和时间有限，书中难免存在疏漏与不足之处，望读者批评指正。

编　者

2015 年 1 月

目 录

第1章
概述

程序是为实现特定目标或解决特定问题而用计算机语言编写的命令序列的集合。计算机程序设计就是为计算机编写程序的过程，包括设计、编写和调试程序的方法和过程。程序设计涉及程序设计方法、程序设计语言等各方面的知识。

在众多的程序设计语言中，Visual Basic（以下简称 VB）是一种功能强大的高级程序设计语言。本章主要介绍程序设计语言与程序设计、VB 的版本和特点、VB 程序的启动和退出、VB 的集成开发环境、VB 的帮助系统，以及设计 VB 应用程序的步骤等内容。

1.1 程序设计语言与程序设计

程序设计语言是人与计算机交流的媒介，程序要用程序设计语言来编写。程序设计是设计、编写、调试程序的过程，为了保证程序的质量，程序设计应遵循一定的科学方法进行。

1.1.1 程序设计语言

要用计算机解决一个问题，必须事先设计好计算机处理信息的步骤。把这些步骤用计算机能够识别的指令编写出来并送入计算机执行，计算机才能按照人的意图完成指定的工作。

人与计算机交流使用的是程序设计语言。同人类语言一样，程序设计语言也是由字、词和语法规则构成的一个系统。从计算机执行的角度来看，程序设计语言通常分为机器语言、汇编语言和高级语言三种。

1. 机器语言

计算机只能识别由"0"和"1"组成的二进制编码表示的命令，这种命令称为机器指令。一条机器指令规定了 CPU 的一种基本操作。所有机器指令的集合构成了 CPU 的指令系统，规定了 CPU 所能进行的所有基本操作。机器语言是计算机能够直接识别的语言。

机器语言的特点是：计算机可以直接执行用机器语言编写的程序，程序运行的速度最快，占用系统资源最少；但程序的编写难度最大，程序不易阅读，修改、调试也很不方便，不能在具有不同 CPU 的计算机上运行。

2. 汇编语言

为了便于阅读和记忆，人们采用被称为"助记符"的英文缩写符号和地址符号来代替机器指令的二进制编码，这种由助记符构成的指令称为"汇编指令"，汇编指令的集合及其规则就构成了"汇编语言"。用汇编语言编写的程序叫汇编语言源程序。但计算机不能直接识别汇编语言，所以必须把汇编语言源程序中的汇编指令翻译成机器指令，完成这一工作的程序称为"汇编程序"。

机器语言与汇编语言通称为"低级语言"，它们都与硬件密切相关，所以也称为"面向机器的语言"。

3. 高级语言

高级语言是更接近于人的自然语言和数学语言的计算机语言。通常所说的程序设计语言往往是指高级语言。与低级语言相比，用高级语言编写程序的难度大大降低，编写程序的效率大幅度提高，阅读、修改和调试程序也更加容易。但程序的执行效率降低了，占用的系统资源也更多了。

目前，使用较多的高级语言有 Basic、Visual FoxPro、C、C++、Java 等。Visual Basic 也是一种高级语言。

高级语言源程序不能在计算机上直接运行，必须把它翻译成机器指令序列才能在计算机上运行。翻译的方式有两种：编译方式和解释方式，完成翻译工作的程序分别被称为"编译程序"和"解释程序"。

编译是指把高级语言源程序翻译为在功能上等价的本计算机的机器语言程序，称为目标代码程序。在此之后，在计算机上执行的是目标代码程序，并且可以多次执行。执行目标代码程序期间不需要源程序和编译程序的参与。但是，一旦对源程序做了修改，则需要重新编译一次，产生新的目标代码程序，然后才能执行。所以，编译方式的特点是：一次编译，多次执行；一旦修改，重新编译。

解释方式不产生目标代码程序。与人类语言的同声翻译类似，在执行源程序时，解释程序对源程序的语句逐条翻译，翻译一句，执行一句，重复的语句也要重复翻译。源程序全部翻译完毕，程序的执行也就结束了。下次执行时，还需要解释程序重新逐语句翻译。源程序修改后，仍用同样的方式逐句翻译执行。因此，每次执行程序时，都需要源程序和解释程序。解释方式的特点是：每次执行，重新翻译；翻译一句，执行一句。一般来说，编译执行比解释执行的效率更高。

Basic 语言采用解释方式，Fortran、Pascal、C 等语言采用编译方式。VB 程序既可以在集成开发环境中解释运行，又可以编译成目标代码程序后在操作系统下直接运行。

1.1.2 程序设计

程序设计分为面向过程的程序设计和面向对象的程序设计两种。前者要求设计者按照一定的原则和方法来设计程序，强调程序结构的规范化，使程序结构清晰易读、易理解、易修改且易维护。但是在实际问题中，人们更直接看到的是组成问题的一个个对象，而不是一个个功能，所以，面向过程的程序设计对问题的描述与人们实际观察到的问题有一定差异。

VB 是一种面向对象的程序设计语言。面向对象的思想是把问题分解为对象。对象既具有自己的特征，又具有一定的行为能力，这与人们习惯的思维方式比较吻合，能更直接地描述客观世界。因此，软件的可维护性、可扩充性和可重用性也就更好，可以提高软件开发效率。

面向对象的主要内容有以下几点。

1. 对象和类

面向对象从问题所涉及的对象入手，以对象为中心构成程序。对象既包含描述对象的数据（称为对象的属性），也包含了针对这些数据所进行的操作（称为对象的方法）。类则是对具有相同性质对象特征（属性与方法）的描述，即一个类刻画一组具有相同特性的对象，是对象的集合，而对象则是类的实例。

2. 消息

通过传递消息来进行对象之间的联系，对象可以向其他对象发送消息，请求服务，也可以响应其他对象发来的消息。

3. 封装

封装是指把对象的属性和方法包装在一起，隐蔽对象内部的实现细节，外部只有通过对象的方法才能处理对象内部的数据。封装隐藏了对象内部的复杂性，简化了对象的使用方式，使其可以像部件一样在程序中使用对象。

4. 继承

在现实世界中，有些对象是另一类对象的子集。例如，小学生、中学生都是学生的子集，小轿车、货车都是汽车的子集。子集一般具有其父集的全部或部分特征，当然一般还具有不同于父集的特征。面向对象中的继承是指定义一个类时，可以从另一个类或多个类继承特征。继承是实现代码复用的一种重要机制。

5. 多态

在面向对象的程序设计中，多态性是指在同一个类或不同类中，可以定义名称相同但操作不同的多个方法。多态性的主要好处是易于实现程序高层代码的复用，使程序容易扩充。

1.2　VB 简介

VB 是微软公司为简化 Windows 应用程序的开发，在原有的 BASIC 语言（Beginners All-purpose Symbolic Instruction Code，初学者符号指令代码）基础上开发出的新一代面向对象的程序设计语言。VB 提供了编辑、测试和程序调试等各种程序开发工具的集成开发环境，因此无论是 Microsoft Windows 应用程序的专业开发人员还是初学者，都可以轻而易举地进行应用程序的界面设计、程序编码、测试和调试、编译，从而建立可执行程序以及发行最终应用程序。

1.2.1　VB 的版本

VB1.0 版于 1991 年推出，到 1998 年升级到 6.0 版，之后的版本则属于.NET 系列。它从 5.0 版开始有了中文版。

VB6.0 包括三种版本：学习版、专业版和企业版。三种版本建立在同样的基础之上，多数应用程序可在这三种版本中通用，不同版本适用于不同的用户层次。

1. 学习版

学习版是 VB6.0 的基本版本。

2. 专业版

专业版为专业编程人员提供了一整套功能完备的开发工具，包括学习版的全部功能以及 ActiveX 控件、Internet 控件等。

3. 企业版

企业版使得专业编程人员能够开发功能强大的组内分布式应用程序。该版本包括专业版的全部功能以及 Back Office 工具，例如 SQL Server，Microsoft Transaction Server，Internet Information Server，Visual SourceSafe，SNA Server 等。

本教材以 VB6.0 企业版为背景介绍。

1.2.2　VB 的特点

VB 简单易学、执行效率高、功能强大，很受编程爱好者和专业程序员喜爱，它有以下特点。

1.　可视化的程序设计

VB 采用了一种可视化（Visual）的程序设计方法。可视化程序设计是指一种开发图形用户界面（GUI）的方法。使用这种方法，程序员不需要编写大量的代码去描述界面元素的外观和位置，只须把预先建立的界面元素，例如按钮、文本框等，用鼠标拖放到屏幕上的合适位置即可。

在 VB 提供的可视化编程环境中，界面设计如搭积木一般，利用系统提供的大量可视化控件，根据需要将控件放置到界面的适当位置上，就可直接绘制出用户图形界面，并可以直观、动态地调整界面的风格和样式。

2.　面向对象的程序设计思想

VB 采用了面向对象的程序设计思想，它的基本思路是把复杂的设计问题分解为多个能够独立且相对简单的对象集合来完成。

对象就是可操作的实体，如窗体、窗体中的命令按钮、标签、文本框等。面向对象编程就是指程序员根据界面设计要求，直接在界面上设计出窗口、菜单、按钮等类型对象，并为每个对象设置属性。

3.　事件驱动的编程机制

在 VB 中，编程没有明显的主程序概念，代码不是按照预定的路径执行，而是在响应不同的事件时执行不同的代码片段（事件过程）。例如，命令按钮是编程过程中常用的一个对象，单击命令按钮，就会在该对象上产生一个鼠标单击事件（Click），同时系统会自动调用执行 Click 事件过程，从而实现事件驱动的功能。

整个 VB 应用程序是由许多彼此相互独立的事件过程构成的，这些事件过程的执行与否以及执行顺序都取决于用户的操作过程。

4.　软件集成式开发

VB 为编程提供了集成开发环境，在这个环境中，编程者可以设计界面、编写代码、调试程序，直至把程序编译成可在 Windows 中运行的可执行文件。

5.　强大数据库访问功能

VB 利用数据 Control 控件可以访问多种数据库。VB 6.0 提供 ADOControl 控件，不但可以用最少代码实现数据库操作和控制，也可以取代 DataControl 控件和 RDOControl 控件。

1.2.3　VB 的启动和退出

下面介绍 Visual Basic 的启动和退出方法。

图 1-1　VB6.0 快捷

方式图标

1.　启动

安装好 VB 后，有两种方法可以启动 VB 程序。

- 选择"开始" | "程序" | "Microsoft Visual Basic 6.0 中文版" | "Microsoft Visual Basic 6.0 中文版"命令即可启动 VB。
- 通过快捷方式启动。双击桌面上的快捷方式图标即可，快捷方式图标如图 1-1 所示。

程序启动后，出现"新建工程"对话框，如图 1-2 所示。

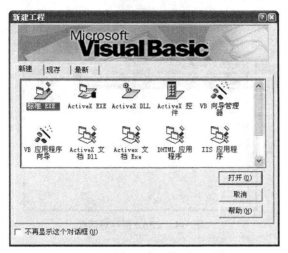

图 1-2 "新建工程"对话框

该对话框中有 3 个选项卡。

- "新建"选项卡：列出了可创建的应用程序类型。
- "现存"选项卡：列出了可以选择和打开的现有工程。
- "最新"选项卡：列出了最近使用过的工程。

默认状态下"新建工程"对话框中选中"标准 EXE"选项，标准 EXE 程序是典型的应用程序，本教材绝大多数的应用程序都属于标准 EXE 程序。

选择对话框中的"标准 EXE"选项，单击"打开"按钮，即可创建一个标准可执行文件。

图 1-3 所示为新建工程的界面，在这个软件界面中，可以进行窗体的绘制、代码的编写、调试、可执行文件的生成等操作。

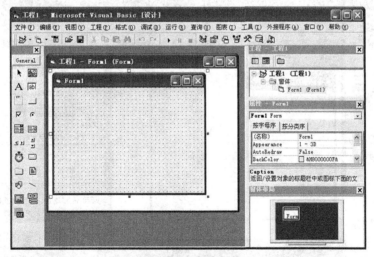

图 1-3 VB6.0 工程 1 界面

2. 退出

和其他常用应用软件一样，VB 的退出也有两种方法。

- 单击 VB 窗口标题栏右上角的关闭按钮。
- 选择"文件"|"退出"命令。

如果当前工程尚未保存，则弹出如图 1-4 所示对话框。

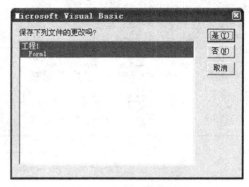

图 1-4　VB6.0 保存对话框

1.3　VB 集成开发环境

VB 为用户提供了一个功能强大而又易于操作的开发环境。

1.3.1　VB 主窗口

打开 VB6.0，进入集成开发环境主界面，如图 1-5 所示。VB6.0 的主窗口为标题栏、菜单栏和工具栏，子窗口有工具箱窗口、属性窗口、工程资源管理器等。根据需要，这些子窗口可以被关闭或打开。

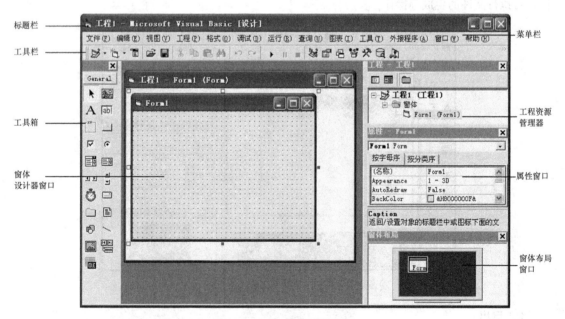

图 1-5　VB6.0 集成开发环境

1. 标题栏

标题栏用来显示窗口的标题。启动 VB6.0 后，标题栏上显示"工程 1-Microsoft Visual Basic[设计]"信息,如图 1-6 所示,表示现在处于"工程 1"的设计状态。

工程1 – Microsoft Visual Basic [设计]

图 1-6　标题栏显示的设计模式

标题栏中可以显示 VB 的 3 种工作模式:设计(Design)模式、运行(Run)模式和中断(Break)模式。

- 设计模式:可进行用户界面的设计和代码的编写,来完成应用程序的开发。
- 运行模式:运行应用程序,这时不可编辑代码,也不可编辑界面。
- 中断模式:应用程序暂时中断,这时可以编辑代码,但不可编辑界面。按【F5】键或单击"继续"按钮,程序继续运行;单击"结束"按钮,停止程序运行。在此模式下会弹出"立即"窗口,在该窗口内,可以输入简短的命令,并立即执行。同 Windows 界面一样,标题栏的最左端是窗口控制菜单框;标题栏的右端是最大化按钮、最小化按钮和关闭按钮。

2. 菜单栏

菜单栏显示所有可用的 VB 操作命令,除了标准的"文件""编辑""视图""窗口"和"帮助"等菜单之外,还提供了编程专用的功能菜单,例如"工程""格式"和"调试"等,系统的大部分功能都可以从菜单栏中找到。VB6.0 的菜单栏包括如图 1-7 所示的 13 个菜单项。

文件(F)　编辑(E)　视图(V)　工程(P)　格式(O)　调试(D)　运行(R)　查询(U)　图表(I)　工具(T)　外接程序(A)　窗口(W)　帮助(H)

图 1-7　菜单栏

菜单栏中各项菜单的功能如下。

- 文件:用于新建、打开、保存、显示最近的工程以及生成可执行文件。
- 编辑:用于对源代码程序的编辑处理,包括复制、查找等命令。
- 视图:用于打开或隐藏窗口。
- 工程:用于对控件、模块和窗体等对象进行处理。
- 格式:用于设计模式下调整窗体中对象的布局。
- 调试:用于调试应用程序。
- 运行:用于启动程序,设置中断、停止和继续执行等。
- 查询:在设计数据库应用程序时用于设计 SQL 属性。
- 图表:在设计数据库应用程序时用于编辑数据库。
- 工具:用于添加过程、设置过程属性、启动菜单编辑器和设置系统选项等。
- 外接程序:用于为工程增加或删除外接程序。
- 窗口:提供了对各种窗口的放置处理,包括平铺、层叠、激活及列出所有打开文档窗口的命令。
- 帮助:为用户学习使用 VB 提供帮助信息。

3. 工具栏

工具栏如图 1-8 所示。工具栏位于菜单栏之下或呈垂直条状紧贴在左或右边框上,也可以显示为一个窗口位于集成开发环境中。

图 1-8　工具栏

工具栏中各按钮的作用如表 1-1 所示。

表 1-1　　　　　　　　　　　　工具栏按钮

工具栏图标	名　称	功　　能	快捷键
	添加工程	添加一个新的工程到工程组中：单击其右边的下三角按钮，从弹出的下拉菜单中，可以选择想添加的工程类型	无
	添加窗体	向当前工程添加一个新的窗体、模块或者自定义的 ActiveX 控件	无
	菜单编辑器	用来显示"菜单编辑器"对话框	Ctrl+E
	打开工程	打开一个存在的工程文件，并同时关闭正在编辑的所有工程	Ctrl+O
	保存工程	保存正在编辑的所有工程的所有模块和窗体	无
	剪切	把对象或者文本剪切到剪贴板上，仅当有选定内容时可用	Ctrl+X
	复制	把对象或者文本复制到剪贴板上，仅当有选定内容时可用	Ctrl+C
	粘贴	把剪贴板上的内容粘贴到当前窗口中，仅当剪贴板上有内容时可用	Ctrl+V
	查找	打开查找对话框，查找文本，仅当前激活窗口为代码编辑窗口时可用	Ctrl+F
	撤销	撤销前面的操作	Ctrl+Z
	重复	重复上次操作	无
	启动	开始运行当前的工程	F5
	中断	中断当前运行的工程，进入中断模式	Ctrl+Break
	结束	结束运行当前的工程，返回设计模式	无
	工程资源管理器	显示"工程资源管理器"窗口	Ctrl+R
	属性	显示"属性"窗口	F4
	窗体布局	显示"窗体布局"窗口	无
	对象浏览器	显示"对象浏览器"窗口	F2
	工具箱	显示"工具箱"窗口	无
	数据库浏览窗口	显示"数据库浏览"窗口	无
	控件管理器	显示"控件管理器"窗口	无

1.3.2　VB 其他窗口

除了 VB 的主窗口外，子窗口还有窗体设计器窗口、工具箱窗口、工程资源管理器窗口、属性窗口等。

1. 窗体设计器窗口

如图 1-9 所示的窗体设计器窗口也称窗体窗口或对象窗口，是设计应用程序时放置其他控件的一个容器，是显示图形、图像和文本等数据的一个载体。窗体是应用程序最终面向用户的窗口，各种图形、图像、数据等都是通过窗体或者窗体中的控件显示出来的。

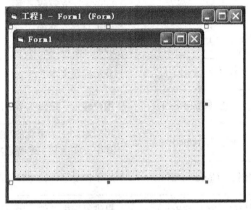

图 1-9　窗体设计器窗口

一个程序可以拥有多个窗体，但它们必须有不同的名称。系统默认窗体分别以 Form1、Form2、Form3……命名，程序员也可以根据需要创建新名称，以便识别和记忆各个窗体的功能和作用。

在窗体的工作区内，整齐地布满了网格状的点，这些点是供设计时对齐控件使用的，运行时不可见。

2. 工具箱窗口

工具箱窗口位于 VB 集成环境的左侧，其中含有许多可视化的控件，用户可以从工具箱中选取所需的控件，并将它添加到窗体中，以绘制所需的图形用户界面。工具箱窗口界面如图 1-10 所示。

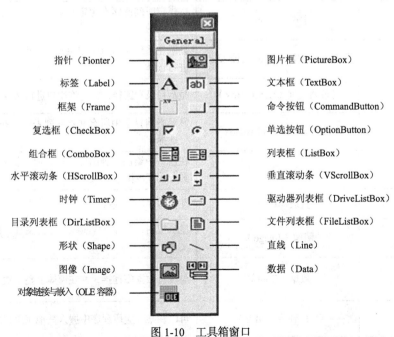

图 1-10　工具箱窗口

表 1-2 对标准控件的功能做简要介绍。

表 1-2   标准控件

控件图标	名　称	功　能
▶	指针（Pointer）	用于选取对象，在窗体上放置其他控件后，该控件自动激活，此时可以用鼠标去操作控件
	图片框（PictureBox）	用来显示一幅图画，可作为一个容器，接受图片方式的输出，还可以像窗体一样作为其他控件的载体
A	标签（Label）	显示标题文本
abl	文本框（TextBox）	用户输入、编辑文本的区域
xv	框架（Frame）	用来建立一个组合的功能框架，可以把某些控件放入其中，实现某一个特定功能
	命令按钮（CommandButton）	用于接受事件，主要是单击后完成某种功能
☑	复选框（CheckBox）	提供复选框控件，用户可以进行多重选择
◉	单选按钮（OptionButton）	提供一组单选按钮，用户只能而且必须作出一个选择
	列表框（ListBox）	显示项目列表，用户可以从中进行选择
	组合框（ComboBox）	将文本框与列表框组合起来，允许用户在文本框中输入信息或者选取列表框中的内容
◀▶	水平滚动条（Hscrollbar）	实现显示内容的水平滚动
▲▼	垂直滚动条（Vscrollbar）	实现显示内容的垂直滚动
⏱	时钟（Timer）	按指定时间间隔产生定时事件，它在程序运行期间是不可见的
▭	驱动器列表框（DrivelListBox）	显示在系统中所有可用驱动器的列表，并且允许用户进行选择
▢	目录列表框（DirListBox）	显示目录和路径，并允许用户进行选择
▤	文件列表框（FileListBox）	显示当前目录中所有文件的列表框，并且允许用户进行选择
⬡	形状（Shape）	在窗口中绘制各种图形，如矩形、长方形、椭圆或者圆形等标准图形
＼	直线（Line）	在窗体中添加线段
▣	图像（Image）	显示位图、图标、Windows 图元文件、JPEG 或者 GIF 文件
	数据（Data）	与现有数据库连接，并在窗体上显示数据库的信息
OLE	OLE 容器（OLE）	可以在某一应用程序中嵌入其他应用程序对象

3. 工程资源管理器窗口

VB 把开发一个应用程序视为一项工程，用创建工程的方法来创建一个应用程序。在 VB 中，通常利用工程资源管理器来管理一个工程。

在图 1-11 所示的工程资源管理器窗口中，显示了窗体文件。窗口中工程的组成是以树状列表形式显示的，并且可以使用这个树形结构打开或者切换工程的各个文件。

工程资源管理器窗口上方是工具栏，包括"查看代码"按钮"查看对象"按钮和"切换文件夹"按钮。

"查看代码"按钮可以查看选择对象的代码；"查看对象"按钮用来查看选中的对象，相当于双击窗口中的列表项；"切换文件夹"按钮决定工程中的列表项是否以树形目录的形式显示。

4. 属性窗口

属性（Property）是用来描述 VB 窗体和控件特征的数值。窗体的许多属性会影响到窗体的外观，例如，标题、大小、位置、颜色等。用于显示和设置属性的窗口，即为属性窗口，如图 1-12 所示。选中一个对象，按【F4】键或者单击工具条上的属性按钮，即可弹出该对象的属性窗口。通过属性窗口，可以设置或者修改对象的属性值。

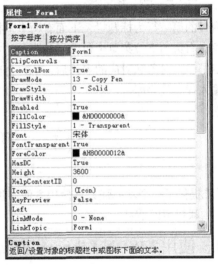

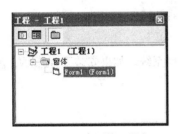

图 1-11　工程资源管理器窗口　　　　图 1-12　属性窗口

属性窗口的标题栏下方为"对象"下拉列表框，包括当前窗体及其所包含的全部对象的名称列表，可以从列表中选择要更改其属性的窗体或控件。属性可以按照字母顺序排列，也可以按照分类顺序显示，可通过单击排列方式选项卡来切换，系统默认为按照字母顺序显示。

属性列表的左侧栏中将显示属性名称，右侧栏中则显示对应属性的当前取值。单击要输入或者修改的属性左侧栏，在相应右侧栏输入或者选择属性的具体值，就可以完成对属性的设置。在属性窗口下方的信息栏上会显示这一属性的名称和功能。

对象的许多属性值可以直接在属性列表上设置，并且立即在屏幕上看到效果。另外，有些属性值可以在程序运行的过程中动态地设置。

5. 窗体布局窗口

窗体布局窗口使用小图像来表示屏幕，用于布置应用程序中各窗体的位置，它增强了 VB 的可视化功能。窗体布局窗口在 VB 启动时，一般位于开发环境的右下角，与属性窗口和工程资源管理器窗口连接在一起，拖动布局窗口的标题栏可以使布局窗口位于屏幕的任何位置，窗体布局窗口如图 1-13 所示。

6. 代码窗口

代码窗口如图 1-14 所示，是进行程序编辑的场所。代码窗口一般是隐藏的，可以通过选择"视图"|"代码窗口"命令打开，也可以通过单击工程资源管理器窗口中的"查看代码"按钮打开，或者在窗体窗口中直接双击对象来查看相应的代码。

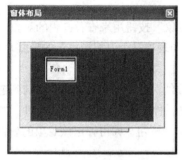

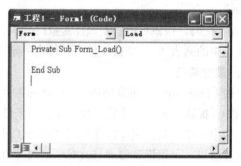

图 1-13　窗体布局窗口　　　　　　　　　　图 1-14　代码窗口

代码窗口的第一行为标题栏，下面有两个下拉式菜单，左边的下拉式菜单中包含所有与窗体关联的对象，右边的下拉菜单中包含了与当前选中对象相关的所有事件。

当选定了一个对象和对应的事件后，VB 会自动把过程头及过程尾列在窗口内，用户只要在两者之间输入程序代码即可。

1.4　帮助系统

VB 系统提供了一个功能强大、使用方便的联机帮助系统。如果安装了 MSDN，就可以方便地获得 VB 的联机帮助信息。

1.4.1　使用 MSDN Library 查阅器

在 VB 集成环境下选"帮助"|"内容"命令（也可以选"索引"或"搜索"命令），就可以打开图 1-15 所示的 MSDN Library 窗口。此外，已安装 MSDN 的计算机也可以通过单击其桌面任务栏上的"开始"按钮，在"开始"菜单中选择"程序"|"Microsoft Developer Network"|"MSDN Library Visual Studio 6.0（CHS）"打开 MSDN Library 窗口。

MSDN Library 窗口的左边子窗口中列出了 VB6.0 系列的所有帮助信息的目录，若选中一条，则该条帮助信息将显示在右边的子窗口中。在右边的子窗口显示的帮助信息中还有一些超链接，单击超链接可以显示相关帮助信息。有些帮助信息中有"示例"超链接，单击"示例"超链接可以显示相关代码示例，还可以复制这些代码，粘贴到自己的程序代码中。

单击左边子窗口中的"索引"选项卡，并输入一个要查找的关键字，可以迅速查找与该关键字相关的帮助信息。

单击左边子窗口中的"搜索"选项卡，并输入一个要查找的单词，可以用全文搜索方式查找相关的帮助信息。

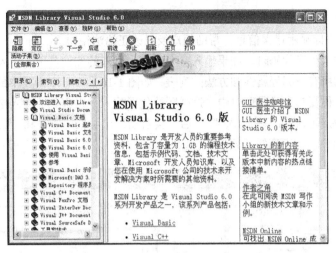

图 1-15　MSDN Library Visual Studio 6.0 窗口

1.4.2　使用上下文相关帮助

上下文相关帮助是指不需通过"帮助"菜单，直接获得与当前操作有关的帮助信息。方法是：选中一个对象或一个关键字（对于关键字也可把光标放到关键字第 1 个字母之前），然后按下【F1】键，则可打开 MSDN Library 窗口，并在右边的子窗口中显示相关帮助信息。

例如，选中属性窗口中的一个属性，按下【F1】键，则显示该属性的说明文字；若把光标放到代码窗口中的关键字 Sub 之前，按下【F1】键，则显示关于 Sub 语句的说明文字。

再如，若在程序运行中产生了错误，将弹出一个显示错误信息的窗口，但显示的错误信息会过于简单，如果想进一步了解错误原因，可以按【F1】键或单击错误信息的窗口上的"帮助"按钮，则会显示更为详细的错误信息。

可以选中而获得上下文帮助的对象有以下几种。

（1）代码窗口中的 VB 关键字。

（2）VB 集成环境中的各种窗口。

（3）工具箱中的控件图标。

（4）窗体和窗体上的控件。

（5）属性窗口中的属性。

（6）错误信息。

1.4.3　运行所提供的实例

VB 提供了大量应用程序实例，这些程序实例对 VB 的学习很有帮助。正确安装了 MSDN Library Visual Studio 6.0（CHS）后，这些实例被默认安装在"C:\Program Files\Microsoft Visual Studio\MSDN98\98VS\2052\SAMPLES\VB98"子目录中。用户可以运行这些程序，了解控件的使用，分析程序代码，观察运行结果，从而学习他人的应用程序开发经验。

1.4.4　利用编辑器的语法检查和自动显示信息功能

即便没有安装 MSDN，VB 的编辑器也有一些自动检查语法和显示提示信息的功能，可以帮助编程者减少代码中的错误。

默认设置下，在代码窗口输入程序代码时，如果某条语句出现语法错误，当光标试图离开该代码行时，VB 会立即显示错误信息，帮助用户及时改正语法错误。

在代码窗口输入程序代码时，如果输入一个窗体上已有的控件名称并输入 "."，则 VB 自动列出包含该控件的所有可编程属性和方法的列表，如图 1-16 所示。双击其中的一个，将直接把选中的属性或方法名称复制到代码窗口中，这样既简化了输入，也避免了输入错误。

当输入 VB 内部函数名，并输入 "(" 后，会自动列出函数的参数和参数的数据类型，如图 1-17 所示，提示用户输入正确的函数参数。

图 1-16　自动列出成员窗口

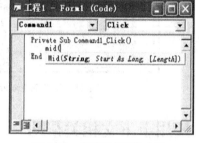
图 1-17　自动列出函数参数

如果输入了控件名和函数名而没有出现图 1-16、图 1-17 所示的成员窗口和函数提示，说明控件名或函数名输入有错，这种功能有助于减少代码中的错误。

1.5　设计 VB 应用程序的步骤

前面介绍了 VB 6.0 的集成开发环境，本节通过一个简单的入门程序介绍 VB 程序设计的基本方法和步骤。

1.5.1　简单的入门程序

【例 1.1】开发一个应用程序，要求单击 "欢迎" 按钮，在文本框中显示 "您好，VB 欢迎您！" 信息；当双击窗体时，文本框中显示 "欢迎使用 VB！"；单击 "退出" 按钮，关闭窗口退出。运行窗口如图 1-18 和图 1-19 所示。

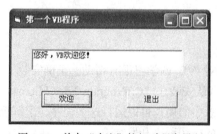
图 1-18　单击 "欢迎" 按钮时程序界面

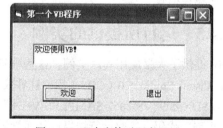
图 1-19　双击窗体时程序界面

创建步骤如下。

1. 新建工程

启动 VB 6.0，在 "新建工程" 对话框中的 "新建" 选项卡中选择 "标准 EXE" 项，单击 "打开"按钮后进入编辑窗口。

2. 添加控件

根据需要在窗体设计器上设计好应用程序界面,窗体上的控件包括一个文本框和两个按钮,如图 1-20 所示。

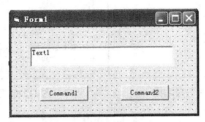

图 1-20 在窗体上添加控件

3. 设置属性

利用属性窗口按表 1-3 所示设置好各控件的属性。

表 1-3   对象属性设置

对　象	属　性	设　置
Form	Name	Form1
	Caption	第一个 VB 程序
Text1	Name	Text1
	Text	无
Command1	Name	Command1
	Caption	欢迎
Command2	Name	Command2
	Caption	退出

4. 编写事件过程代码

在代码窗口中给相应对象添加事件过程,即编写程序代码,该程序的代码如下。

```
Private Sub Command1_Click()          '  "欢迎"按钮的单击事件
    Text1.Text = "您好,VB 欢迎您!"
End Sub

Private Sub Form_DblClick()           '  窗体的双击事件
    Text1.Text = "欢迎使用 VB!"
End Sub

Private Sub Command2_Click()          '  "退出"按钮的单击事件
    End
End Sub
```

5. 运行应用程序

按【F5】键或工具栏上的"启动"按钮或选择"运行"|"启动"命令即可运行程序。

6. 保存应用程序

当程序调试成功后,保存工程。通过"文件"|"保存工程"命令,先保存窗体(窗体文件的扩展名为.frm),如图 1-21 所示;然后保存工程(工程文件的扩展名为.vbp),如图 1-22 所示。

图 1-21 "文件另存为"对话框

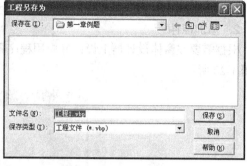

图 1-22 "工程另存为"对话框

7. 生成 EXE 文件

程序设计完成且测试成功后，还可以将它编译成可直接执行的 EXE 文件。这种类型的文件可以脱离 VB 环境独立运行。

具体操作为：选择"文件"｜"生成.EXE"命令，出现"生成工程"对话框，如图 1-23 所示，选择保存路径，输入文件名，单击"确定"按钮，即可完成 EXE 文件的生成。

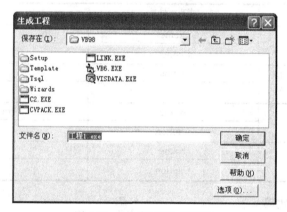

图 1-23 "生成工程"对话框

1.5.2 设计 VB 应用程序的步骤

设计 VB 应用程序主要有以下 4 个步骤。

1. 设计用户界面

用户通过用户界面与计算机进行沟通，标准的 Windows 应用程序的界面基本都是由窗口、窗口中的各种按钮、文本框、菜单条等组成的，设计界面就是要根据程序的功能要求确定窗口的大小和位置以及窗口中所需的对象。

创建"标准 EXE"工程文件后，系统自动添加一个窗体文件"Form1.frm"，用户可以在此基础上设计程序界面。向窗体上添加控件有如下两种方法。

- 双击工具箱中的控件图标，该控件即自动添加到了窗体的中央。

- 单击工具箱中的控件图标，然后将鼠标指针移到窗体上，鼠标指针变成十字型，在窗体上需要放控件的位置拖动鼠标画出需要的尺寸，然后释放鼠标，即可在窗体上画出该控件。

2. 设置对象属性

利用属性窗口可以为窗体和窗体中的对象设置相应的属性。对象的某些属性可以通过属性窗口设置，也可以通过程序代码在程序运行时设置，另外，某些对象的部分属性并不出现在属性窗口中。

3. 编写对象响应事件的代码

界面仅仅决定程序的外观，用户通过界面输入信息后，程序必须能够接受输入，并做出相应的响应，实现用户期待的功能，因此还必须为对象编写实现某一功能的程序代码。

编写程序代码是创建 VB 应用程序的主要工作环节，用户所需的运算、处理，都要通过编写代码来实现，程序代码可以在"代码窗口"中编写。

4. 保存和运行调试程序，生成 EXE 文件

VB 的一个程序也称为一个工程，它由窗体、代码模块、自定义控件及应用所需的环境设置组成。当保存工程时，系统将把包含在该工程中的所有文件逐一保存，如：用来保存窗体、窗体上的对象及窗体上的事件响应代码的窗体文件（扩展名为".frm"或".frx"）；用来保存可被任何窗体或对象调用的过程程序代码的标准模块文件（扩展名为".bas"）；用来保存 VB 类模块的文件（扩展名为".cls"）等。最后系统会建立一个扩展名为".vbp"的工程文件，用以保存创建该工程时所建立的所有文件的相关信息。打开工程文件时，系统将会把该工程文件中包含的所有文件同时装载。

使用"文件"|"保存工程"命令或工具栏上的"保存工程"按钮即可保存工程。

保存完程序后，可以通过选择"运行"|"启动"命令或按【F5】键运行工程，尽可能地发现程序中存在的错误和问题，排除错误、解决问题，以达到预期的功能。VB 开发环境提供了强大而方便的调试程序工具，具体的用法将在后面章节讲解。

为了使得创建的工程能够脱离 VB 环境直接在 Windows 下独立运行，可以选择"文件"|"生成工程名.exe"的命令将该工程编译成可执行文件（扩展名为".exe"）。

以上是 VB 建立应用程序的一般步骤，VB 应用程序主要由两部分组成：一是与用户进行交互的窗体即程序的用户界面；二是响应用户各种操作的程序代码。因此，上述步骤中最重要的是前 3 个步骤。

习 题 1

一、单选题

1. 一个可执行的 VB 应用程序至少要包括一个（　　）。

   A. 标准模块　　　B. 类模块　　　C. 窗体模块　　　　　D. 辅助模块

2. VB 中最基本的对象是（　　），它是应用程序的基石。

   A. 标签　　　　　B. 窗体　　　　C. 文本框　　　　　　D. 命令按钮

3. 在设计阶段，当双击窗体上的某个控件时，所打开的窗口是（　　）。

   A. 工程资源管理器窗口　　　　　B. 工具箱窗口

   C. 代码窗口　　　　　　　　　　D. 属性窗口

4. 以下不属于 VB 系统的文件类型的是（　　）。

   A. frm　　　　　B. bat　　　　C. vbg　　　　　　　D. vbp

5. 下列叙述中错误的是（　　）。

   A. 打开一个工程文件时，系统自动载入与该工程有关的窗体、标准模块等文件

  B. 保存 Visual Basic 程序时，应分别保存窗体文件和工程文件

  C. Visual Basic 应用程序只能以解释方式执行

  D. 事件可以由用户引发，也可以由系统引发

 6. 选择"文件"|"保存工程"命令来结束本次创建应用程序的工作，VB6.0 将提示保存（ ）文件。

  A. 窗体和工程   B. 窗体和代码

  C. 工程和代码   D. 代码和模块

 7. 用户可通过（ ）模拟的屏幕小图像来布置应用程序界面。

  A. 快捷菜单   B. 窗体设计器

  C. 窗体布局窗口   D. 立即窗口

 8. 以下叙述中错误的是（ ）。

  A. 在工程资源管理器窗口中只能包含一个工程文件及属于该工程的其他文件

  B. 以.bas 为扩展名的文件是标准模块文件

  C. 窗体与代码窗口存在一一对应关系

  D. 一个工程中可以含有多个标准模块文件

 9. 下列叙述中不正确的是（ ）。

  A. 注释语句是非执行语句，仅对程序的有关内容起注释作用，它不被解释和编译

  B. 注释语句可以放在程序代码中的任何位置

  C. 注释语句可以单独写在一行

  D. 向程序代码中加入注释语句的目的是提高程序的可读性

二、填空题

1. VB 是一种面向_____的程序设计语言。

2. VB6.0 的 3 种工作模式分别是_____、_____和_____。

3. 工程文件的扩展名是_____，窗体文件的扩展名是_____。

4. VB 窗体设计器的主要功能是_____。

5. VB 是用于开发_____环境下应用程序的工具。

三、简答题

1. VB 有哪几种版本？各有什么特点？

2. 如何启动和退出 VB 系统？

3. VB 的特点有哪些？

4. VB 程序开发的一般步骤和方法是怎样的？

5. 如何保存 VB 工程，保存时应注意什么问题？

四、编程题

设计一个程序，当单击窗体时，窗体中显示"欢迎进入 VB 世界！"字样。

第2章
简单 VB 程序设计

VB 是一种面向对象的程序设计语言，可以在其集成开发环境下使用按钮、标签、文本框等常用的控件快速创建一个应用程序交互界面。本章首先介绍 VB 应用程序的创建方法；其次，将介绍常用基本控件（如窗体、命令按钮、标签、文本框）的属性、事件和方法。

2.1　创建 VB 应用程序的方法

1.5.2 节介绍了设计 VB 应用程序的一般步骤，本节将介绍 VB 应用程序的结构和工作方式、在程序中如何使用控件的属性和方法以及事件过程的命名方法。

2.1.1　VB 应用程序的结构和工作方式

程序的结构是指构成程序的各种元素的组织形式。

工程、模块、过程构成了 VB 应用程序的基本层次结构。

1. 工程

在 VB 程序中，代码按模块组织。一个应用程序由一个或多个模块组成，每个模块用一个磁盘文件存储，不同类型的模块用不同类型的文件存储。为了便于管理，VB 把一个应用程序中的所有模块组织成一个"工程"。

工程中除了包括含有代码的模块外，还包括在此工程中用到的其他辅助文件。

有关工程的信息被存储在扩展名为".vbp"的文件中，称为"工程文件"，它是一个文本文件。

2. 模块

VB 应用程序可以包含多种模块，其中含有程序代码的模块由一个或多个过程组成，有时，模块中还可以包含数据的定义部分。

在 VB 应用程序中较常用的模块是窗体模块和标准模块。

（1）窗体模块

窗体是一个对象，连同它上面的各种控件构成一个用户交互界面，在程序运行时呈现为一个窗口，是可视化程序中必不可少的部分。

一个窗体模块有一个窗体，存储窗体模块的文件称为"窗体文件"，文件扩展名是".frm"，它是一个文本文件。

窗体模块中包含两部分内容：用户界面信息和程序代码。

用户界面信息包括窗体和窗体上控件的属性信息以及这些对象之间的所属关系。

程序代码包括窗体自身的各种事件过程，窗体上所有控件的事件过程，还可以包含由本窗体模块中的事件过程所使用的其他过程。如果需要，也可在窗体模块中加入数据定义的内容。

一个可视化的 VB 应用程序至少包含一个窗体模块。

（2）标准模块

标准模块由过程组成，不含任何用户界面信息。如果需要，还可在标准模块中加入数据定义部分。存储标准模块的文件的扩展名是".bas"，是一个文本文件。一个工程可以视情况包含 0 个或多个标准模块。

3．过程

过程是一个具有独立功能的程序段，通过过程名作为一个整体被其他程序段（过程）调用执行。

过程是 VB 程序中一段独立的子程序，实现一个独立的、完整的操作功能。程序代码，包括语句、过程调用、局部数据定义都放在过程中。编写 VB 应用程序代码就是编写每一个过程。

4．VB 应用程序的工作方式

VB 应用程序采用事件驱动的工作方式，VB 系统为窗体和所有控件事先定义了大量事件以及这些事件的引发条件。应用程序运行时，一旦引发某个事件的条件被满足，便会引发该事件，并调用对应的事件过程，但这并不意味着应用程序必须响应每一个事件。如果不编写某个事件的事件过程，则当该事件发生时，也不会有任何操作。设计 VB 应用程序的任务之一就是要确定为哪些事件编写事件过程。

2.1.2　在程序中使用控件的属性和方法

VB 应用程序是面向对象的，对象的重要特点是具有属性、方法，可以响应事件。因此，在程序中会经常访问对象的属性，调用对象的方法，而进行这些操作的代码通常是通过激活对象的事件来执行的，即这些代码要放在对象的事件过程中。

对象的名称就是对象 Name 属性的值。

1．在程序中访问对象属性

在程序中访问对象属性的格式：

<对象名>.<属性名>

例如：x = Form1.Caption 表示把对象名为 Form1 的 Caption 属性的值赋值给变量 x。

　　　Form1.Caption = "标题"　表示使 Form1 对象的 Caption 属性的值为 "标题"。

对象的 Name 属性的值是对象的唯一标识，在程序中利用这个标识访问对象，所以，不允许在程序中修改对象 Name 属性的值。

2．在程序中调用对象方法

在程序中调用对象方法的格式：

<对象名>.<方法名>　[参数表]

　　　　　[ ] 中的内容表示可选内容。这是方法调用的一般格式。

例如：Form1.Cls 表示调用 Form1 对象的 Cls 方法。

　　　Form1.Print　"输出"表示调用 Form1 对象的 Print 方法，其中 "输出" 是方法的参数。

在窗体模块中的程序中调用本窗体的方法，可以省略 "对象名."（即窗体名）。

2.1.3　事件过程的命名

在 VB 中，事件过程的名称不是由用户自己命名的，而是按照一定的规则构成的。当确定了对象和事件，事件过程的名称也就确定了。

有的事件过程有参数，有的没有。是否有参数，有什么参数都由系统根据对象种类、事件种类来确定。在代码窗口中选定了有参数的事件过程之后，系统会自动把参数添加到过程的首行中。

1.　窗体事件过程的命名

窗体事件过程名的构成：

Form_事件名称

例如，窗体的 Click 事件过程的过程名是 Form_Click。当在代码窗口的对象列表框中选定了"Form"，在"过程列表框"中选定了"Click"，则在代码编辑区自动产生事件过程的框架如下。

```
Private Sub Form_Click()
       ……
End Sub
```

　　　　　　窗体的事件过程名由 Form 与事件名组成，而不是由窗体名与事件名组成。

2.　控件事件过程的命名

控件事件过程名的构成：

控件名称_事件名称

例如，若控件名称为 Text1，它的 KeyPress 事件过程的过程名是 Text1_KeyPress，当在代码窗口的对象列表框中选定了"Text1"，在"过程列表框"中选定了"KeyPress"，则在代码编辑区自动产生事件过程的框架如下。

```
Private Sub Text1_KeyPress(KeyAscii As Integer)
       ……
End Sub
```

其中"KeyAscii As Integer"是过程的参数和参数类型，由系统自动添加。

2.2　控件的编辑

VB 应用程序的交互界面是窗体，所有控件都建立在窗体之上。控件的编辑是指在 VB 的设计模式下，在窗体上完成创建控件，设置控件的外观、位置，修改控件的属性等操作。

2.2.1　窗体的组成

窗体的组成与一般的 Windows 窗口类似，如图 2-1 所示。

窗体的标题栏用于显示标题，当同时显示多个窗体时，标题栏为深色的是当前窗体。

标题栏的左端是控制框，控制框对应一个下拉的控制菜单。程序运行时，单击控制框就会显示控制菜单。标题栏的右端有 3 个控制按钮，作用是最大化、最小化和关闭窗体。单击关闭按钮关闭窗体将使窗体从内存中卸载。设置窗体的相关属性，可使这些按钮显示或隐藏，有效或无效。

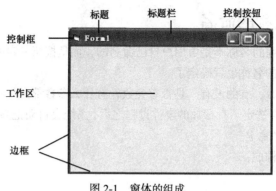

图 2-1　窗体的组成

工作区是标题栏以下、边框以内的区域，用来承载其他控件，窗体输出的内容也显示在窗体的工作区中。

2.2.2　控件的画法

在 VB 6.0 集成开发环境中有一个工具箱窗口，窗口中显示了所有标准控件的图标，用来在窗体上创建控件。创建一个控件的操作步骤是：单击工具箱中控件的图标，然后把鼠标移到窗体上，鼠标光标即变为十字形，按下鼠标左键拖动鼠标画出一个矩形，再松开鼠标左键，即可在窗体上添加一个该图标对应的控件。

另一种创建控件的方法是双击工具箱中的图标，则可直接在窗体的中央添加该图标对应的控件，然后再修改控件的尺寸，把它移动到合适的位置。每个控件被创建后有一个默认的名称，对于有标题的控件，其默认标题一般与默认名称相同，控件的其他属性大多也有默认值。

2.2.3　控件的基本操作

1．选中控件

对一个控件进行操作之前，先要选中该控件。单击一个控件即可选中该控件。被选中控件的四周有 8 个小实心正方形控点，如图 2-2 所示。具有实心正方形控点的控件就是当前控件。

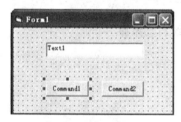

图 2-2　被选中的控件

此外，按【Tab】键也可以按照控件创建的顺序切换当前控件。

当前控件的所有在设计阶段可设置的属性将排列在属性窗口的属性列表框中。

如果单击窗体上没有控件的区域，则选中的是窗体，这时，窗体的所有在设计阶段可设置的属性将排列在属性窗口的属性列表框中。

可以同时选中多个控件，操作方法是：按下【Shift】键不放，或按下【Ctrl】键不放，然后依次单击要选中的每个控件。选中多个控件的效果如图 2-3 所示。

另一种选中多个控件的操作方法是：选择工具箱中的"指针"，把鼠标移到窗体上，按下鼠标左键不放，拖动鼠标可画出一个虚线框，如图 2-4 所示，再放开鼠标键，则虚线框消失，曾被包括在虚线框内的所有控件被选中。

当同时选中多个控件时，属性窗口中显示的是这些控件共有的属性。这时在属性窗口中修改某一属性，会使所有被选中控件的这一属性同时被修改。

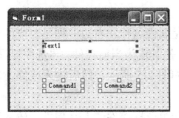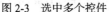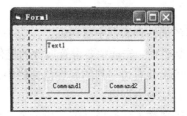

图 2-3　选中多个控件　　　　　　　图 2-4　鼠标拖出矩形区域

2．移动控件

先选中控件，将鼠标指针指向该控件，然后按下鼠标左键拖动，这时，控件变为一个矩形框跟随鼠标一起移动，到达目的位置后放开鼠标键，则控件被移动到新的位置。

若同时选中多个控件，用鼠标拖动其中任一控件，则所有被选中的控件一起移动。

3．修改控件大小

选中控件，将鼠标指向其中的一个控点，则鼠标指针变为双向箭头，按下鼠标左键拖动，即可改变控件的大小。

4．删除控件

选中一个或多个控件，直接按【Delete】键，即可删除被选中的控件。另一种方法是用鼠标右键点击所选中的任一控件，在弹出的快捷菜单中选"删除"命令，或选择"编辑"菜单中的"删除"命令，也可删除所有被选中的控件。

5．复制控件

选中控件后单击常用工具栏上的"复制"、"粘贴"按钮，或按【Ctrl+C】组合键复制，按【Ctrl+V】组合键粘贴，即可对选中的控件进行复制。粘贴时，会弹出一个询问是否创建控件数组的对话框，这时，单击"否"即可。新复制的控件显示在窗体工作区的左上角。复制的控件与被复制的控件除 Name 属性不同外，其他属性的值都相同。

选中多个控件后，可以复制所有被选中的控件。

6．布局控件

当窗体上有多个控件时，往往需要把它们排列整齐，须统一尺寸，调整间距。调整布局之前，要先选中所有要调整的控件。在这些被选中的控件四周都有 8 个控点，但只有一个控件的四周是实心控点，其余都是空心控点，如图 2-3 所示。具有实心控点的控件称为"基准控件"，在调整布局时，各种操作都是以"基准控件"为基准的。

具体操作是：选中所有要调整的控件，选择"格式"|"对齐"子菜单中的命令，可以使选中的所有控件相对于基准控件以多种方式对齐；选择"格式"|"统一尺寸"子菜单中的命令，可以使选中的所有控件的高度或宽度与基准控件相同；选择"格式"|"水平间距"、"垂直间距"子菜单中的命令，可以统一调整选中的所有控件的间距。

2.2.4　控件属性的设置

可以在两种情况下设置控件的属性。

· 在设计模式下，利用属性窗口设置当前控件的属性值。某些运行时才有效的属性不出现在属性窗口中，因而无法利用这种方式设置。

· 在程序运行中改变控件属性的值。这是通过在程序代码中对属性的赋值实现的。但有些属性不允许在程序运行的过程中修改，例如 Name 属性。这里介绍第一种情况，第二种情况将在后面介绍。

属性窗口的属性列表框中有两列，左边一列是属性名称，右边一列是对应的属性值。

设置控件属性时，先选中要设置属性的控件，使其成为当前控件，再选中要设置的属性名称，并把光标置于该属性右边一列的属性值一栏中，如图 2-5 所示，然后输入或修改属性值。修改完毕，鼠标单击其他地方即可。

有的属性需要输入多行属性值，例如列表框和组合框控件的 List 属性。输入这种属性值时，可单击属性值一栏右侧的"▼"按钮，弹出一个下拉的小编辑区，如图 2-6 所示，在小编辑区中，可以输入并简单编辑多行文本。在小编辑区中换行时要使用【Ctrl+Enter】组合键，如果按【Enter】键会结束编辑。

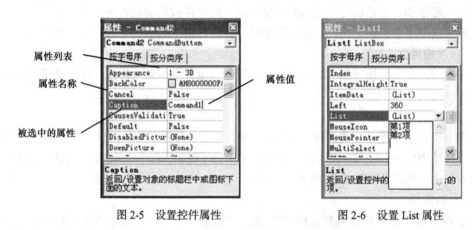

图 2-5　设置控件属性　　　　　　　　　图 2-6　设置 List 属性

另有一些属性是通过对话框输入的，例如 Font 属性和 Picture 属性。当选中这类属性时，属性值一栏的右边会出现一个按钮 ...，单击这个按钮会弹出相应的对话框，通过对话框设置属性即可。

2.3　窗体

创建 VB 应用程序的第一步是创建用户界面。用户界面的基础是窗体，各种控件对象必须建立在窗体上。启动 VB 后，即在屏幕上显示一个窗体，如图 2-7 所示。

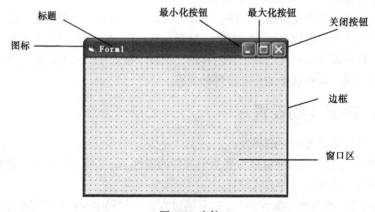

图 2-7　窗体

2.3.1 属性

窗体的属性较多，大多数属性的设置或修改可在设计阶段通过属性窗口完成，也可在程序运行时由程序代码来设置。

1. 窗体的基本属性

窗体的基本属性有 Name、Caption、Height、Width、Left、Top、Enabled、Visible、Font、BackColor、ForeColor 等。

（1）Name 属性

设置窗体的名称，在程序代码中用这个名称引用该窗体。新建工程时，窗体的名称默认为 Form1；添加第二个窗体，其名称默认为 Form2，以此类推。为了便于识别，用户通常给 Name 属性设置一个有实际意义的名称。

（2）Caption 属性

设置窗体的标题内容，标题内容应概括说明本窗体的作用。

（3）Height 属性和 Width 属性

设置窗体的初始高度和宽度，其单位为 Twip，1Twip=1/20 点=1/1440 英寸=1/567 厘米。

（4）Left 属性和 Top 属性

用于设置窗体左边框距屏幕左边界的距离和窗体顶部距屏幕顶端的距离，其单位为 Twip。

（5）Enabled 属性

属性值为 True 或 False，设置对象是否能够对用户产生的事件做出反应。它一般在程序中设置，用于临时屏蔽对窗体或其他控件的的控制。

（6）Visible 属性

属性值为 True 或 False，设置窗体是否可见，用户可用该属性在程序代码中控制窗体的隐现。

（7）BackColor 属性和 ForeColor 属性

BackColor 属性设置窗体的背景颜色，ForColor 属性设置窗体的前景颜色，窗体的前景颜色是执行 Print 方法时所显示文本的颜色。

2. 窗体特有属性

（1）BorderStyle 属性

该属性用于设置窗体的外观风格，有 6 种取值，分别代表 6 种不同的窗体风格。

BorderStyle 属性的取值与对应的窗体风格如表 2-1 所示。

表 2-1　　　　　　　　　　　　　BorderStyle 属性取值与窗体风格

取　值	描　述
0-None	无边框，无法移动及改变大小
1-Fixed Single	单线边框，可移动，但无法改变大小
2-Sizable	双线边框，可移动及改变大小
3-Fixed Dialog	窗体为固定对话框，不可改变大小
4-Fixed ToolWindow	窗体外观与工具箱相似，有关闭按钮，不能改变大小
5-Sizable ToolWindow	窗体外观与工具箱相似，有关闭按钮，能改变大小

（2）MaxButton 属性和 MinButton 属性

MaxButton 属性为 True，窗体右上角有最大化按钮；为 False 时，无最大化按钮。

MinButton 属性为 True，窗体右上角有最小化按钮；为 False 时，无最小化按钮。

（3）Moveable 属性

属性值为 True 或 False，决定是否可以移动窗体。

（4）Picture 属性

设置在窗体中显示的图片。单击 Picture 属性右边的按钮，弹出"加载图片"对话框，用户可选择一个图片文件作为窗体的背景图片。若在程序中设置该属性的值，需要使用 LoadPicture 函数。

（5）WindowState 属性

该属性设置窗体启动后的大小状态，它有三个可选值。

- 0-Normal：窗体大小由 Height 和 Width 属性决定。
- 1-Minimized：窗体最小化成图标。
- 2-Maximized：窗体最大化，充满整个屏幕。

在 VB 中，虽然不同的对象有不同的属性集合，但有一些属性，如 Name、Enabled、Visible、Height、Width、Left、Top 等，其他控件也具有，且具有相似的作用。在后续的章节中，我们主要介绍各种控件常用的特殊属性。

2.3.2 窗体的常用事件和方法

在 VB 的界面设计和实际开发编程中，窗体有一些常用的事件和方法。窗体的常用事件有 Click、DbClick 事件，常用方法有 Print 方法、Cls 方法等。

1. 窗体的常用事件

窗体最常用的事件有 4 种：Click（单击）、DbClick（双击）、Load（装入）和 Unload（卸载）。

（1）Click 事件

程序运行后，单击窗体触发该事件。

事件过程格式为：

```
Private Sub Form_Click()
        …
        （过程代码）
        …
End Sub
```

（2）DbClick 事件

程序运行后，双击窗体触发该事件。

事件过程格式为：

```
Private Sub Form_DblClick()
    …
    （过程代码）
    …
End Sub
```

（3）Load 事件

Load 事件是窗体被装入内存工作区时触发的事件。如果这个事件过程存在，就马上执行它。Load 事件过程通常用于启动程序时对属性、变量的初始化，装载数据等。

事件过程格式为：

```
Private Sub Form_Load()
    …
        （过程代码）
    …
End Sub
```

（4）Unload 事件

当窗体从内存中撤销（执行 Unload 命令或通过单击窗体关闭按钮来关闭窗体）时，引发 Unload 事件。

事件过程格式为：

```
Private Sub Form_Unload(Cancel As Integer)
    …
        （过程代码）
    …
End Sub
```

图 2-8　程序运行界面图

该事件过程中的 Cancel 参数是指令性的，用户可在事件过程中设置 Cancel 为零或非零值。若设置 Cancel 为非零值，则表示取消当前关闭窗体的操作；若设置为 0，则表示确认关闭窗体的操作。该事件过程一般用于窗体被关闭或应用程序结束时，完成必要的善后处理。

【例 2.1】设计一个窗体，要求窗体上不显示最大化和最小化按钮，程序运行后，在窗体上装入一幅图片作为背景；当单击窗体时，窗体变宽；当双击窗体时，则退出。程序运行界面如图 2-8 所示。

（1）界面设计

属性设置如表 2-2 所示。

表 2-2　　　　　　　　　　　　　　　例 2.1 属性设置

对　象	属　性	设　置
Form1	Caption	练习窗体事件
	MaxButton	False
	MinButton	False

（2）编写按钮的事件过程

```
Private Sub Form_Load()              ' 装入图片
    Form1.Picture = LoadPicture("c:\pic\Fengche.wmf")
End Sub

Private Sub Form_click()             ' 单击窗体
        Form1.Width = Form1.Width + 1000
End Sub

Private Sub Form_DblClick()              ' 双击窗体
        End
End Sub
```

（3）单击窗体时程序运行结果，如图 2-9 所示。

图 2-9　例 2.1 运行结果

上机时，可通过查找文件的方法找一个图片文件，参照本例中的格式代入即可。

【例 2.2】设置鼠标跟随，即一串文字跟随鼠标移动显示。

解题思路：利用窗体的 MouseMove 事件来实现。

（1）界面设计

在窗体上绘制一个标签控件 Label1，将其 BackStyle 属性设置为透明。设置对象属性，如表 2-3 所示。

表 2-3　　　　　　　　　　　　　　　例 2.2 属性设置

对　象	属　性	设　置
Form1	Caption	鼠标跟随
Label1	Caption	你移动鼠标，我就跟着动！
	BackStyle	0-Transparent

设计完成的界面效果如图 2-10 所示。

（2）编写按钮的事件过程

```
Private Sub Form_MouseMove(Button As Integer, Shift As Integer, X As Single, Y As Single)
    Label1.Left = X
    Label1.Top = Y
End Sub
```

（3）程序运行结果

程序运行结果，如图 2-11 所示。

图 2-10　例 2.2 界面效果图

图 2-11　例 2.2 运行界面

2．窗体常用的方法

（1）Print 方法

语法：[对象名.]Print [表达式][, |;]

Print 方法常用于在窗体或图片框对象上输出文本信息或表达式的值，另外，该方法也可用于打印机对象，以实现信息从打印机上输出。

例如：

```
Form1.Print "Visual Basic 程序设计"      ' 在窗体上输出字符串
Print "Visual Basic 程序设计"            ' 默认对象名，默认在当前窗体上输出
Picture1.Print "Visual Basic 程序设计"   ' 在图片框 Picture1 上输出
Printer.Print "Visual Basic 程序设计"    ' 在打印机上打印输出
```

（2）Cls 方法

语法：[对象名.]Cls

该方法用于清除窗体或图片框中用 Print 方法所显示的信息，并将图形光标（不可见）重新定位到对象的左上角（0,0），若省略"对象名"，则默认清除窗体中所显示的内容。

例如：

```
Form1.Print "Visual Basic 程序设计"
Form1.Cls                              ' 清除窗体中的文本信息
```

（3）Move 方法

语法：[对象名.] Move x [, y[, Width[, Height]]]

该方法用于移动窗体或控件，并可在移动时动态改变其大小。若采用默认的"对象名"，则默认为当前窗体。参数 x，y 代表移动的目标位置坐标，Width 和 Height 参数代表移动到目标位置后，对象的宽度和高度。若省略 Width 和 Height 参数，则移动过程中保持对象大小不变。

例如：

```
Form1.Move 300,400                     ' 将窗体 1 移动到屏幕位置（300,400）
Move 300,400                           ' 将当前默认窗体移动到屏幕位置（300,400）
```

【例 2.3】编程实现当用户单击窗体时，令窗体移动到屏幕中央。

解题思路：要实现窗体的移动，可通过窗体的 Move 方法来实现。

程序代码如下。

```
Private Sub Form_Load()
        Form1.Left = 0
        Form1.Top = 0
        Form1.Width = Screen.Width * 0.25
        Form1.Height = Screen.Height * 0.25
    End Sub

    Private Sub Form_Click()
        Form1.Move (Screen.Width - Form1.Width) / 2, (Screen.Height - Form1.
Height) / 2
    End Sub
```

2.4　命令按钮

在 VB 应用程序中，命令按钮（CommandButton 控件）是使用最多的对象之一，它常用于接受用户的操作信息，触发相应的事件过程以实现指定的功能。当用户通过单击鼠标或按【Enter】键单击命令按钮时，便可触发命令按钮的 Click 事件，从而执行其事件过程，达到完成某个特定操作的目的。

1. 属性

（1）Caption 属性

设定命令按钮上显示的文本。

（2）Default 属性

该属性用于设置默认命令按钮。当 Default 属性设置为 True 时，按【Enter】键相当于用鼠标单击该按钮。

（3）Style 属性和 Picture 属性

命令按钮上除了可以显示文字外，还可以显示图形。

若要显示图形，首先应将 Style 属性设置为 1，然后在 Picture 属性中设置要显示的图形文件。类似的，若要设置命令按钮的 BackColor（背景色），也应将 Style 属性设置为 1。

Style 属性可设置为：

- Standard：标准的，命令按钮上不能显示图形；
- Graphical：图形的，命令按钮上可以显示图形，也可以显示文字。

（4）Value 属性

该属性只能在程序运行期间引用或设置。True 表示被按下，False（默认）表示未被按下。在代码中可通过设置 Value 属性为 True，来触发命令按钮的 Click 事件。例如，利用下面的代码，可通过程序来选择命令按钮，并触发命令按钮的 Click 事件：

Command2.Value=True

2. 事件

命令按钮能响应绝大多数的事件，如 Click、MouseMove、DragDrop、KeyDown、KeyUp、KeyPress、MouseDown、MouseUp 等，最常用的事件是 Click 事件。

3. 应用

【例 2.4】当单击相应按钮时，窗体背景变色。

解题思路：要实现窗体背景变色，可通过窗体的 BackColor 属性来实现。

（1）界面设计

在窗体上绘制三个命令按钮，设置对象属性，如表 2-4 所示。

表 2-4　　　　　　　　　　　　　　　例 2.4 属性设置

对　　象	属　　性	设　　置
Form1	Caption	窗体背景变色
Command1	Caption	窗体变绿
Command2	Caption	窗体变红
Command3	Caption	窗体变蓝

设计完成的界面效果如图 2-12 所示。

（2）编写按钮的事件过程

```
Private Sub Command1_Click()
    Form1.BackColor = RGB(0, 255, 0)     ' RGB(0, 255, 0)是 VB 的颜色设置函数
End Sub

Private Sub Command2_Click()
    Form1.BackColor = RGB(255, 0, 0)
End Sub

Private Sub Command3_Click()
    Form1.BackColor = RGB(0, 0, 255)
End Sub
```

程序运行结果如图 2-13 所示。

图 2-12　例 2.4 界面效果图　　　　图 2-13　例 2.4 运行界面

2.5　标签

标签（Label 控件）与文本框（TextBox 控件）是 VB 中用于实现输入输出的重要控件。

标签主要用于显示不需要用户修改的文本。因此，标签可以用来标示窗体及窗体上的对象，如为文本框、列表框等添加描述性的文字，或者作为窗体的说明文字。

1．属性

（1）Caption 属性

设置标签要显示的内容，它是标签的主要属性。

（2）BorderStyle 属性

设置为默认值 0 时，标签无边框；设置为 1 时，标签有立体边框。

（3）AutoSize 属性

该属性用于设置标签是否自动改变尺寸以适应其内容。设置为 True 时，随着 Caption 的内容变化，自动调整标签的大小，并且不换行；设置为 False 时，标签保持设计时的大小，这时如果内容太长，只能显示一部分。默认值为 False。

（4）Alignment 属性

确定标签中内容的对齐方式，有如下三种可选值。

- Left Juseify：默认值，左对齐。

- Right Juseify：右对齐。
- 2-Center：居中对齐。

（5）BackStyle 属性

该属性用于设置背景是否透明。默认值为 1，不透明；设为 0 时，透明。所谓透明，是指无背景色。

2. 事件与方法

虽然标签能响应绝大多数事件，但在实际编程中不常使用。

标签常使用 Click 和 DbClick 事件。常用 Move 方法，以便用代码实现标签的移动和缩放。

3. 应用

【例 2.5】修改例 2.1，在图片上添加提示信息"请单击图片"，程序其他功能不变。程序运行界面如图 2-14 所示。

图 2-14　例 2.5 运行界面

解题思路：在窗体上添加一个标签，将其 Caption 属性设置为"请单击图片"，BackStyle 属性设置为 0（透明），程序代码不变。

2.6　文本框

文本框（TextBox 控件）常用于建立文本输入区或编辑区，以实现数据的输入、编辑和修改等。

1. 属性

（1）Text 属性

设置文本框中显示的内容，它是文本框最主要的属性。

该属性为字符型，用于返回或设置文本框中所显示的文本信息。文本框无 Caption 属性，它是利用 Text 属性来存放文本信息的。

（2）Locked 属性

该属性为逻辑型，用于设置文本框中的内容是否可编辑。

默认值为 False，表示可编辑；当设置为 True 时，不可编辑，此时文本框的作用相当于标签。

（3）Maxlength 属性

该属性为数值型，用于设置文本框中允许输入的最大字符数。

如果输入的字符数超过 Maxlength 设定的数目后，系统将不接收超出部分的字符，并发出嘟嘟声。该属性默认值为 0，表示无限制。

（4）MultiLine 属性

该属性为逻辑型，用于决定文本框是否允许接收多行文本。

若设置为 True，文本框可接收多行文本，当输入的文本超出文本框的边界时，会自动换行。默认值为 False，文本框中只能输入一行文本。

（5）PasswordChar 属性

该属性用于为文本框设置一个占位符替代显示字符。如设置为星号（*）或井号（#）等。设置该属性后，输入或显示到文本框中的字符将全部用"*"或"#"号替代显示，从而避免别人看到输入的真实内容，起到保密的作用。在实际应用中，它常与 MaxLength 属性配合使用，用于设计密码输入框。

当 MultiLine 为 False 时，该属性可设置显示在文本框中的替代符。

例如，PasswordChar 设置为"*"，那么无论用户输入什么字符，文本框中显示的只是"*"，但文本框接收的还是用户实际输入的字符。设置该属性主要用于输入口令。

（6）ScrollBars 属性

该属性决定文本框中是否有滚动条。

只有当 MultiLine 属性为 True 时，文本框才能加滚动条。

2. 事件

文本框除支持 Click、DbClick 事件，常用的还有 Change、GotFocus、LostFocus 事件。

（1）Change 事件

当用户输入新内容，或程序对文本框的 Text 属性重新赋值，从而改变文本框的 Text 属性时，触发该事件。

（2）GotFocus 事件

当用户移动鼠标或按【Tab】键将输入焦点移动到控件上时，将在该控件上触发获得焦点事件 GotFocus。

若文本框获得输入焦点时，会在文本框中出现一个"I"形状的光标；若焦点移动到命令按钮上，则在命令按钮的标题四周出现一个虚线矩形框。获得焦点的先后顺序可由控件的 TabIndex 属性值决定。

（3）LostFocus 事件

当用户按下【Tab】键时光标离开文本框，或用鼠标选择其他对象时触发该事件，称为"失去焦点"事件。

焦点是对象接收用户鼠标或键盘输入的能力。当对象具有焦点时，可接收用户的输入。通常用该事件过程对文本框中的内容进行检查和确认。

3. 方法

文本框最常用的方法是 SetFocus，使用该方法可把光标移到指定的文本框中，使之获得焦点。当使用多个文本框时，用该方法可把光标移到所需要的文本框中。

格式：对象名.SetFocus

此语句可将控制焦点移交给方法作用的对象，如文本框、命令按钮、窗体、图片框以及打印机对象（Printer）等。若窗体中有多个文本框，为使输入焦点定位到某指定的文本框，就可利用该方法。

例如:

```
Text3.SetFocus                    ' 将文本输入光标定位到文本框 Text3 中
```

4. 应用

【例 2.6】程序运行后,随着用户的输入,标签中同步显示出用户对文本框的内容更新的次数。

(1)界面设计

在窗体上建立一个文本框、一个标签。设置各对象的属性,如表 2-5 所示。

表 2-5　　　　　　　　　　　　　　　对象属性设置

对　象	属　性	设　置
Form1	Caption	文本框应用实例
Text1	Text	空
	MultiLine	True
Label1	Caption	空
	BorderStyle	1
	Alignment	2
	Font	字体大小取 2 号

设计完成的界面效果图如图 2-15 所示。

(2)编写事件过程

```
Private Sub Text1_Change()
        Static i%                 ' 定义一个类型为整型的静态变量 i
        i = i + 1
        Label1.Caption = i
End Sub
```

程序运行效果如图 2-16 所示。

图 2-15　例 2.6 程序界面

图 2-16　例 2.6 运行界面

习　题　2

一、单选题

1. 使用 Visual Basic 编程,把工具箱中的工具称为(　　　)。

    A. 事件　　　　　　B. 工具　　　　　　C. 控件　　　　　　D. 窗体

2. 下列变量名写法错误的是（　　　）。

   A. abc   B. abc123   C. abc_123   D. 123abc

3. 要改变窗体的标题时，应当在属性窗口中改变的属性是（　　　）。

   A. Caption   B. Name   C. Text   D. Label

4. 双击窗体中的对象后，VB 将显示的窗口是（　　　）。

   A. 工程窗口   B. 工具箱   C. 属性窗口   D. 代码窗口

5. VB 是一种面向对象的程序设计语言，构成对象的三要素是（　　　）。

   A. 属性、事件、方法   B. 控件、属性、事件

   C. 窗体、控件、过程   D. 窗体、控件、事件

二、编程题

1. 在窗体的左上部画两个命令按钮和两个文本框，然后选择这 4 个控件，并把它们移到窗体的右下部。

2. 在窗体的任意位置画一个文本框，然后在属性窗口中设置下列属性。

Left   1600

Top   2400

Height   1000

Width   2000

3. 在窗体上画两个大小不同的文本框、一个命令按钮。单击命令按钮，可以将两个文本框设置大小相同并进行左对齐。

4. 在窗体上画一个文本框和两个命令按钮，并把两个命令按钮的标题分别设置为"隐藏文本框"和"显示文本框"。当单击第一个命令按钮时，文本框消失；而当单击第二个命令按钮时，文本框重新出现，并在文本框中显示"VB 程序设计"（字体大小为 16；可以使用语句 Fontsize=16）。运行该程序。

5. 设计一个程序，窗体上有两个大小和属性一样的文本框，一个"复制"按钮、一个"清除"按钮。在第一个文本框中输入一定的内容；单击"复制"按钮，第二个文本框中可以显示和第一个文本框中一样的内容。单击"清除"按钮，清除两个文本框中的内容。

第3章 数据类型与表达式

数据是信息的物理表示形式，是程序处理的对象。数据类型是程序设计语言中各变量可取的数据种类，它不但确定了该数据的取值范围也规定了对该数据执行的运算。

运算符是实现某种运算功能的符号，用运算符将运算对象（或操作数）连接起来即构成表达式，表达式表示了某种求值规则。操作数可以是常量、变量、函数、对象等，而运算符也有各种类型。熟练地掌握运算符的使用，以及各类表达式的书写，是正确编写程序代码的关键之一。

3.1 基本字符集和词汇集

程序的组成和书写都需要遵循一定的规则，否则，就会产生错误。VB 是一种书写较为自由的高级语言，但也有一些基本规则需要遵守。本节主要介绍 VB 的基本字符集和词汇集。

3.1.1 字符集

字符是程序设计语言规定的程序中最小的语法单位，VB 字符集中的基本字符包括以下几种。

（1）数字：0～9。

（2）英文字母：A～Z、a～z。

（3）特殊字符：Space ↵ ! " # $ % & ' ( ) * + - , . / : ; < = > ? @ [\ ] ^ _ { | } ～ 等。

（4）可打印字符（ASCII 码 32～126）、不可打印字符（ASCII 0～13, 127）、Enter（回车，代码为 13；换行，代码为 10）。

（5）汉字：可作为语法成分（除汉字外，其余符号不能以全角或中文方式输入）。

3.1.2 词汇集

词汇是构成程序设计语言中具有独立意义的最基本结构，VB 中的词汇集指在代码中具有一定意义的字符组合。

1. 关键字（保留字）

关键字是在语法上有固定意义的字母组合。

关键字是程序的重要组成部分，经常用来表示系统的标准过程、函数名、命令名、运算符、数据类型名等，在程序中一般不能另作他用。

在 VB 中，约定关键字的首字母为大写字母，但是系统可以识别用户输入的小写字母并自动转化为标准格式。

VB 中的常用关键字有：Sin，Print，Do…Loop，For…next，If…Then，Else 等。

2. 标识符

标识符是程序员自己定义的名字，包括常量名、变量名、函数名及控件名等。

标识符的命名规则为：以字母或汉字开头，后跟字母、数字、汉字或下划线。

（1）必须以字母或汉字开头；

（2）变量名、过程名、函数名应在 255 个字符以内，控件、窗体、类和模块的名字不能超过 40 个字符；

（3）不能和关键字同名；

（4）标识符中不允许出现间隔符号，例如空格、分号、逗号、运算符等；

（5）标识符应尽量做到简单明了，见名知意。

合法标识符的例子：A123，B_4，shuxue，数学，age，score 等。

不合法标识符的例子：+ABC，B 4，End，print，x+y 等。

3.2　VB 的基本数据类型

数据是信息在计算机内的表现形式，是程序处理的对象。数据类型决定了数据在计算机内存中的存储方式，选择适当的数据类型，可以节省存储空间，提高程序的运行效率，避免内存空间的浪费。

不同的数据类型有不同操作方式和取值范围，VB 提供的基本数据类型概括起来包括 6 大类：数值型、字符串型、逻辑型、日期型、对象型与变体型以及自定义类型。

表 3-1 列出了 VB 中的标准数据类型。

表 3-1　　　　　　　　　　　　　　　　VB 中的标准数据类型

数据类型	关键字	类型符	取值范围	存储
整型	Integer	%	−32768 到 32767	2 字节
长整型	Long	&	−2147483648 到 2147483647	4 字节
字节型	Byte	无	0～255	1 字节
字符串型	String	$	最多 65535 个字符	与字符长度有关
单精度型	Single	!	$1.401298E-45 \leqslant |x| \leqslant 3.402823E38$	4 字节
双精度型	Double	#	$4.94065645841247E-324 \leqslant |x| \leqslant 1.79769313486232E308$	8 字节
货币型	Currency	@	−922337203685477.5808 到 922337203685477.5807	8 字节
逻辑型	Boolean	无	True 或 False	2 字节
日期型	Date	无	100.1.1～9999.12.31	8 字节
变体型	Variant	无		

3.2.1　数值型

VB 数值型数据分为整型和实型两大类。

整型数据是指不带小数点和指数符号的数，由 0～9 的数字序列组成，可以带正号或负号，正号可以省略。例如 67、-8926、209 等。实型数据是指含有小数部分，或带有指数符号的数。例如 334.89、123*10^{2}等。

1．整型

整型数包括整型、长整型和字节型整数。

（1）整型（Integer，类型符%）

十进制的整型数用 2 字节存储，取值范围是-32768 到+32767。

例如：123%，-3450%，654%都是整数型。而 45678%则会发生溢出错误。

（2）长整型（Long，类型符&）

十进制的长整型数用 4 字节存储，取值范围是-2147483648 到+2147483647。

例如：123456，45678&都是长整数型。

在 VB 中，允许使用八进制和十六进制形式表示数据。对于在程序中用八进制和十六进制表示的整型数、长整型数，系统输出时会自动把它们转换成十进制形式的数据。

（3）字节型（Byte）

字节型整数是用一个字节存储的无符号整数，取值范围是 0～255。

另外，VB 中还可以使用八进制和十六进制的整数，用于一些特殊目的，一般用户不必掌握。

2．实型

实型数据主要分为单精度浮点数、双精度浮点数和货币型数据三种。

（1）单精度浮点数（Single，类型符!）

单精度数用 4 字节（32 位二进制）存储，其中符号占 1 位，指数占 8 位，其余 23 位是尾数。单精度数有 7 位有效数字，取值范围 1.401298E-45≤|x|≤3.402823E+38。

例如：7.892!，9.5316!。当需要处理的数据超过单精度数的取值范围，或需要的有效数字超过 7 位时，则需要用双精度数。

（2）双精度浮点数（Double，类型符#）

双精度数用 8 字节（64 位二进制）存储，其中符号占 1 位，指数占 11 位，其余 52 位是尾数。它最多可以表示 15 位有效数字，取值范围为 4.94065645841247E-324≤|x|≤1.797693134862316E+308。

例如：3.14159265。

（3）货币型（Currency，类型符@）

货币型数据主要用来表示货币值，使用于表示精确计算。该类型数据用 8 字节存储，货币型是定点数，精确到小数点后面第 4 位，第 5 位四舍五入。整数部分最多 15 位。

例如：8.37@、65.123456@都是货币型。

　　　　65.123456@的有效数为 65.1235。

3.2.2　字符串型

在 VB 中，字符串型数据是由各种 ASCII 字符（双引号和回车符除外）、汉字及其他可打印字符组成，用双引号括起来的一个字符序列。

字符串型数据区分字母的大小写，双引号内字符的个数叫做字符串的长度（包括空格），长度为零的字符串叫做空字符串。

在 VB 中，ASCII 码字符和汉字一样都采用双字节存储。

　　例如："1234"和"张 三"都是字符型（注意，字符串中空格是有效字符）；"运动员"和"abc"长度都是 3，占用字节数都是 6；"Visual Basic 6.0"、"计算机程序设计"、"08/12/2012"、"x+y=30"等都是字符串型数据。

3.2.3　逻辑型

　　逻辑型也称布尔型，该类型数据的取值有两个：逻辑真 True 和逻辑假 False，用 2 个字节存储。逻辑型可与数值型互换，False 为 0，True 为-1。

3.2.4　日期型

　　日期型数据用 8 个字节来存储，日期范围从公元 100 年 1 月 1 日—9999 年 12 月 31 日，只要用#括起来，都可以作为日期型数据。日期和时间的格式可以用各种表示形式。日期可以用"/"、","、"-"分隔开，可以是年、月、日，也可以是月、日、年的顺序。时间必须用"："分隔，顺序是：时、分、秒。

　　例如：#1999-08-11 10:25:00 pm# 、#08/23/1999# 、#03-25-1975 20:30:00# 、#1998,7,18#等都是有效的日期型数据。在 VB 中会自动转换成 mm/dd/yy（月/日/年）的形式。

3.2.5　对象型与变体型

　　对象型（Object）数据可用来表示应用程序中的对象，以 4 字节（32 位）存储。如果在运行应用程序之前，用 VB 定义该类型对象的属性和方法，应用程序在运行时速度会更快。

　　变体型（Variant）是一种特殊的数据类型，能保存所有类型的数据，并且可以随时转换为其他类型。当把数据赋予变体型时，不必在这些数据的类型间进行转换，VB 会自动完成任何必要的转换。

3.2.6　自定义类型

　　使用 VB 提供的数据类型基本上已经可以满足用户的要求，但有时会需要存放一组不同类型的数据。例如，在学籍管理系统中，一个学生通常具有许多特征，如学生的姓名、出生日期等。如果每一个特征都用一个变量表示，当有许多学生时很可能产生混乱。这时，就可以把学生的所有特征构造为一个数据类型。

　　在 VB 中，在一个模块顶部的声明段构造自定义类型可以用 Type 语句，Type 的语法如下：

```
[Private |Public] Type Varname
     elementname As type
     ...
End Type
```

Public（可选）使声明的用户类型在该工程的所有模块的任何过程中可用（公用的）。
Private（可选）使声明的用户自定义类型只能在当前模块中使用（私有的）。
Varname 是用户自定义类型的名称。
Elementname 是用户自定义类型的成员元素名称。
Type 是成员元素的数据类型，可以是任何基本数据类型或其他的用户自定义类型。

自定义的数据类型通常在标准模块（.BAS）中定义，可以通过"工程"菜单中的"添加模块"命令来完成；默认的有效区域为全局。

下面的语句是定义学生记录数据类型的例子。

```
Private Type StuRecord              '自定义数据类型 StuRecord
    Name As String * 30
    Birthday As Date
End Type                            '自定义类型结束，该定义必须放在一个模块顶部的声明段

Private Sub Command1_Click()
    Dim student1 As StuRecord, student2 As StuRecord ' 定义 student1,student2 变
量为 StuRecord
    student1.Name="张三"              ' 对 student1 变量的 Name 域赋值
    student1.Birthday=#10/8/1990#     ' 对 student1 变量的 Birthday 域赋值
    Debug.Print student1.Name         ' 返回张三
    Debug.Print student1.Birthday     ' 返回 1990-10-8
    Debug.Print student2.Name         ' 未赋值返回空字符""
    Debug.Print student2.Birthday     ' 未赋值返回 0:00:00
End Sub
```

3.3 常量与变量

在程序设计中，不同类型的数据可以具有不同的形式（常量或者变量）。在整个程序执行过程中，常量的值保持不变，而变量代表内存中指定的存储单元，根据需要赋不同的值，其值可以改变。

3.3.1 常量

常量就是在程序执行的过程中保持不变的数据，VB 中的常量分为文字常量和符号常量，符号常量又分为用户自定义常量和系统定义常量两种。

1. 文字常量

文字常量直接出现在代码中，也称为字面常量或直接常量，文字常量的表示形式决定它的类型和值。

根据数据类型的不同，文字常量可以分为数值型常量、字符型常量、日期型常量、逻辑型常量等。

例如：

1.56　　　　　是一个单精度浮点型常量

1.56#　　　　是一个双精度浮点型常量

62.78@　　　是一个货币型常量

"Happy"　　是一个字符型常量

#3 jan, 98#　是一个日期型常量

2. 符号常量

所谓符号常量，就是用标识符来表示一个具体的常量值。在 VB 中，符号常量分为用户自定义常量和系统定义常量两种。

（1）用户自定义常量：这类常量用 Const 语句声明。

声明常量的语法为：

Const　常量名 [as 类型] = 表达式

其中，Const 是定义符号常量的关键字；常量名的命名规则与标识符相同，通常用大写字母命名；[as 类型]是可选项，用来说明常量的数据类型；表达式可以是文字常量，也可以是运算符连接文字常量构成的表达式。

在一行中说明多个常量时用逗号分开。

例如：

```
Const PI = 3.1415926
Const TD As Date = #05/03/2015#
Const num = 85, pi as double=3.1415926
```

　　用 Const 声明的常量在程序运行过程中不能被重新赋值；说明符号常量时，可以在常量名后加上类型说明符，例如：Const Number1% = 15。

（2）系统定义常量：系统提供的常量。

系统常量位于对象库中，可以选择"视图"|"对象浏览器"命令，打开图 3-1 所示的窗口。系统常量不必说明，可直接在程序中使用。

图 3-1　"对象浏览器"窗口

例如：

```
form1.Windowstate = vbMinimized
```

表示将窗口最小化。其中，vbMinimized 就是一个系统定义的常量，值为 1。和 form1.Windowstate=1 相比，form1.Windowstate=vbMinimized 更明确地表明了语句的功能。

3.3.2　变量

变量是在程序执行过程中，其值可以改变的量，可以临时存储数据。每个变量均有属于自己的名称和数据类型。变量的名称称为变量名，程序通过变量名来引用变量的值。变量的数据类型决定以后该变量可存储哪种类型的数据。

1. 变量的声明

在使用变量前，最好先声明这个变量。声明一个变量就是事先将变量的有关信息，包括变量名及数据类型"告知"程序，通常使用 Dim 语句来声明变量，格式为：

Dim 变量名 [As 类型]

其中，变量名是用户定义的标识符，应遵循变量的命名规则；[As 类型]是可选项，定义变量的数据类型或者对象类型。

例如：

```
Dim a as integer        ' 把变量 a 定义成整型
Dim b as long           ' 把变量 b 定义成长整型
Dim c as single         ' 把 c 定义成单精度型
```

当省略 As 子句时，系统默认变量为可变类型。

在一个声明语句中，可以用逗号作为分隔符一次声明多个变量，例如上面的三个语句可以写为：

```
Dim a as integer , b as long, c as single
```

也可以用类型符来定义变量，例如上面语句写成：

```
Dim a% , b&, c!
```

作用是一样的。

2. 变量的隐式声明

在使用一个变量前，并不一定非要先声明这个变量。如果这个变量未经事先声明，那么它被称为隐式声明的变量，隐式声明将给变量赋予默认的类型和值。

例如：

```
number1 = 5                         ' number1 为整型变量
mystring = "Visual Basic 编程"       ' mystring 为字符型变量
```

使用隐式声明虽然很方便，但是如果把变量名拼错的话，会导致一个难以查找的错误。在程序设计中，应该养成对变量显式声明的习惯，以增加程序的正确性和可读性。

3.4 运算符与表达式

运算是对数据的加工处理，基本的运算关系常常可以通过一些简洁的符号来描述，这些符号称为"运算符"或"操作符"，而参与运算的数据则称为"操作数"。在程序设计中，由运算符和操作数构成的式子，称为表达式。表达式是程序设计语言中的基本语法单位。在表达式中，操作数可以是常量、变量或函数，不同类型的操作数可以使用不同的运算符。而对表达式本身也是有类型的，它表示了运算结果的类型。例如：a+b、sin(a)+sin(b)、"Visual Basic" & "程序设计"都是合法的表达式。

VB 提供了丰富的运算符和表达式，概括起来有 5 种类型的运算符：算术运算符、字符串运算符、日期运算符、关系运算符和逻辑运算符。

3.4.1　算术运算符

算术运算符用来连接数值型数据进行算术运算，VB 提供了 7 种算术运算符，如表 3-2 所示。

表 3-2　　　　　　　　　　　　　　算术运算符

运算符	运算关系	示例	优先级
^	乘方	x^y	1
*、/	乘、除	x*y, x/y	2
\	整除	x\y	3
Mod	模运算	x Mod y	4
+、−	加、减	x+y, x−y	5

其中，乘方、乘/除及加/减运算与数学中的意义相同；整除运算的结果是两整数相除后的整数部分。例如，20\6，结果为 3；模运算的结果是两整数相除后的余数部分。例如，20 Mod 6，结果为 2。

如果参与整除的或模运算的两个数是实数，VB 先对小数部分四舍五入取整，然后计算。例如：

> 20.4\6．9 将转换为 20\7，结果为 2。
> 20.3 Mod 6.6 将转换为 20 Mod 7，结果为 6。

在 "Mod" 运算符两端应加上空格。

3.4.2　字符串运算符

字符串只有连接运算，在 VB 中可以用 "+" 或 "&" 运算符。建议尽量使用 "&" 运算符，使程序看起来更明了。使用 "&" 运算符时应注意前后加空格，否则 VB 会当作长整数型的类型符来处理。

"+" 和 "&" 的区别。当两个被连接的数据都是字符型时，它们的作用相同。当数字型和字符型连接时，"&" 把数据都转化成字符型然后连接；"+" 把数据都转化成数字型然后连接。

例如：

> "ABC"+"DEF" 其值为 "ABCDEF"。
> "姓名：" & "张三" 其值为："姓名：张三"。
> 23 & "7" 其值为："237"。
> 23+"7" 其值为：30。
> 而 23+"7abc" 则会出现类型不匹配的错误。

3.4.3　日期运算符

日期型数据是一种特殊的数值型数据，它们之间只能进行加 "+"、减 "−" 运算。日期运算有下面三种情况。

（1）两个日期型数据可以相减，结果是一个数值型数据（两个日期相差的天数）。

例如：

`#12/19/1999# - #11/16/1999#`　　　　　结果为数值型数据：33

（2）一个表示天数的数值型数据可以与日期型数据相加，其结果仍然为日期型数据（向后推算日期）。

例如：

`#11/16/1999# + 33`　　　　　结果为日期型数据：`#99-12-19#`

（3）可以从日期型数据中减去一个表示天数的数值型数据，其结果仍然为日期型数据（向前推算日期）。

例如：

`#12/19/1999# - 33`　　　　　结果为日期型数据：`#99-11-16#`

3.4.4　关系运算符

关系运算符用作两个数值或字符串的比较，返回值是逻辑值 True 或 False。表 3-3 列出了 VB 中的关系运算符及其使用示例。

表 3-3　　　　　　　　　　　关系运算符

运算符	意义	示例	返回值
=	等于	1 = True	False，强制转换为数值型
>	大于	"ABC" > "ABH"	False
>=	大于等于	"f" >= "Fsa"	True
<	小于	"3"<4	True，强制转换为数值型
<=	小于等于	3 <= 4	True
<>	不等于	"xyz" <> "XYZ"	True
like	使用通配符匹配比较	"WXYZ"like "*X*"	True
is	引用对象比较	is > 0	由对象当前值决定

（1）关系运算符两侧的值或表达式的类型应一致。

（2）数学不等式：a≤x≤b，在 VB 中不能写成 a <= x <= b。因为，令 x=5，不满足 2≤x≤3，但在 VB 中 2 <= x <= 3 却是真（True）的。这是由于 2 <= x <= 3 相当于（2 <= x）<=3。

注意以下比较规则。

（1）数值型比较与数学意义上的比较相同。

（2）字符型数据的比较按照从左到右的顺序，按其 ASCII 码的值比较大小。

（3）is 代替代码中引用的对象参与比较。

（4）like 与通配符（*、? 、# 等）结合使用，经常用于模糊查找。

例如："*X*"表示包含"X"的字符串。

"A*"表示以"A"开头的字符串。

（5）关系运算符的优先级相同。

3.4.5　逻辑运算符

逻辑运算符对逻辑量进行逻辑运算，除 Not 外都是对两个逻辑量进行运算，其结果为逻辑值。表 3-4 列出了 VB 中的逻辑运算符。

表 3-4　　　　　　　　　　　　　　　　　逻辑运算符

运算符	意义	优先级	说明	示例	返回值
Not	取反	1	操作数为假时，结果为真	Not　true	False
And	与	2	两个操作数均为真时，结果才为真，其余为假	False And True True And True	False True
Or	或	3	两个操作数只要有一个为真，结果为真	False Or True True Or True	True True
Xor	异或	3	两个操作数为一真一假时，结果为真	False Xor True True Xor True	True False
Eqv	等价	4	两个操作数同为真或假时，结果为真	False Eqv True False Eqv False	False True
Imp	蕴含	5	第一个操作数为真，第二个操作数为假时，结果为假，其余情况都为真	True Imp False False Imp True True Imp True	False True True

3.4.6　表达式

由运算符和运算量组成的表达式描述了对哪些数据、以何种顺序进行什么样的操作。VB 提供了丰富的运算符，可以构成多种表达式。

1．表达式的组成

表达式由常量、变量、函数、运算符和圆括号按照一定的规则组成，不管表达式的形式如何，都会计算出一个结果，该结果的类型由参与运算的数据和运算符决定。

2．表达式的书写规则

（1）表达式中的每个字符没有高低、大小的区别。

（2）只能使用圆括号，可以多重使用，圆括号必须成对出现。

（3）VB 表达式中的乘号"*"不能省略。

（4）能用系统函数的地方尽量使用系统函数。

例如：

数学公式 $\dfrac{-b+\sqrt{b^2-4ac}}{2a}$ 写成 VB 表达式为(-b+sqr(b^2-4*a*c))/(2*a)

只有算术运算符的表达式也称为算术表达式。

3．关系表达式和逻辑表达式

当使用关系运算符或逻辑运算符时，表达式又称为关系表达式或逻辑表达式。

关系运算一般表示一个简单的条件。例如：age>20、score>80、x+y>z 等。

逻辑表达式表示较复杂的条件。例如：0<x<5 写成 VB 表达式应为 0<x　And　x<5。

4．结果类型

算术表达式中，不同类型的数据计算时转化成精度高的类型。

关系表达式和逻辑表达式的结果是逻辑值 True 或 False。

5. 优先级

优先级：圆括号>算术运算符>关系运算符>逻辑运算符。

在复杂的表达式中，可以添加圆括号使表达式的运算次序更清晰。

【例 3.1】设变量 x = 4，y = −1，a = 7.5，b = −6.2，求表达式 x + y > a + b And Not y < b 的值。

解：

（1）先作算术运算：3 > 1.3 And Not y < b

（2）再作关系运算：True And Not False

（3）作逻辑非运算：True And True

（4）最后得：True

【例 3.2】已知闰年的条件是：

（1）能被 4 整除，但不能被 100 整除的年份都是闰年；

（2）能被 100 整除，又能被 400 整除的年份都是闰年。

设变量 y 表示年份，写出判断 y 是否为闰年的逻辑表达式。

解：

判断 y 是否满足条件（1）的逻辑表达式是：

$$y \bmod 4 = 0 \text{ And } y \bmod 100 <> 0$$

判断 y 是否满足条件（2）的逻辑表达式是：

$$y \bmod 100 = 0 \text{ And } y \bmod 400 = 0$$

两者取"或"，即得到判断闰年的逻辑表达式：

$$(y \bmod 4 = 0 \text{ And } y \bmod 100 <> 0) \text{ Or } (y \bmod 100 = 0 \text{ And } y \bmod 400 = 0)$$

3.5　常用内部函数

函数的概念与一般数学中函数的概念没有什么根本区别。函数是一种特定的运算，在程序中要使用一个函数时，只要给出函数名并给出一个或多个参数，就能得到它的函数值。函数名后面的参数可以是常量、变量或者表达式。在调用函数的过程中，函数对参数实施运算，最后返回该函数的值。

函数的一般调用格式为：

函数名　（[参数表]）

（1）参数可以有一个或多个，也可以没有。参数表中若有多个参数，参数之间以逗号分隔；

（2）可以在表达式中调用函数。

例如：

```
x = Sqr(9) + Exp(a+b)
Print Abs(x)
```

其中，Sqr、Exp 和 Abs 是函数名。9、a+b、x 分别是它们的参数。

在 VB 中，有两类函数：内部函数和用户定义函数。用户定义函数是用户自己根据需要定义的函数。内部函数也称标准函数，VB 提供了大量的内部函数，利用这些内部函数可以大大增强程序的表达和执行能力。VB 的内部函数大体上可以分为数学函数、转换函数、字符串函数、日期与时间函数几种。

3.5.1　数学函数

VB 提供了大量的数学函数，常用的数学函数有三角函数、算术平方根函数、对数函数、指数函数及绝对值函数等。常用的数学函数如表 3-5 所示。

表 3-5　　　　　　　　　　　　常用的数学函数

函数名	说明	示例
Sin(N)	返回自变量 N 的正弦值	Sin(0)=0　N 为弧度
Cos(N)	返回自变量 N 的余弦值	Cos(0)=1　N 为弧度
Tan(N)	返回自变量 N 的正切值	Tan(0)=0　N 为弧度
Atn(N)	返回自变量 N 的反正切值	Atn(0)=0　函数值为弧度
Sgn(N)	返回自变量 N 的符号。 N<0，返回-1； N=0，返回 0； N>0，返回 1	Sgn(-9.8)= -1 Sgn(0)=0 Sgn(35)=1
Abs(N)	返回自变量 N 的绝对值	Abs(-675)=675　　Abs(675)=675
Sqr(N)	返回自变量 N 的平方根，N≥0	Sqr(49)=7
Exp(N)	返回 e 的 N 次幂值，N≥0	Exp(3)=20.086
Log(N)	返回 N 的自然对数，N>0	Log(10)=2.3
Int(N)	返回不大于 N 的最大整数	Int(3.6)=3　　　Int(-5.2)= -6
Cint(N)	四舍五入取整	Cint(3.6)=4
Rnd[(N)]	返回 0～1 的随机小数	

　　（1）三角函数的自变量以弧度表示。

　　　　例如，要写成 Sin(3.14159*27/180)。

　　（2）随机函数 Rnd(N)可以写成 Rnd，函数值可以是双精度型。

　　　　Rnd 返回小于 1，大于零的双精度随机数。其值由系统根据种子数随机给出，直接使用该函数时，种子数是不变的，即每次执行程序都得到相同的随机数序列。可以使用 Randomize 语句来改变种子数。其格式为：Randomize。这时用系统计时器返回的值作为随机种子。

3.5.2　转换函数

转换函数用于各种类型数据之间的转换，常用转换函数如表 3-6 所示。

表 3-6　　　　　　　　　　　　常用转换函数

函数名	说　明	示　例
Int(N)	返回不大于 N 的最大整数	Int(-3.4)= -4 Int(3.4)=3

函数名	说 明	示 例
Fix(N)	返回 N 的整数部分，截去小数部分	Fix(-3.4) = -3 Fix(3.4) = 3
Asc(C)	返回字符串 C 首字符的 ASCII 值	Asc("A") = 65 Asc("Apple") = 65
Chr(N)	返回 ASCII 值为 N 的字符	Chr(65) = "A" Chr(97) = "a"
Val(C)	把数字组成的字符串型转化成数值型	Val("3.14") = 3.14 Val("456") = 456
Str(N)	把数值 N 转化成字符串型	Str(357) = "357"
Cint(N)	把 N 的小数部分四舍五入取整	Cint(35.99) = 36

3.5.3　字符串函数

字符串函数常用于字符串处理，字符串函数如表 3-7 所示。

表 3-7　　　　　　　　　　　　常用的字符串函数

函数名	说明	示例
Trim(C)	去掉字符串 C 两端的空格	Trim("　ab　") = "ab"
Left(C,n)	截取 C 最左边的 n 个字符	Left("command",3) = "com"
Right(C,n)	截取 C 最右边的 n 个字符	Right("command",3) = "and"
Mid(C,m,n)	截取 C 中从第 m 个字符开始的 n 个字符	Mid("command",3,2) = "mm"
Len(C)	返回 C 包含的字符数，汉字空格都算一个字符	Len("中华人民共和国") = 7 Len("Who are you") = 12
Ucase(C)	将 C 中的小写字母转化成大写字母	Ucase("Who?") = "WHO?"
Lcase(C)	将 C 中的大写字母转化成小写字母	Lcase("Who?") = "who?"

【例 3.3】编程实现一个"工资最佳付款方案"的应用。单位发工资，设某职工应发放工资 x 元，试求使各种面额钞票的总张数最少的付款方案。

（1）界面设计：在窗体上绘制十四个标签，七个文本框和一个命令按钮，设置对象属性，如表 3-8 所示。

表 3-8　　　　　　　　　　　　例 3.3 属性设置

对　象	属　性	设　置
Form1		求工资最佳付款方案
Label1		实发工资数
Label 2		元
Label 3	Caption	100 元票
Label 4		50 元票
Label 5		10 元票
Label 6		5 元票
Label 7		2 元票

对　　象	属　　性	设　　置
Label 8	Caption	1 元票
Label 9~ Label 14		张
Text1	Text	0
Text2~ Text7	Text	空
Command1	Caption	应付

设计完成的界面效果如图 3-2 所示。

（2）编写按钮的事件过程如下。

```
Private Sub Command1_Click()
    x=Text1.Text                    ' x 为实发工资数
    y=x\100: Text2.Text=y           ' 求百元票张数并显示
    x=x-100*y                       ' 求剩余款项
    y=x\50:Text3.Text=y             ' 求五十元票张数并显示
    x=x-50*y                        ' 求剩余款项
    y=x\10:Text4.Text=y             ' 求十元票张数并显示
    x=x-10*y                        ' 求剩余款项
    y=x\5:Text5.Text=y              ' 求五元票张数并显示
    x=x-5*y                         ' 求剩余款项
    y=x\2:Text6.Text=y              ' 求二元票张数并显示
    x=x-2*y:Text7.Text=x            ' 求一元票张数并显示
End Sub

Private Sub Text1_Change()
    Text2.Text = ""
    Text3.Text = ""
    Text4.Text = ""
    Text5.Text = ""
    Text6.Text = ""
    Text7.Text = ""
End Sub
```

（3）程序运行结果如图 3-3 所示。

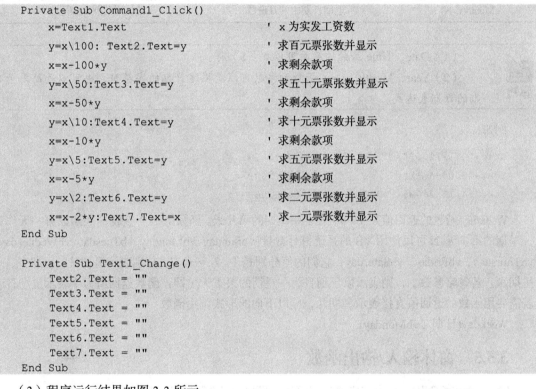

图 3-2　例 3.3 界面效果图　　　　　图 3-3　例 3.3 运行界面

3.5.4　日期与时间函数

日期与时间函数用于提供时间和日期信息。表 3-9 列出了常用的日期与时间函数。

表 3-9　　　　　　　　　　　　　　常用日期与时间函数

函数名	说明	示例
Time[$][()]	返回系统当前时间	15:30:05
Date[$][()]	返回系统当前日期	2012-04-05
Now[()]	返回系统当前日期和时间	2012-04-05　15:30:05
Day(C/N)	返回日期中的号数	Day("99,05,08") = 8
Month(C/N)	返回日期中的月份数	Month("99,05,08") = 5

（1）Date、Time 函数的后面可以加 "$" 符。

（2）Year、Month、Day 函数的参数可以是描述日期的字符串，也可以是结果为日期的日期表达式。

例如：

```
Year("4/12/2009")          的值是：2009
Year("2009-4-12")          的值是：2009
Year(#4/12/2009# - 300)    的值是：2008
```

Weekday 函数的返回值是 1～7，表示一星期的第几天。函数第 2 个参数 N 表示以哪一天作为一星期的第 1 天，N 可以使用 VB 的系统符号常量：vbSunday、vbMonday、vbTuesday、vbWednesday、vbThursday、vbFriday、vbSaturday，它们的值分别是 1、2、…、7，分别表示星期日、星期一、…星期六。若省略参数 N，则表示以星期日为一星期的第 1 天（即：函数返回值为 1 表示星期日）。若需要用函数的返回值直接表示星期几，应以下面的形式调用函数：

Weekday(日期 , vbMonday)

3.5.5　窗体输入/输出函数

（1）Print(字符串)：在窗体中输出字符串，可以用 "&" 连接变量后输出。

（2）Tab(n)：把光标移到该行的 n 个位置。

（3）Spc(n)：跳过 n 个空格。

（4）Cls：清除当前窗体内显示的内容。

（5）Move x[, y[,Width[, Height]]]:移动窗体或控件。

（6）InputBox(prompt,…)：跳出一个数据输入窗口，返回值为该窗口的输入值。

（7）MsgBox(msg,[type]…)：跳出一个提示窗口。

3.5.6　颜色函数

VB 提供了两个颜色函数 RGB 和 QBColor，其中 QBColor 函数能够选择 16 种颜色，RGB 函数能够选择更多的颜色。

1. RGB 函数

其中 R 代表红色，G 代表绿色，B 代表蓝色。

格式为：

RGB（数值表达式 1，数值表达式 2，数值表达式 3)

其中，数值表达式 1 的值是[0，255]之间的整数，表示颜色中红色的部分；数值表达式 2 的值是[0，255]之间的整数，表示颜色中绿色的部分；数值表达式 3 的值是[0，255]之间的整数，表示颜色中蓝色的部分。

其功能是：根据红、绿、蓝这三种颜色的不同比例值调和生成其他的颜色。表 3-10 列出了一些常见的 RGB 函数颜色效果。

表 3-10　　　　　　　　　　　　　　　RGB 函数示例

RGB 函数	常数	返回值	颜色
RGB（0，0，0）	VbBlack	&H0	黑色
RGB（255，0，0）	VbRed	&HFF0	红色
RGB（0，255，0）	VbGreen	&HFF00	绿色
RGB（0，0，255）	VbBlue	&HFF0000	蓝色
RGB（0，255，255）	VbCyan	&HFFFF00	青色
RGB（255，0，255）	VbMagenta	&HFF00FF	紫红色
RGB（255，255，0）	VbYellow	&HFFFF	黄色
RGB（255，255，255）	VbWhite	&HFFFFFF	白色

2. QBColor 函数

颜色也可以用 QBColor 函数来表示。VB 中用 QBColor（i）代表一种颜色，如表 3-11 所示。

表 3-11　　　　　　　　　　　　　　QBColor 函数参数表

i 值	颜色	i 值	颜色
0	黑色	8	灰色
1	蓝色	9	亮蓝色
2	绿色	10	亮绿色
3	青色	11	亮青色
4	红色	12	亮红色
5	粉红色	13	亮粉红色
6	黄色	14	亮黄色
7	白色	15	亮白色

（1）颜色码使用 0～15 之间的整数，每个颜色码代表一种颜色。

（2）RGB 函数与 QBColor 函数实际上都返回一个 6 位的十六进制的长整数，这个数从左到右，每两位一组代表一种基色，它们的顺序是蓝、绿、红。因此，也可以直接用 6 位的十六进制颜色代码表示。

习 题 3

一、填空题

1. 下列变量名中正确的是_____。

（1）w　　　　　（2）12a　　　　　（3）Sin　　　　　（4）a3+b1

（5）a%b　　　　（6）w 12　　　　（7）姓名　　　　（8）xyz_2

2. 请写出下表中的运算结果。

算术运算符	例子	运算结果
+	1+2	
−	−1−2	
Mod	9 mod 2	
\	9\2	
*	3*6	
/	9/2	
^	3^5	

3. 请写出下表中的运算结果。

关系运算符	例子	运算结果
=	"abd"="ABD"	
<	1<2	
>	"a">"b"	
>=	1+1>=2	
<=	3+1<=2+1	
<>	5 mod 2<>0	

4. 完成下表，将数学表达式写成 VB 中的算术表达式，或将 VB 中的算术表达式写成数学表达式。

数学表达式	VB 中的算术表达式
$\dfrac{a+b}{c+d}$	
a^3+b^3	
$a[x+b(x+c)]$	
	a*b/c+d
	(a^2+b^2)/(a*b)
$\dfrac{ab}{c+d}$	

5. 试写出下列表达式的运算结果。

VB 表达式	运算结果
1+3^3*2	
15\4+15 mod 4	
3<>2	
(1>2)and(2>1)	
(1>2)or(2>1)	
Not(3=3)	

6. 函数表达式（请写出运行结果）。

举例	运算结果
Abs(-81)	
Sqr(49)	
Int(23.9)	
Int(-24.8)	

7. 写出产生下列随机数的表达式。

（1）100～300 的整数（包括 100 和 300）。表达式为＿＿＿＿＿＿＿＿＿＿。

（2）一个两位的整数。表达式为＿＿＿＿＿＿＿＿＿＿。

8. 以下程序段的运行结果是＿＿＿＿＿＿＿＿＿＿。

```
Private Sub Form_Click()
    Dim x%, y%
    x = 2
    y = 3
    x = y
    Print "x="; x
    Print "y="; y
    x = x + 1
    Print "x="; x
    Print "y="; y
End Sub
```

二、编程题

编程实现上课随机提问的程序。假设有 3 个上课的班级，每个班级有 30 个学生。窗体上有两个文本框和一个"提问"按钮。单击"提问"按钮的时候，在第一个文本框中，随机显示 1、2 或 3，代表班级；在第二个文本框中，随机显示数字 1～30，代表各班对应学生的学号。

第4章
VB 程序设计基础

程序设计是一个将算法转换为用程序设计语言表示的过程。在学习程序设计之前，首先应该了解算法以及算法的表示方法。算法是由一系列规则组成的过程，这些规则确定了一个操作的顺序，以便能在有限步骤内得到特定问题的解。算法的基本控制结构有三种：顺序结构、选择结构和循环结构。本章简单介绍了算法的定义、特征，介绍了传统流程图和 N-S 图，学习了顺序结构相关的语句和函数。

4.1　算法基础

算法是程序设计的基础，在学习 VB 程序设计之前，先要对算法有基本的了解。

4.1.1　算法的定义

算法是为完成一项任务所应当遵循的一步一步的规则的、精确的、无歧义的描述，它的总步数是有限的。简单地说，算法是解决一个问题采取的方法和步骤的描述。

求解一个给定的可计算或可解的问题，不同的人可能设计出不同的算法。一般情况下，通过算法的运行效率和占用内存情况来衡量算法的优劣。算法的复杂度主要包括算法的时间复杂度和算法的空间复杂度，所谓算法的时间复杂度是指执行算法所需要的计算工作量；算法的空间复杂度一般是指执行这个算法所需要的内存空间。

4.1.2　算法的特征

一个算法应该具有以下五个重要的特征。

（1）有穷性：算法必须在执行有限个步骤之后终止，不应当出现无终止的循环或永远执行不完的步骤。

（2）确定性：算法中的每一步骤必须有确定的含义，不能有二义，不应含混不清或模棱两可。

（3）输入性：一个算法可以有输入的数据，也可以没有输入的数据，即有 0 个或多个输入，以刻画运算对象的初始情况。

（4）输出性：一个算法至少有一个输出的数据，因为算法的目的就是求解问题，求解的结果必须向用户输出，以反映对输入数据加工后的结果。没有输出的算法是毫无意义的。

（5）有效性：算法中的每一操作必须是可以执行的。例如，以 0 为除数，则无法执行。

4.1.3　算法的示例

下面通过一个简单的示例对算法加以说明。

输入三个数，然后输出其中最大的数。

解题思路：将三个数依次输入到变量 A 、B、C 中，设变量 MAX 存放最大数。

其用自然语言描述的算法如下：

（1）输入 A、B、C；

（2）A 与 B 中大的一个放入 MAX 中；

（3）把 C 与 MAX 中大的一个放入 MAX 中；

（4）输出 MAX，MAX 即为最大数。

4.2　传统流程图

对于程序设计人员，必须会设计算法，并根据算法写出程序。那么怎样表示一个算法呢？最简单的方法是用自然语言，即人们日常生活中的语言，前面描述的输入三个数，输出其中最大的数的算法，用的就是自然语言。自然语言描述算法虽然通俗易懂，但缺乏直观性和简洁性，而且容易产生歧义。

为了更好地描述算法，需要掌握程序流程图及其画法。流程图是用来描述算法的工具，它由一些特定意义的图形、流程线及简要的文字说明构成。与自然语言相比，用图形来表示流程，形象直观，各种操作一目了然，而且不会产生"歧义性"。流程图中的基本符号如图 4-1所示。

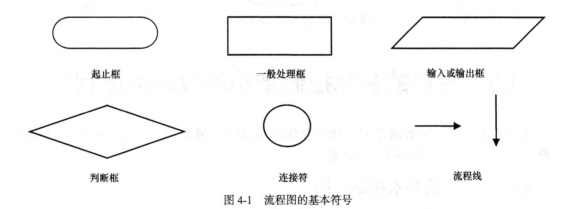

图 4-1　流程图的基本符号

流程图各符号的含义（ANSI 美国国家标准化协会）如下。

（1）起止框：表示算法的开始和结束。

（2）一般处理框：主要用来表示"赋值"，"加减乘除"等操作。

（3）输入输出框：用来表示输入输出操作。

（4）判断框：用来根据给定的条件决定执行几条路径中的某一条路径。

（5）连接符：用来连接流程图。

（6）流程线：表明了程序流程的方向。

一个流程图一般包括以下三部分内容。

（1）表示相应操作的框。

（2）带箭头的流程线。

（3）框内外必要的文字说明。

在 4.1.3 节中，用自然语言描述的算法的例子，用传统流程图描述如图 4-2 所示。

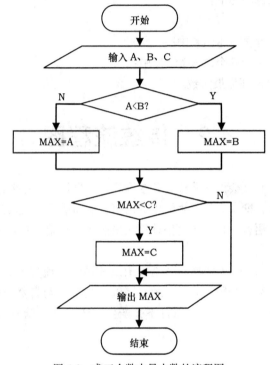

图 4-2　求三个数中最大数的流程图

4.3　算法的基本控制结构和改进的流程图

算法的基本控制结构控制着算法的各个操作的执行顺序，通常由顺序结构、选择结构和循环结构组成。N-S 图是对传统流程图的改进。

4.3.1　算法的基本控制结构

算法的基本控制结构有三种：顺序结构、选择结构和循环结构。算法的三种基本控制结构的传统流程图，将在以后分别介绍时给出。

三种基本控制结构的共同特点如下。

（1）只有一个入口。

（2）只有一个出口。

（3）结构内的每一部分都有机会被执行到。

（4）结构内不存在"死循环"。

4.3.2　N–S 流程图

流程图能清晰明确地表示程序的运行过程。但在使用过程中，人们发现流程线不一定是必需的，随着结构化程序设计方法的出现，1973 年美国学者 I.Nassi 和 B.Shneiderman 提出了一种新的流程图形式。这种流程图完全去掉了流程线，算法的每一步都用一个矩形框来描述，把一个个矩形框按执行的次序连接起来就是一个完整的算法描述。这种流程图用两位学者姓氏的第一个字母来命名，称为 N-S 流程图，简称 N-S 图。

用 N-S 图描述算法的三种基本控制结构如图 4-3、图 4-4、图 4-5 所示。

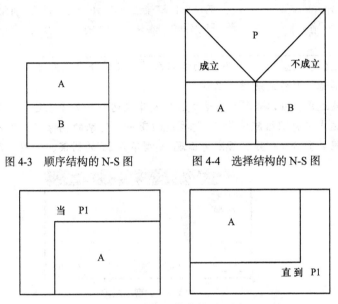

图 4-3　顺序结构的 N-S 图　　　图 4-4　选择结构的 N-S 图

图 4-5　循环结构的 N-S 图

由于 N-S 图修改比较麻烦，所以人们经常使用的还是传统流程图。

4.4　顺序结构

顾名思义，顺序结构是按照程序中语句的书写顺序依次执行语句的程序结构。顺序结构不含流程的跳转，构成顺序结构的语句不能改变程序的流程。顺序结构的流程图如图 4-6 所示。

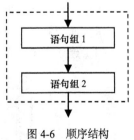

图 4-6　顺序结构

4.4.1　赋值语句

在顺序结构中赋值语句是使用最频繁的语句，赋值语句可以将指定的值赋给某个变量或对象的某个属性，是 VB 程序中最常用、最基本的语句。

赋值语句的一般格式为：

```
[Let] 名称 = 表达式
```

常用格式有两种：

格式1：   变量名 = 表达式
格式2：   [对象名.]属性名 = 表达式

赋值语句首先计算"="右边表达式的值，然后将该值赋给"="左边的变量或对象的属性。在格式2中，若对象名省略，则默认对象为当前窗体。

例如：

x=2	' 把2赋给x
y=x*3	' 计算x*3的值，得6，把6赋给y
x=x+1	' 计算x+1的值，得3，把3赋给x
a$= "Hello"	' 把"Hello"赋给a（由"$"可知a是字符中型）
Text1.Text="你好！"	' 把"你好！"赋给Text1的Text属性

（1）Let是可选项，完成赋值功能只需"="（赋值号）即可。

（2）名称：变量或属性的名称。

（3）表达式：可以是算术表达式、字符串表达式、关系表达式或逻辑表达式。计算所得的表达式值将赋给赋值号"="左边的变量或对象的属性。但是必须注意，赋值号两边的数据类型必须一致，否则会出现"类型不匹配"的错误，如图4-7所示。

注意

图4-7　类型不匹配

（4）赋值语句是先计算（表达式），然后再赋值。

（5）赋值号不是数学上的等号。a＝5应读作"将数值5赋给变量a"或是"使变量a的值等于5"。

【例4.1】 已知半径，求圆周长和圆面积。

解题思路： 应用程序的界面应该能让用户输入圆半径，程序在接收用户输入的数据后，利用数学公式对数据进行计算，并把结果输出到屏幕上。

求圆周长的公式为：$c=2\pi r$。

求圆面积的公式为：$s=\pi r^2$。

（1）建立程序界面如图4-8所示，程序运行结果如图4-9所示。

图4-8　例4.1程序设计界面

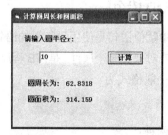

图4-9　例4.1运行界面

（2）各对象的主要属性设置参照表 4-1。

表 4-1　　　　　　　　　　　　　　　例 4.1 对象属性设置

对　象	属　性	设　置
Form1	Caption	计算圆周长和圆面积
Form1	Font	宋体五号、加粗
Label1	Caption	请输入圆半径
Label2	Caption	圆周长为：
Label3	Caption	圆面积为：
Label4	Caption	空
Label5	Caption	空
Text1	Text	空
Command1	Caption	计算

（3）程序代码如下。

```
Private Sub Command1_Click()
    Dim r!, c!, s!
    r = Val(Text1.Text)        ' 将界面上 Text1 的内容转换成数值型，并赋值给变量 r
    c = 3.14159 * r * 2        ' π 必须写成数字；乘号在程序中不能省略
    s = 3.14159* r * r
    Label4.Caption = c         ' 将结果显示到程序界面的 Label4、Label5 上
    Label5.Caption = s
End Sub
```

该程序的代码主体部分主要使用了赋值语句。r = Text1.Text 是将用户输入的数据赋给变量 r；后面的两句是计算圆周长和面积，分别赋给变量 c 和 s；Label4.Caption = c 和 Label5.Caption = s 语句分别是将圆周长和面积的值在标签上显示出来。

4.4.2　Print 方法

一个没有输出操作的程序是没有什么实用价值的。VB 的输出操作包括文本信息的输出和图形图像的输出，文本信息的输出主要使用 Print 方法。

1．直接输出到窗体

使用 Print 方法可以在窗体上输出文本字符串或表达式的值。

语法格式：　[对象名称.] Print [表达式列表][{,|;}]

功能：在对象上输出表达式的值。

说明：

（1）对象名称：可以是窗体（Form）、图片框（PictureBox）或打印机（Printer）。如果省略"对象名称"，则在窗体上直接输出。

例如：

```
Print "23*2="; 23*2        ' 在当前窗体上输出 23*2= 46
Picture1.Print "Good "     ' 在图片框 Picture1 上输出 Good
Printer.Print "Morning"    ' 在打印机上输出 Morning
```

（2）表达式列表：是一个或多个表达式，可以是数值表达式或字符串。对于数值表达式，将

输出表达式的值；对于字符串，则照原样输出。如果省略"表达式列表"，则输出一个空行。

（3）当输出多个表达式时，各表达式之间用分隔符号逗号（,）或分号（;）隔开。如果使用逗号分隔符，则各输出项按标准输出（分区输出）格式显示，此时，以 14 个字符宽度为单位将输出行分为若干区段，逗号后面的表达式在下一个区段输出。如果使用分号分隔符，则按紧凑格式输出，即各输出项之间无间隔地连续输出。

当输出数据时，数值数据的前面有一个符号位，后面有一个空格，而字符串前后都没有空格。

（4）如果在语句行的末尾使用分号分隔符，则下一个 Print 输出的内容将紧跟在当前 Print 所输出的信息后面；如果在语句行的末尾使用逗号分隔符，则下一个 Print 输出的内容将在当前 Print 所输出信息的下一个分区显示；如果省略语句行末尾的分隔符，则 Print 方法自动换行。

例如：

```
Print 1; 2; 3
Print 4, 5,
Print 6
Print 7, 8
Print
Print 9, 10
```

输出结果为：

⊔1⊔⊔2⊔⊔3⊔

⊔4⊔⊔⊔⊔⊔⊔⊔⊔⊔⊔⊔⊔5⊔⊔⊔⊔⊔⊔⊔⊔⊔⊔⊔6⊔

⊔7⊔⊔⊔⊔⊔⊔⊔⊔⊔⊔8⊔

⊔9⊔⊔⊔⊔⊔⊔⊔⊔⊔⊔⊔10⊔

（5）Print 方法具有计算和输出的双重功能，对于表达式，总是先计算后输出。

例如：

```
Print 56; 43*12; 312/55*4^2
```

输出结果为：

```
56 516 90.7636363636364
```

【例 4.2】使用 Print 方法在窗体上直接输出字符串或数值表达式的值。设计界面时，窗体上只有一个命令按钮，显示为"欢迎"，程序运行后，单击"欢迎"按钮，则窗体上显示用 Print 方法输出的数据。

（1）建立程序界面如图 4-10，程序运行结果如图 4-11 所示。

图 4-10　例 4.2 程序设计界面

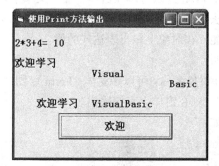

图 4-11　例 4.2 运行界面

（2）各对象的主要属性设置参照表 4-2。

表 4-2　例 4.2 对象属性设置

对　象	属　性	设　置
Form1	Caption	使用 Print 方法输出
Command1	Caption	欢迎

（3）程序代码如下。

```
Private Sub Command1_Click()
    Print
    Print "2*3+4="; 2 * 3 + 4
    Print
    Print "欢迎学习"
    Print , "Visual"
    Print , , "Basic"
    Print
    Print "    欢迎学习",
    Print "Visual"; "Basic"
End Sub
```

2．定位输出

为了使数据按指定的位置输出，VB 提供了几个与 Print 相配合的函数。

（1）Tab 函数

在 Print 方法中，可以使用 Tab 函数来对输出进行定位。

格式：Tab(n)

其中，n 为数值表达式，其值为一整数。Tab 函数把显示或打印位置移到由参数 n 指定的列数，从此列开始输出数据。要输出的内容放在 Tab 函数后面，并用分号隔开。

例如：

```
Print Tab(10); "姓名" ;Tab(30); "年龄"
```

通常最左边的的列号为 1。如果当前的显示位置已经超过 n，则自动下移一行。当 n 大于行的宽度时，显示位置为 n Mod 行宽。当在一个 Print 方法中有多个 Tab 函数时，每个 Tab 函数对应一个输出项，各输出项之间用分号隔开。

（2）Spc 函数

在 Print 方法中，还可以使用 Spc 函数来对输出进行定位。与 Tab 函数不同，Spc 函数提供若干空格。

格式：Spc(n)

其中，n 为数值表达式，其值为一整数，表示在显示或打印下一个表达式之前插入的空格数。Spc 函数与输出项之间用分号隔开。

例如：

```
Print "ABC" ; Spc(5); "DEF"
输出结果：
ABCⵁⵁⵁⵁⵁDEF
```

当 Print 方法与不同大小的字体一起使用时，使用 Spc 函数打印的空格字符的宽度总是等于选用字体内以磅数为单位的所有字符的平均宽度。

Spc 函数与 Tab 函数的作用类似，可以互相代替。但应注意，Tab 函数从对象的左端开始计数，而 Spc 函数只表示两个输出项之间的间隔。

【例 4.3】在例 4.2 中使用 Tab 函数与 Spc 函数，如图 4-12 所示。

图 4-12　使用 Tab 函数与 Spc 函数

只需改写命令按钮的 Click 事件代码即可。

```
Private Sub Command1_Click()
    Print
    Print Tab(5); "2*3+4="; 2 * 3 + 4
    Print
    Print Tab(10); "欢迎学习"; Tab(20); "Visual Basic"
    Print
    Print Tab(10); "欢迎学习"; Spc(2); "Visual"; Spc(2); "Basic"
End Sub
```

3. 输出到图片框

图片框（PictureBox）控件也具有 Print 方法，因此，前面的例子也完全适用于图片框。

【例 4.4】使用 Print 方法在图片框中输出字符串或数值表达式的值。设计界面时，窗体上有一个图片框和一个命令按钮，命令按钮显示为"欢迎"，程序运行后，单击"欢迎"按钮，则图片框上显示用 Print 方法输出的数据。

（1）建立程序界面如图 4-13 所示，程序运行结果如图 4-14 所示。

图 4-13　例 4.4 程序设计界面

图 4-14　例 4.4 运行界面

（2）各对象的主要属性设置参照表 4-3。

表 4-3　　　　　　　　　　　　　　　　　　例 4.4 对象属性设置

对　象	属　性	设　置
Form1	Caption	在图片框中输出
Picture1	BackColor	白色
Command1	Caption	欢迎

（3）程序代码如下。

```
Private Sub Command1_Click()
    Picture1.Print
    Picture1.Print Tab(5); "2*3+4="; 2 * 3 + 4
    Picture1.Print
    Picture1.Print Tab(10); "欢迎学习"; Tab(20); "Visual Basic"
    Picture1.Print
    Picture1.Print Tab(10); "欢迎学习"; Spc(2); "Visual"; Spc(2); "Basic"
End Sub
```

4. 清除方法 Cls

Cls 方法可以清除 Form 或 PictureBox 中由 Print 方法和图形方法在运行时所生成的文本或图形，清除后的区域以背景色填充。设计时使用 Picture 属性设置的背景位图和放置的控件不受 Cls 影响。

格式：[对象名称.] Cls

其中，对象名称可以是窗体（Form）或图片框（PictureBox），如果省略"对象名称"，则清除窗体上由 Print 方法和图形方法在运行时所生成的文本或图形。

【例 4.5】在例 4.2 中使用 Cls 方法清除窗体中由 Print 方法所生成的文本，如图 4-15 所示。

图 4-15　例 4.5 运行界面

只需在例 4.2 中增加命令按钮 Command2（Caption 属性设置为"清除"），并且编写其 Click 事件代码如下即可。

```
Private Sub Command2_Click()
    Cls
End Sub
```

4.4.3　输入框与消息框

1. 输入框

在前面章节的学习中，我们使用文本框接收用户的输入。输入框（InputBox）也可以接收用户的输入，并返回用户在此对话框中输入的信息，但是其风格和用法有别于文本框。

例如：p$=InputBox（"请输入密码"，"密码框" ）

执行该语句后，屏幕上显示如图 4-16 所示的输入框。

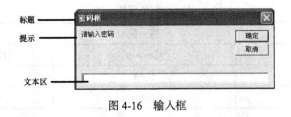

图 4-16　输入框

用户可在文本区输入数据，然后按"确定"按钮，函数返回值是用户在文本区输入的数据，其类型为字符型。如果用户按"取消"按钮，则函数返回值是空字符串。

每执行一次 InputBox 函数，用户只能输入一个数据，另外，输入框的样式是固定的，用户不能改变。用户能改变的是输入框的"提示"和"标题"的内容，"提示"和"标题"都是字符串表达式。

InputBox 函数的一般格式：

InputBox（提示[，标题][，缺省值][，x 坐标位置][，y 坐标位置]）

其中各参数的含义如下。

- "提示"：必选项。字符串表达式，在对话框中作为提示信息。若要在多行显示提示信息，则可以在各行之间用 vbNewLine 来分隔，vbNewLine 是代表换行的常量。

例如：

InputBox ("第一行" & vbNewLine & "第二行")

- "标题"：字符串表达式，在对话框中标题区显示，若省略，则标题为应用程序名。
- "缺省值"：字符串表达式，在没有其他输入时作为缺省值。
- "x 坐标位置"、"y 坐标位置"：整数表达式。坐标确定对话框左上角在屏幕上的位置，屏幕左上角为坐标原点，单位为 Twip。1Twip=1/567cm。

各项参数次序必须一一对应，除了"提示"不能省略外，其余各项均可省略，但省略部分也要用逗号占位符跳过。

例如：f$ = InputBox("第一行" & vbNewLine & "第二行", , "ddd", 200, 200)

【例 4.6】改写例 4.1，要求用 InputBox 作为半径输入，求圆周长和圆面积。

解题思路： 首先修改程序设计界面，将例 4.1 界面设计中的 Label1、Text1 去掉，将 Command1 的 Caption 属性设置为"输入半径并计算"。然后在 Command1 的 Click 事件中添加 InputBox 函数来输入半径。

（1）建立程序界面如图 4-17 所示，程序运行结果如图 4-18 所示。

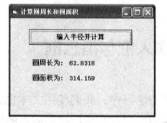

图 4-17　例 4.6 程序设计界面　　　　　图 4-18　例 4.6 运行界面

（2）各对象的主要属性设置参照表 4-4。

表 4-4　　　　　　　　　　　　例 4.6 对象属性设置

对　象	属　性	设　置
Form1	Caption	计算圆周长和圆面积
Form1	Font	宋体五号、加粗
Label1	Caption	圆周长为：

续表

对　象	属　性	设　置
Label2	Caption	圆面积为：
Label3	Caption	空
Label4	Caption	空
Command1	Caption	输入半径并计算

（3）程序代码如下。

```
Private Sub Command1_Click()
    Dim r!, c!, s!
    r = Val(InputBox("请输入圆的半径", "输入半径"))
    c = 3.14159 * r * 2
    s = 3.14159 * r * r
    Label3.Caption = c
    Label4.Caption = s
End Sub
```

程序运行时，初始界面如图 4-19 所示，单击命令按钮"输入半径并计算"后，出现如图 4-20 所示的输入框界面，输入半径值（例：10），单击"确定"按钮后，则出现图 4-18 所示的运行结果。

图 4-19 例 4.6 程序初始界面　　　　　　图 4-20 例 4.6 输入框界面

2. 消息框

执行 VB 提供的 MsgBox 函数，可以在屏幕上出现一个消息框，消息框通知用户消息并等待用户来选择消息框中的按钮，MsgBox 函数返回一个与用户所选按钮相对应的整数。

MsgBox 函数的格式：

变量 ＝MsgBox（提示，[，按钮数值][，标题]）

例如：

inta=MsgBox（"密码错"，21，"密码核对"）

执行该语句后，屏幕上显示如图 4-21 所示的消息框。

在 MsgBox 函数格式中，"提示"和"标题"的含义同 InputBox 函数。

"按钮数值"是三个数值之和，这三个数值分别代表按钮的数目及类型、使用的图标样式、缺省按钮是什么。表 4-5、表 4-6、表 4-7，分别列出这三个数值的含义。

图 4-21 消息框示例

本例"按钮数值"21，是从上面三个表中各取一个数相加而得。注意每个表只能取一个数。系统会自动把它分解成分别属于上面三个表中的三个值 5，16，0。这种分解是唯一的。其含义是：消息框中有"×"图标，有"重试"及"取消"两个按钮，缺省按钮是"重试"按钮。

表 4-5　　　　　　　　　　　　按钮的类型及其对应的值

值	符号常数	描　述
0	vbOKOnly	确定按钮
1	vbOKCancel	确定和取消按钮
2	vbAbortRetryIgnore	放弃、重试和忽略按钮
3	vbYesNoCancel	是、否和取消按钮
4	vbYesNo	是和否按钮
5	vbRetryCancel	重试和取消按钮

表 4-6　　　　　　　　　　　　图片的样式及其对应的值

值	符号常数	描　述
16	vbCritical	停止图标
32	vbQuestion	"?" 图标
48	vbExclamation	"!" 图标
64	vbInformation	信息图标

表 4-7　　　　　　　　　　　　缺省按钮及其对应的值

值	符号常数	描　述
0	vbDefaultButton1	第一个按钮为默认按钮
256	vbDefaultButton2	第二个按钮为默认按钮
512	vbDefaultButton	第三个按钮为默认按钮

当用户单击消息框中的一个按钮后，消息框即从屏幕上消失。在上面的语句中，将函数的返回值赋给了变量 inta，在程序中可引用 inta 作相应的处理。

MsgBox 函数的返回值是根据用户单击哪个按钮而定的，见表 4-8。

表 4-8　　　　　　　　　　　　MsgBox 函数的返回值

值	符号常数	描　述
1	vbOK	确定
2	vbCancel	取消
3	vbAbort	放弃
4	vbRetry	重试
5	vbIgnore	忽略
6	vbYes	是
7	vbNo	否

通常，在程序中要根据 MsgBox 函数返回值的不同做不同的处理，这需要用到后面章节中介绍的选择结构方面的知识。

MsgBox 也可以写成语句形式，例如：MsgBox "密码错"，"密码核对"。

　　执行此语句也产生一个消息框，如图 4-22 所示。此时，MsgBox 语句没有返回值，因此常用于比较简单的信息提示。

图 4-22　密码核对消息框

　　【例 4.7】在例 3.3 中，使用消息框输出各种票额钞票张数的付款方案。

　　解题思路：只需将例 3.3 中的窗体中多余的文本框和标签删去，并改写命令按钮的 Click 事件代码。

　　（1）建立程序界面如图 4-23 所示，程序运行结果如图 4-24 所示。

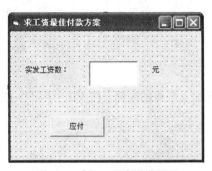

图 4-23　例 4.7 程序设计界面

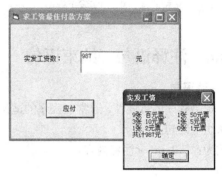

图 4-24　例 4.7 程序运行界面

　　（2）各对象的主要属性设置参照表 4-9。

表 4-9　　　　　　　　　　　　　　　　　例 4.7 对象属性设置

对　象	属　性	设　置
Form1	Caption	求工资最佳付款方案
Form1	Font	宋体五号
Label1	Caption	实发工资数：
Label2	Caption	空
Text1	Text	空
Command1	Caption	应付

　　（3）程序代码如下。

```
Private Sub Command1_Click()
    Dim x%, y1%, y2%, y3%, y4%, y5%, a$
    x = Val(Text1.Text)          ' x 为实发工资数
    y1 = x \ 100                 ' 求百元票张数并显示
    x = x - 100 * y1             ' 求剩余款项
    y2 = x \ 50                  ' 求五十元票张数并显示
    x = x - 50 * y2              ' 求剩余款项
    y3 = x \ 10                  ' 求十元票张数并显示
    x = x - 10 * y3              ' 求剩余款项
    y4 = x \ 5                   ' 求五元票张数并显示
    x = x - 5 * y4               ' 求剩余款项
    y5 = x \ 2                   ' 求二元票张数并显示
```

```
            x = x - 2 * y5              '求一元票张数并显示
            a = y1 & "张 百元票,       " & y2 & "张 50 元票" & Chr(13) _
            & y3 & "张 10 元票,       " & y4 & "张 5 元票" & Chr(13) _
            & y5 & "张 2 元票,        " & x & "张 1 元票" & Chr(13)
                        ' Chr(13)表示返回 ASCII 码值为 13 的字符,即回车换行
                        ' 行末有 " _" (空格下划线),表示对长的语句进行断行
                        ' 所以上面三行代码 (除了注释) 是一条语句
            a = a & "共计" & Text1.Text & "元"
            c = MsgBox(a, 0, "实发工资")
    End Sub
```

4.4.4 注释语句、结束语句

1. 注释语句

为了提高程序的可读性,通常在程序的适当位置加上必要的注释。在 VB 中用 "'" 或 Rem 来标识一条注释语句。

格式为: '|Rem <注释内容>

例如:

```
Rem  2014 年编写
Private Sub Form_click()
        Dim a$                              ' 定义一个字符串变量
        a="Visual  Basic6.0 中文版"           ' 为变量赋值
        print a                             ' 打印 a 的内容
End Sub
```

（1）注释语句是非执行语句,不参加程序的编译,对程序的运行结果毫无影响。但在程序清单中,注释语句被完整地显示出来。

（2）注释内容可以是任意字符。

（3）注释语句除用来注释外,在调试程序时,还可用它将某些语句暂时删除。这种删除不同于彻底删除,若继续调试时发现暂时删除的语句有用,去除注释标记即可。

（4）注释语句在程序中呈绿色,很容易和非注释语句区别。

2. 结束语句

结束语句的格式: End

End 语句用来结束程序的执行,并关闭已打开的文件。

例如:

```
    Private Sub Command3_Click()
      End
    End Sub
```

该过程用于结束程序,即单击 Command3 按钮,结束程序的运行。

若一个程序没有 End 语句,此时要结束程序必须执行 "运行" 菜单中的 "结束" 命令,或单击工具栏中的 "结束程序" 图标。为了保持程序的完整性,特别是要求生成 EXE 文件的程序,应该含有 End 语句,并通过 End 语句结束程序的执行。

习 题 4

一、单选题

1. 下面正确的赋值语句是（　　　）。

　A. x+y=10　　　　　B. y=x+3　　　　　C. 5y=x　　　　　D. x=π*r*r

2. Cls 方法可以清除窗体或图片框中的（　　　）内容。

　A. 在设计阶段使用 Picture 设置的背景位图

　B. 在设计阶段放置的控件

　C. 在运行阶段产生的图形和文字

　D. 以上均可

3. 语句 Print Abs(−6^2)+Int(−6^2)的输出结果是（　　　）。

　A. 0　　　　　B. 1　　　　　C. −1　　　　　D. −72

4. InputBox 函数的第 1 个参数的含义是（　　　）。

　A. 对话框标题栏上显示的标题　　　B. 自动显示在对话框的输入框中的默认值

　C. 对话框上显示的提示字符串　　　D. 对话框左上角相对于窗体的位置坐标

5. 设有语句 x = InputBox("AAAA", "BBBB", "")，运行后所产生的输入框的标题是（　　　）。

　A. AAAA　　　　　B. BBBB　　　　　C. 空　　　　　D. 工程 1

6. 执行语句 a = InputBox("Today", "Tomorrow", "Yesterday")，将显示一个输入框，在输入框的文本区中显示的信息是（　　　）。

　A. Today　　　　　B. Tomorrow　　　　C. Yesterday　　　　D. 工程 1

7. InputBox 函数返回值的类型是（　　　）。

　A. 数值　　　　　　　　　　　B. 字符串

　C. 变体型　　　　　　　　　　D. 数值或字符串（视输入的数据而定）

8. 执行了语句 MsgBox "消息框",,"错误信息"后，所产生的消息框的标题是（　　　）。

　A. "错误信息"　　　　　　　　B. 无标题

　C. "消息框"　　　　　　　　　D. 出错，不能产生信息框

9. 下面可以交换变量 a、b 中值的程序段是（　　　）。

　A. a＝b ： b＝a　　　　　　　B. a＝c ： c＝b ： b＝a

　C. b＝a ： a＝c ： c＝b　　　　D. c＝a ： a＝b ： b＝c

二、填空题

1. 算法的基本控制结构有三种：顺序结构、＿＿＿＿＿＿＿＿＿和＿＿＿＿＿＿＿＿。

2. 赋值语句中 "=" 左边必须是＿＿＿＿＿＿＿＿，右边是表达式。

3. Print 方法在输出时，若使用逗号分隔符，则输出项以＿＿＿＿＿＿＿＿个字符宽度为单位将输出行分为若干区段。

4. 生成消息框的函数是＿＿＿＿＿＿＿＿，生成输入框的函数是＿＿＿＿＿＿＿＿。

5. MsgBox 函数返回一个与用户所选按钮相对应的＿＿＿＿＿＿＿＿。

6. 在 VB 中用＿＿＿＿＿＿＿＿或＿＿＿＿＿＿＿＿来标识一条注释语句。

7. 在 VB 中，可以用一个简单的＿＿＿＿＿＿＿＿语句实现退出程序。

三、编程题

1. 编写程序计算一个数的平方和平方根。要求：界面设计如图 4-25 所示，程序运行时，在第一个文本框中输入一个正整数，单击"计算"按钮后，在第二个文本框中显示此数的平方，在第三个文本框中显示此数的平方根。界面上"清除"按钮的作用是清除三个文本框中的数据，"退出"按钮的作用是结束程序。运行结果如图 4-26 所示。

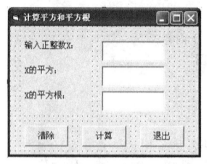

图 4-25　编程题 1 的程序设计界面　　图 4-26　编程题 1 的运行界面

2. 编写程序使其在运行时出现如图 4-27 所示的输入对话框。

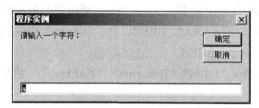

图 4-27　输入对话框

3. 编写程序，使其在运行时，单击"退出"按钮出现如图 4-28 所示的消息对话框。

图 4-28　消息对话框

4. 改写编程题第 1 题，用输入框输入正整数的值。

第5章
选择结构

学习了基本数据类型、表达式、VB 程序设计基础之后，就可以编写一些简单的程序，但所编写的程序（事件过程）大多为顺序结构，即整个程序按书写顺序依次执行。实际上，我们所面对的客观世界并不止这么简单，我们通常解决问题的方法也不是用这样的顺序步骤就可以描述清楚的，有时，我们必须进行选择判断或循环操作。

例如，比较两个数的大小，计算出这两个数中较大的数。这个问题人工计算起来并不复杂，但如果用计算机来解决，我们就需要考虑如何将这一计算方法用编程语言描述清楚。这时，我们就需要作出判断，而用顺序执行的语句序列是无法描述的。

本章主要介绍选择结构，其特点是：根据给定的条件是否成立，决定执行几个分支程序段中的某一个分支程序段，并且在任何情况下均有"无论分支多寡，必择其一；纵然分支众多，仅选其一"的特性。

Visual Basic 中提供了多种形式的条件语句来实现选择结构。即对条件进行判断，根据判断结果，选择执行不同的分支。在 Visual Basic 中实现选择结构的语句有：If...Then 语句、If...Then...Else 语句及 Select Case 语句。

5.1 单选条件语句

If...Then 语句即单选条件语句，它根据给定条件，决定是否执行 Then 子句里面的程序段。单选条件语句可以分为块式单选 If 语句和行式单选 If 语句。

5.1.1 块式单选 If 语句

在单选条件语句中，如果条件成立时执行的语句比较多且复杂时，可以选用块式单选 If 语句，此时将条件成立时执行的语句写在另起的行上，最后用 End If 结束。

1. 语法格式

```
If <表达式> Then
      语句块
End If
```

2. 说明

表达式：一般为关系表达式、逻辑表达式或算术表达式。表达式值非零为 True（真），否则为 False（假）。

语句块：可以是一条或多条语句。

3. 执行过程

（1）首先判断表达式的值。

（2）若为 True（真）则执行 Then 里的语句或语句块。

（3）若为 False（假）则跳过 If 执行 End If 后面的语句。

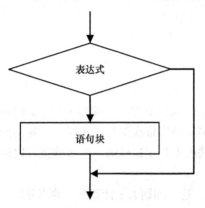

图 5-1　块式单选 If 语句结构逻辑图

4. 结构逻辑图

块式单选 If 语句结构逻辑图如图 5-1 所示。

【**例 5.1**】设计一个 100 以内的加法程序。程序要求：用 Label1 和 Label3 显示随机生成的两个 100 以内的整数，用户在文本框中输入结果，单击"查看答案"按钮后，在 Label5 中显示答案是否正确。

解题思路：100 以内的整数用 Rnd 函数随机生成，为了使每次运行时产生的数据不同，需要在使用 Rnd 函数前加上随机化种子 Randomize 函数。

（1）建立程序界面如图 5-2 所示，程序运行结果如图 5-3 所示。

图 5-2　例 5.1 程序设计界面

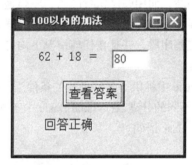

图 5-3　例 5.1 运行界面

（2）各对象的主要属性设置参照表 5-1。

表 5-1　　　　　　　　　　　　　　例 5.1 对象属性设置

对　象	属　性	设　置
Form1	Caption	100 以内的加法
Form1	Font	宋体小四号
Label1	Caption	空
Label2	Caption	+
Label3	Caption	空
Label4	Caption	=
Label5	Caption	空
Text1	Text	空
Command1	Caption	查看答案

（3）程序代码如下。

```
Private Sub Form_Load()
    Randomize                          ' 初始化随机种子
    Label1.Caption = Int(Rnd * 100)  ' 随机产生一个100以内的数
    Label3.Caption = Int(Rnd * 100)
End Sub
Private Sub Command1_Click()
    Dim x%, y%, z%
    x = Val(Label1.Caption)
    y = Val(Label3.Caption)
    z = Val(Text1.Text)
    If x + y = z Then
      Label5.Caption = "回答正确"
    End If
    If x + y <> z Then
      Label5.Caption = "回答错误"
    End If
End Sub
```

本例是一个简单的单选结构的应用，它用了两个 If 语句来判断回答是否正确。

【例 5.2】请写出当两个数不相同时互相交换的程序段。

核心程序段如下。

```
If  x<>y Then
     t=x
     x=y
     y=t
 End If
```

读者可以根据所学知识，将此例编写完整。

5.1.2　行式单选 If 语句

在单选条件语句中，如果条件成立时执行的语句比较简单，可以选用行式单选 If 语句，将整条语句写在一行上，形成行式单选 If 语句。

1. 语法格式

　　　　If <表达式> Then　语句块

2. 说明

表达式：一般为关系表达式、逻辑表达式或算术表达式。表达式的值非零为 True（真），否则为 False（假）。

语句块：可以是一条或多条语句，但多条语句必须写在一行上，并使用冒号“:”分隔。

3. 执行过程

（1）首先判断表达式的值。

（2）若为 True（真）则执行 Then 里的语句或语句块。

（3）若为 False（假）则跳过 If 执行下一行语句。

从行式单选 If 语句的语法格式和执行过程可以看出，它是一种简单的选择结构，它把一个简单的行式单选块 If 结构写在一行中，减少了语句行，省略了“End If”。所以，行式单选 if 语句完全可以用块 if 代替。

4. 结构逻辑图

与块式单选块 If 语句的结构逻辑图相同，如图 5-1 所示。

【例 5.3】将例 5.2 的程序段改为行 If 语句。

If　x<>y Then t=x: x=y: y=t

5.2　双选条件语句

If…Then…Else 语句即双选条件语句，它根据给定的条件，决定是执行 Then 子句里面的程序段，还是执行 Else 子句里面的程序段。双选条件语句也可以分为块式双选 If 语句和行式双选 If 语句。

5.2.1　块式双选 If 语句

在双选条件语句中，如果条件成立或不成立时执行的语句比较多且复杂时，可以选用块式双选 If 语句，此时将执行的语句写在另起的行上，最后用 End If 结束。

1. 语法格式

```
If <表达式> Then
        语句块 1
Else
        语句块 2
End If
```

2. 说明

表达式：一般为关系表达式、逻辑表达式或算术表达式。表达式值非零为 True（真），否则为 False（假）。

语句块：可以是一条或多条语句。

3. 执行过程

（1）首先判断表达式的值。

（2）若为 True（真）则执行语句块 1。

（3）若为 False（假）则执行语句块 2。

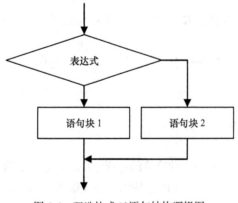

图 5-4　双选块式 If 语句结构逻辑图

4. 结构逻辑图

块式双选 If 语句结构逻辑图如图 5-4 所示。

【例 5.4】求分段函数的值 $y = \begin{cases} 1-x\ (x<=0); \\ 1+x\ (x>0)。 \end{cases}$

解题思路：程序运行时，可以在文本框 1 中输入 x 的值，单击"计算"命令按钮时，根据 x 的值是否大于 0 计算 y 的值，并在文本框 2 显示计算的结果；单击"退出"命令按钮时，将结束程序的运行。

（1）建立程序界面如图 5-5 所示，程序运行结果如图 5-6 所示。

图 5-5 例 5.4 程序设计界面

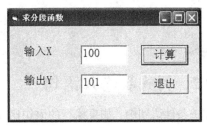

图 5-6 例 5.4 运行界面

（2）各对象的主要属性设置参照表 5-2。

表 5-2 例 5.4 对象属性设置

对　象	属　性	设　置
Form1	Caption	求分段函数
Form1	Font	宋体小四号
Label1	Caption	输入 X
Label2	Caption	输出 Y
Text1	Text	空
Text2	Text	空
Command1	Caption	计算
Command2	Caption	退出

（3）程序代码如下。

```
Private Sub Command1_Click()
    Dim x!, y!
    x = Val(Text1.Text)
    If  x <= 0 Then
       y = 1 - x
    Else
       y = 1 + x
    End If
    Text2.Text = y
End Sub

Private Sub Command2_Click()
    End
End Sub
```

【例 5.5】将例 5.1 用双选块式 If 语句重新编写代码。

程序代码如下。

```
Private Sub Command1_Click()
    Dim x%, y%, z%
    x = Val(Label1.Caption)
    y = Val(Label3.Caption)
    z = Val(Text1.Text)
    If  x + y = z Then
       Label5.Caption = "回答正确"
    Else
```

```
        Label5.Caption = "回答错误"
    End If
End Sub
```

5.2.2 行式双选 If 语句

在双选条件语句中，如果执行的语句比较简单，可以选用行式双选 If 语句，将整条语句写在一行上，形成行式双选 If 语句。

1. 语法格式

If <表达式> Then 语句块 1 Else 语句块 2

2. 说明

表达式：一般为关系表达式、逻辑表达式或算术表达式。表达式值非零为 True（真），否则为 False（假）。

语句块 1、2：可以是一条或多条语句，但多条语句必须写在一行上，并使用冒号 ":" 分隔。

3. 执行过程

（1）首先判断表达式的值。

（2）若为 True（真）则执行语句块 1。

（3）若为 False（假）则执行语句块 2。

4. 结构逻辑图

其结构逻辑图与行式双选块 If 语句的结构逻辑图相同，如图 5-4 所示。

【例 5.6】将例 5.4 的程序段改为行 If 语句。

程序如下。

```
Private Sub Command1_Click()
    Dim x!, y!
    x = Val(Text1.Text)
    If  x <= 0 Then  y = 1 - x  Else  y = 1 + x
    Text2.Text = y
End Sub
```

5.3　多选条件语句

5.3.1　ElseIf 语句

ElseIf 语句可以实现多路分支的选择。

1. 语法格式

```
    If  <表达式 1> Then
        <语句块 1>
    ElseIf  <表达式 2>Then
        <语句块 2>
        …
    [Else
        语句块 n+1  ]
    End If
```

2. 说明

表达式：一般为关系表达式、逻辑表达式或算术表达式。表达式值非零为 True（真），否则为 False（假）。

语句块 1、2…：可以是一条或多条语句。

3. 执行过程

（1）首先判断表达式 1 的值。

（2）若表达式 1 的值为非 0（真）就执行语句块 1，然后执行 End If 后面的语句。

（3）若表达式 1 的值为 0（假）就执行下一个判断。

（4）一直这样做下去，直到得出最后结果。

4. 结构逻辑图

多选条件 ElseIf 语句结构逻辑图如图 5-7 所示。

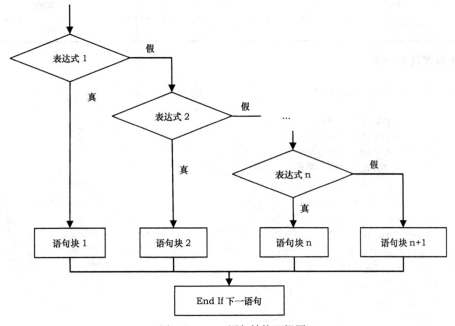

图 5-7　ElseIf 语句结构逻辑图

【例 5.7】象限判断。要求：给出 X 和 Y 的坐标，判断出(X,Y)所在的象限。

解题思路：程序运行时，可以在文本框 1 中输入坐标点 X 的值，在文本框 2 中输入坐标点 Y 的值，单击"判断"命令按钮时，根据 x 和 y 的值判断是在第几象限，并在文本框 3 显示判断的结果；单击"退出"命令按钮时，将结束程序的运行。

（1）建立程序界面如图 5-8 所示，程序运行结果如图 5-9 所示。

图 5-8　例 5.7 程序设计界面

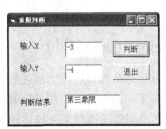

图 5-9　例 5.7 运行界面

（2）各对象的主要属性设置参照表 5-3。

表 5-3 例 5.7 对象属性设置

对　象	属　性	设　置
Form1	Caption	象限判断
Form1	Font	宋体小四号
Label1	Caption	输入 X
Label2	Caption	输入 Y
Text1	Text	空
Text2	Text	空
TextBox3	Text	空
Command1	Caption	判断
Command2	Caption	退出

（3）程序代码如下。

```
Private Sub Command1_Click()
    Dim x!, y!
    x = Val(Text1.Text)
    y = Val(Text2.Text)
    If x > 0 And y > 0 Then
      Text3.Text = "第一象限"
    ElseIf x > 0 And y < 0 Then
      Text3.Text = "第四象限"
    ElseIf x < 0 And y > 0 Then
      Text3.Text = "第二象限"
    ElseIf x < 0 And y < 0 Then
      Text3.Text = "第三象限"
    ElseIf x = 0 And y <> 0 Then
      Text3.Text = "y 轴"
    ElseIf x <> 0 And y = 0 Then
        Text3.Text = "x 轴"
    ElseIf x = 0 And y = 0 Then
    Text3.Text = "原点"
    End If
End Sub

Private Sub Command2_Click()
    End
End Sub
```

5.3.2　Select Case 语句

通常，If 条件选择结构只适用于描述较简单的单分支或双分支现象，在对一个表达式的不同取值情况做出很多不同的处理时，用 ElseIf 语句程序结构又显得较为杂乱，所以，VB 又给出了 Select Case 语句（也叫情况语句）来描述较为复杂的多分支现象。

1. 语法格式

```
Select Case 测试变量或表达式
        Case <表达式列表 1>
            <语句块 1>
        Case <表达式列表 2>
            <语句块 2>
        ……
        [Case Else
            <语句块 n+1>]
End Select
```

2.说明

<表达式列表>：与<测试变量或表达式>同类型，其类型是下面四种形式之一。

（1）表达式，如：A+5。

（2）一组枚举表达式（用逗号分隔），如：2, 4, 6, 8。

（3）表达式 1　to　表达式 2，如：60 to 100 或 "a" to "z"。

（4）还可以包含 Is 关系表达式，如：Is<60，表示小于 60 的值。

3. 执行过程

根据"测试变量或表达式"的值，选择第一个符合条件的语句块执行。程序执行一个分支后，其余分支不再执行。

具体执行过程如下。

（1）求"变量或表达式"的值。

（2）顺序测试该值符合哪一个 Case 子句中的情况。

（3）如果找到了，则执行该 Case 子句下面的语句块，然后执行 End Select 下面的语句。

（4）如果没找到，则执行 Case Else 下面的语句块，然后执行 End Select 下面的语句。

如果不止一个 Case 与测试表达式相匹配，则只对第一个匹配的 Case 执行与之相关联的语句块。

【例 5.8】输入一个学生的百分制成绩，输出五级计分制（其中大于或等于 90 分为"优秀"、大于等于 80 并且小于 90 为"良好"、大于等于 70 并且小于 80 为"中等"、大于等于 60 并且小于 70 为"及格"、小于 60 为"不及格"）。

解题思路：程序运行时，可以在文本框 1 中输入百分制成绩，单击"计算"命令按钮时，计算五级计分制，并在文本框 2 输出计算的结果；单击"退出"命令按钮时，将结束程序的运行。

（1）建立程序界面如图 5-10 所示，程序运行结果如图 5-11 所示。

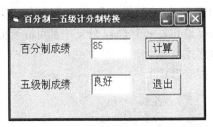

图 5-10　例 5.8 程序设计界面　　　　　图 5-11　例 5.8 运行界面

（2）各对象的主要属性设置参照表 5-4。

表 5-4 例 5.8 对象属性设置

对 象	属 性	设 置
Form1	Caption	百分制 – 五级计分制转换
Form1	Font	宋体小四号
Label1	Caption	百分制成绩
Label2	Caption	五级制成绩
TextBox1	Text	空
TextBox2	Text	空
Command1	Caption	计算
Command2	Caption	退出

（3）程序代码如下。

```
Private Sub Command1_Click()
    Dim score As Single
    score = Text1.Text
    Select Case score
    Case Is >= 90
     Text2.Text = "优秀"
    Case Is >= 80
     Text2.Text = "良好"
    Case Is >= 70
     Text2.Text = "中等"
    Case Is >= 60
     Text2.Text = "及格"
    Case Else
     Text2.Text = "不及格"
    End Select
End Sub

Private Sub Command2_Click()
    End
End Sub
```

5.4　选择结构的嵌套

在 If 语句的 Then 分支和 Else 分支中可以完整地嵌套另一 If 语句或 Select Case 语句，同样 Select Case 语句每一个 Case 分支中都可嵌套另一 If 语句或另一 Select Case 语句。下面是两种正确的嵌套形式。

（1）嵌套形式 1

```
If <条件 1> Then
    ......
    If <条件 2> Then
```

```
            ……
         Else
            ……
         End If
         ……
      Else
         If <条件 3>  Then
            ……
         Else
            ……
         End If
         ……
      End IF
```

（2）嵌套形式 2

```
If <条件 1> Then
   ……
   Select Case ……
      Case ……
         If <条件 1>  Then
            ……
         Else
            ……
         End If
         ……
      Case……
      ……
   End Select
   ……
End If
```

【例 5.9】输入密码，输入正确弹出消息框，显示"欢迎使用本系统"。输入错误，则弹出消息框，显示"密码错误"，并且只有三次输入机会（假设系统密码为"abc"）。

解题思路：程序运行时，在文本框中输入密码，单击"确定"按钮后，如果密码正确，则弹出"欢迎使用本系统"消息框；如果密码错误，则弹出"密码错误"消息框；如果连续输入三次密码错误，则在 Label2 中显示"你无权使用本系统"，并且将文本框设置为不能使用。

（1）建立程序界面如图 5-12 所示，程序运行结果如图 5-13、图 5-14、图 5-15 所示。

（2）各对象的主要属性设置参照表 5-5。

图 5-12　例 5.9 程序设计界面

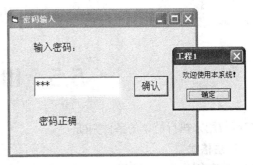

图 5-13　例 5.9 密码输入正确时的运行界面

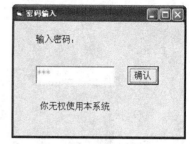

图 5-14　例 5.9 密码输入错误时的运行界面　　图 5-15　例 5.9 密码输入错误三次时的运行界面

表 5-5　　　　　　　　　　　　例 5.9 对象属性设置

对　象	属　性	设　置
Form1	Caption	密码输入
Form1	Font	宋体小四号
Label1	Caption	输入密码：
Label2	Caption	空
txtPassWord（文本框）	Text	空
txtPassWord（文本框）	PasswordChar	*
Command1	Caption	确认

（3）程序代码如下。

```
Private Sub Command1_Click()
    Static Count%    'Count 用于计数，程序结束前一直累加，所以需要用 Static 定义
    If txtPassWord.Text = "abc" Then
       Label2.Caption = "密码正确"
       MsgBox ("欢迎使用本系统！")
    Else
       MsgBox ("密码错误")
       Count = Count + 1
       If (Count >= 3) Then
          txtPassWord.Enabled = False    '将文本框设置为不可使用
          Label2.Caption = "你无权使用本系统"
       End If
    End If
End Sub
```

5.5　IIf 函数

IIf 函数用来执行简单的条件判断。

1. 语法格式

IIf(<条件表达式>, <真部分>, <假部分>)

2. 说明

（1）"条件表达式"可以是关系表达式、数值表达式。如果用数值表达式作条件，则非 0 为真，0 为假。

（2）"真部分"是当条件表达式为真时，函数返回的值，可以是任何表达式。

（3）"假部分"是当条件表达式为假时，函数返回的值，可以是任何表达式。

（4）函数值：当条件表达式为真，返回<真部分>的值，否则，返回<假部分>的值。

（5）语句 result= IIf(<条件表达式>,<真部分>,<假部分>)相当于：

　　　If <条件表达式> then y=<真部分> else y=<假部分>

程序执行时，计算条件表达式的值，当表达式的值为 True 时，将值 1 赋给 result；当条件表达式的值为 False 时，将值 2 赋给 result。

【例 5.10】用 IIF 函数改写例 5.4。

核心代码如下。

```
Private Sub Command1_Click()
    Dim x!, y!
    x = Text1.Text
    y = IIf(x <= 0, 1 - x, 1 + x)
    Text2.Text = y
End Sub
```

习　题　5

一、单选题

1. 对于语句 If x=1 Then y=1，下列说法正确的是（　　）。

　　A．x=1 和 y=1 均为赋值语句　　　　　B．x=1 和 y=1 均为关系表达式

　　C．x=1 为关系表达式，y=1 为赋值语句　　D．x=1 为赋值语句，y=1 为关系表达式

2. 下列语句正确的是（　　）。

　　A．If A ≠ B Then Print "A 不等于 B"　　B．If A ≠ B Then Print "A 不等于 B"

　　C．If A <> B Then Print 　A 不等于 B　　D．If A <> B Then Print "A 不等于 B"

3. 下面的 If 语句用于统计满足性别为男、职称为副教授以上、年龄小于 40 岁条件的人数，正确的语句是（　　）。

　　A．If sex = "男" And age < 40 And (duty = "教授" Or duty = "副教授") Then n = n + 1

　　B．If sex = "男" And age < 40 And Left(duty, 2) = "教授" Then n = n + 1

　　C．If sex = "男" And age < 40 And (duty = "教授" And duty = "副教授") Then n = n + 1

　　D．If sex = "男" And age < 40 And (duty = "教授" Or duty = "副教授") Then n = 1

4. 关于选择结构语句的嵌套，下列说法正确的是（　　）。

　　A．只有 If 语句可以嵌套

　　B．只有 Select Case 语句可以嵌套

　　C．If 语句和 Select Case 语句可以相互嵌套

　　D．If 语句和 Select Case 语句不能相互嵌套

5. 对 Select Case 语句表达式值的规定，下列说法不正确的是（   ）。

   A. 可以是一个值，也可以是多个值的列表

   B. 如果列表中的值不连续，就用分号隔开

   C. 如果列表中的值连续，可用 To 表达式

   D. 表达式值的类型必须与测试表达式的类型一致

6. 设 a=6，则执行 x=IIf(a>5, -1, 0)后，x 的值为（ ）。

   A. 5   B. 6   C. 0   D. -1

7. 设 x 是整型变量，与函数 IIf(x>0, -x, x)有相同结果的代数式是（   ）。

   A. |x| B. -|x| C. x   D. -x

8. 下面程序段求两个数中的大数，不正确的是（   ）。

   A. Max = IIf(x > y, x, y)   B. If x > y Then Max = x Else Max = y

   C. Max = x: If y >= x Then Max = y   D. If y > x Then Max = y: Max = x

9. 下面程序段的执行结果是（   ）。

```
Private Sub Command1_Click()
    X = 2
    Y = 1
    If X * Y < 1 Then
        Y = Y - 1
    Else
        Y = -1
    End If
    Print Y - X
End Sub
```

   A. -3   B. 3   C. -1   D. 0

二、填空题

1. 行式 If 语句中，如果是多条语句，则必须写在一行上，并使用_____分隔。

2. Select Case 语句以_____开始，以_____结束。执行时首先计算出_____的值，然后将其顺序与结构中每一个 Case 的值进行比较。如果相等，就执行与该 Case 相关联的_____。程序执行一个分支后，其余分支_____。

3. 下面的程序判断输入的成绩 x 是否不及格，如果不及格则输出"不及格"；否则，什么都不输出。请填空。

```
Private Sub Command1_Click()
    x = InputBox("请输入成绩")
    If_____Then
        Print "不及格"
    End If
End Sub
```

三、阅读以下程序段，写出运行结果

1. Private Sub Form_Click()

   Dim x%

   x = InputBox("请输入一个整数")

   If x <= 30 And x > 10 Then

      If x > 20 Then

```
        If x < 25 Then y = 10 Else y = 20
    Else
        If x > 15 Then y = 30 Else y = 50
    End If
  End If
  Print y
  End Sub
```

假设输入 18。

2. `Private Sub Form_Click()`

```
  Dim x%
  x = InputBox("请输入一个整数")
  Select Case x
    Case 1 To 5
        y = -1
    Case 5 To 10
        y = 0
    Case 10 To 15
        y = 1
  End Select
  Print y
  End Sub
```

假设输入 5。

3. `Private Sub Form_Click()`

```
  Dim x%
  x = Int(Rnd) + 4
  Select Case x
   Case 5
      Print "优秀"
   Case 4
      Print "良好"
   Case 3
      Print "及格"
   Case Else
      Print "不及格"
 End Select
End Sub
```

四、编程题

1. 编写程序，输入一个整数，判定该数的奇偶性。

2. 输入一个数，判断它能否同时被 2、5、7 整除。

3. 输入一个数，判断它是否是完全平方数（一个数如果是另一个整数的完全平方，那么就称这个数为完全平方数）。

4. 输入三个不同的数，将它们从大到小排序。

5. 键盘输入 a、b、c 的值，判断它们能否构成三角形。如果能构成一个三角形，则计算三角形的面积。

6. 某公司进行工资调整，调整计划为：若基本工资大于等于 5000，则工资增加 20%；若小于 5000 大于等于 3000，则工资增加 15%；若小于 3000，则工资增加 10%。请根据用户输入的基本工资，计算出增加后的工资。

7. 输入一个数字（0～6），用中文显示星期几（输入 0，显示星期日）。

第6章
循环结构

生活中有一些统计数据等问题，需要大量的数据累加，有大量重复的相同动作。如果用顺序执行的语句虽然也可以完成此类问题，但编程量将非常大，并且这样的顺序语句体现不出计算机速度快的优势，所以以顺序语句不合适。这时，就用到了循环控制结构。

本章将对循环结构进行详细介绍。循环结构是代码可重用技术的一种基本形式。VB 提供了三种不同风格的循环语句，它们分别是：For…Next 语句、While…Wend 语句、Do…Loop 语句。

6.1　循环结构概述

在程序设计中经常会遇到在某一条件成立时，重复执行某些操作。在有些情况下，操作过程不太复杂，但需要反复进行相同的处理，而解决这种逻辑上并不复杂的问题时，如果单纯用顺序结构来处理，则将得到一个非常乏味且冗长的程序。

例如，求：sum=1+2+3+4+…+n，如果用顺序结构来解决这个问题，将会得到以下程序。

```
Private Sub Form_Click()
    Dim s&, i%
    s = 0
    i = 1
    s = s + i
    i = i + 1
    s = s + i
    i = i + 1
    ……
    i = i + 1      'i 的值累加到 10
    s = s + i
    Print "1~10 之间所有整数的和="; s
End Sub
```

由上面的例子可以看出，程序的绝大部分是在反复执行两条语句 i=i+1 和 s=s+i，不同的是 i 的值在变化。若使用这样的方法，编制的程序不但繁琐，而且难写、容易出错。虽然程序非常简单易懂，但缺乏最基本的编程技巧。所以衡量程序质量的好坏不仅要看它的逻辑正确与否、性能是否满足要求，更主要的是看它是否容易阅读和理解。要想方便地解决这类问题，最好的方法就是使用循环语句。所谓循环结构，就是在给定条件成立的情况下，重复执行一个程序段；当给定条件不成立时，退出循环，再执行循环下面的程序。实现循环结构的语句称为循环语句。

对于上述问题，可以设两个整型变量 s 和 i，s 存放累加和，i 从 1 变化到 10，并按下列步骤进行操作。

（1）将 s 赋值 0，i 赋值 1。

（2）令 s=s+i，i=i+1.

（3）若 i<=10，则重复执行步骤（2）。

（4）输出 s 的值。

在以上步骤中，步骤（2）和步骤（3）是需要重复执行的操作。这种重复执行的操作可由程序中的循环结构来完成。我们可以用一个流程图来描述上面的运算过程，如图 6-1 所示。

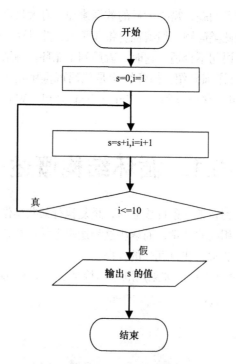

图 6-1　求累加和的循环结构流程图

这是一个典型的循环控制流程。通过上面的对比可以看出，循环结构非常适合于解决处理的过程相同，处理的数据相关，但处理的具体值不同的问题。从流程图我们可以看出，如果一个程序模块的出口具有入口的流程线，就构成了循环。重复执行的 N 条语句称为语句体（也叫循环体），让语句体重复执行的条件称为循环条件。一个循环不能无休止地执行下去，所以必须有循环结束条件。循环结构要解决的问题是：

- 需要循环的语句体（即循环体）是什么？
- 进入循环的条件是什么？
- 结束循环的条件是什么？

进入循环条件和结束循环条件一般来说是一个问题的两个方面，是相辅相成的，但有时也不一定存在必然的运算关系。比如，重复执行某一程序段，直到某一事件发生为止，如单击鼠标等。

6.2　For 循环

For…Next 循环语句通常用于循环次数已知的程序结构中。For…Next 语句使用一个循环变量，每重复一次循环之后，循环变量的值就会自动增加或者减少。

1．语法格式

For 循环变量 = 初值 to 终值 [Step　步长]

　　　　[循环体]

Next [循环变量]

2．说明

（1）循环变量：也叫循环控制变量，为必要参数，它是被用作循环计数器的数值型变量，这个变量不能是数组元素。

（2）初值、终值：都是数值表达式，它们的值可以是整数或实数。当控制变量为整型而它们为实数时，Visual Basic 将对其舍入取整。

（3）步长：循环变量的增量，是一个数值表达式。步长决定循环的执行情况，见表 6-1：当步长>0 时，做递增循环，即需要终值>=初值；当步长<0 时，做递减循环，即需要终值<=初值；步长=1 时，可以省略 step 子句。步长不应为 0，否则将陷入"死循环"之中。当所有循环中的语句都执行后，步长的值会加到循环变量中。此时，循环中的语句可能会再次执行（再次进行循环判断，结果为真时），也可能是退出循环并从 Next 语句之后的语句继续执行。

表 6-1　　　　　　　　　　　　　　　　步长说明

步长	循环方向	初值和终值的设置	备注
>0	递增	初值<=终值	其中步长 = 1 时可省略
<0	递减	初值>=终值	
= 0	死循环		

（4）循环体：在 For 语句和 Next 语句之间的语句序列。省略循环体时，For 语句依然执行。

（5）Next 后面的循环变量与 For 语句中的循环变量必须相同。如果省略 Next 语句中的循环变量，将不影响循环的执行。但如果 Next 语句在它相对应的 For 语句之前出现，则会产生错误。

（6）在循环中改变循环变量的值，将会使程序代码的阅读和调试变得困难。

3．执行过程

（1）把"初值"赋给"循环变量"，并自动记下终值和步长。

（2）检查"循环变量"是否超过"终值"。如果超过就结束循环，执行 Next 后面的语句；否则，执行一次循环体。

（3）执行 Next 语句，将循环变量加上步长的值再赋给循环变量，转到步骤（2）继续执行。

　　　　在 For 循环中，所说的"超过"有两种含义，即大于或小于。当步长为正值时，判断控制变量是否大于终值；当步长为负值时，检查控制变量是否小于终值。

4．结构逻辑图

For 循环结构逻辑图如图 6-2 所示。

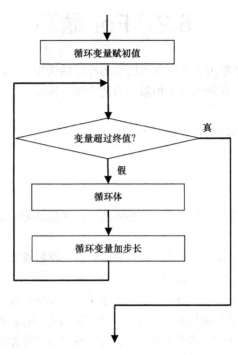

图 6-2　For 循环结构逻辑图

【例 6.1】分析下面程序段中 For 语句的执行过程，写出执行结果。

```
For n=1 To 10 Step 3
    Print n,
Next n
```

执行具体情况如表 6-2 所示。

表 6-2　　　　　　　　　　　　例 6.1 执行情况

执行次数	执行时 n 的值	与终值比较	执行循环体否	执行后加步长后 n 的值
1	1	<=10	执行	n=n+3=4
2	4	<=10	执行	n=n+3=7
3	7	<=10	执行	n=n+3=10
4	10	<=10	执行	n=n+3=13
5	13	>10	停止执行	

程序的执行结果为：

1　　　4　　　7　　　10

5．注意事项

（1）For 循环遵循"先判断，后执行"的原则，先判断循环变量是否超过终值，然后决定是否执行循环。如果把 For 语句的"初值"设定成超过"终值"，For 语句根本不执行循环体的语句块，而直接执行 Next 语句后面的语句。即在下列情况下，循环体将不会被执行。

① 当步长为正数，初值大于终值时。

② 当步长为负数，初值小于终值时。

例如下面就是一个没有意义的语句：

For x=3 To 1
    <语句块>
Next x

当初值等于终值时，不管步长是正数还是负数，均执行一次循环体。

（2）For 语句和 Next 语句必须成对出现，缺一不可，且 For 语句必须在其对应的 Next 语句之前。

（3）循环次数由初值、终值和步长确定，计算公式为：

循环次数=Int（（终值−初值）/步长）+1

例如有以下程序段：

```
Dim x%
For x = 3 To 13 Step 4
    Print x,
Next x
Print "x="; x
```

循环执行次数是：Int((13−3)/4)+1=3

程序最终输出为：3　　　　　7　　　　　11　　　　x=15

分析此程序段，可知，在 For 循环中，x 的值分别为 3，7，11，最后一次增加步长后，x 的值为 15，则跳出循环，所以执行最后一个 Print 时，将输出 x=15。

（4）循环控制变量通常用整型数据，也可以用单精度数据或双精度数据。而无论循环控制变量是什么数据类型，初值、终值和步长都要转换成和循环控制变量相同的类型。

（5）循环体是可选项，当缺省该项时，For...Next 执行"空循环"。利用这一特性，可以起到延时的作用。

【例 6.2】求累加和 1+2+3+4+…+10。

解题思路：采用累加的方法，用变量 sum 来存放累加的和（开始为 0），用变量 i 来存放"加数"（加到 sum 中的数）。这里 i 又称为计数器，从 1 开始到 10。

设计界面，在窗体的单击事件中编写代码，程序代码如下：

```
Private Sub Form_Click()
    Dim sum%, i%
    sum = 0: i = 1
    For i = 1 To 10
    sum = sum + i
    Next i
    Print "1+2+3+…+10="; sum
End Sub
```

上述程序中，循环体内引用了控制变量 i 参与运算，这是程序设计中常用的方法。

【例 6.3】求 N！（N 为自然数）。

解题思路：由阶乘的定义可以得出：N！=1*2*…*(N−2)*(N−1)*N=(N−1)!*N，从这个式子可以看出，一个自然数的阶乘，等于该自然数与前一个自然数的阶乘的乘积，即从 1 开始连续地乘下一个自然数，直到 N 为止。根据题意，可以使用 For 循环语句实现求 N！问题。

设计界面，运行界面如图 6-3 所示，在窗体的单击事件中编写代码，程序代码如下：

```
Private Sub Form_Click()
    Dim i%, s#, n%
    n = InputBox("请输入一个自然数: ", "提示输入", "5")
    s = 1
    For i = 1 To n
      s = s * i
    Next i
    Print n; "!="; s
End Sub
```

图 6-3　例 6.3 运行界面

6.3　While 循环

前面介绍了 For…Next 循环语句，它适合于解决循环次数事先能够确定的问题。对于只知道控制条件，但不能预先确定需要执行多少次循环体的情况，可以使用 While 循环，即 While…Wend 语句，它也叫当型循环语句，即根据某一条件进行判断，决定是否执行循环。

1. 语法格式

```
While 条件
  [循环体]
Wend
```

2. While 语句说明

"条件"用于指定循环条件，可以是关系表达式或逻辑表达式。While 循环就是当"条件"为 True 时，执行循环体；为 False 时不执行循环体。

3. 执行过程

（1）执行 While 语句，判断条件是否成立。

（2）如果条件成立，就执行循环体；否则，转到步骤（4）执行。

（3）执行 Wend 语句，转到步骤（1）执行。

（4）执行 Wend 语句下面的语句。

4. 结构逻辑图

While 循环结构逻辑图如图 6-4 所示。

结合下面的程序段，我们做进一步的说明：

```
a=1
While a<10
  Print a;
  a=a+2
Wend
```

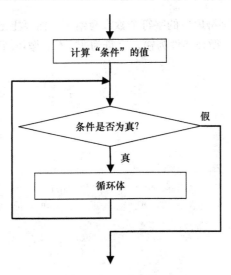

图 6-4 While 循环结构逻辑图

上面的程序就是在 a<10 的条件下，重复执行语句 Print a; 和 a=a+2。每次执行循环之前，都要计算条件表达式的值。如果值的结果为 True，则执行循环体，然后再对条件进行计算判断，从而确定是否再次执行循环体；如果结果为 False，则结束循环，执行 Wend 下面语句。

该程序段的执行结果是：

1　3　5　7　9

5. 注意事项

（1）While 循环语句本身不能修改循环条件，所以必须在 While 语句的循环体内设置相应语句，使得整个循环趋于结束，否则可能造成死循环。

（2）当 While 循环语句一开始条件就不成立时，循环体一次也不被执行。

（3）凡是用 For 循环编写的程序，都可以用 While 循环语句实现；反之则不一定。

【例 6.4】假设我国现有人口 13 亿，若年增长率为 1.4%，试计算多少年后我国人口增加到或超过 18 亿。

人口计算公式为：$p=y(1+r)^n$

y 为人口初值，r 为年增长率，n 为年数。

设计界面，在窗体的单击事件中编写代码，程序代码如下：

```
Private Sub Form_Click()
    Dim p!, r!, n%
    p = 13
    r = 0.014
    n = 0
    While p < 18
        p = p * (1 + r)
        n = n + 1
    Wend
    Print n; "年后我国人口将达到"; p; "亿"
End Sub
```

【例 6.5】从键盘上输入一个字符串，以"*"结束，并对所输入的字符串中的字母、数字以及其他字符的个数进行统计。

解题思路：需要输入的字符串中的字符个数没有给定，而停止记数的条件是输入字符"*"，所以可以用 While 语句实现，循环条件为输入字符为非"*"，循环结束条件为输入的字符是"*"。其程序代码如下：

```
Private Sub Form_Click()
    Dim ch$, c%, s%, n%
    c = 0
    s = 0
    n = 0
    ch = InputBox("请输入一个字符：")
    While ch <> "*"        '当ch不为"*"时，进入循环
        If ch >= "a" And ch <= "z" Or ch >= "A" And ch <= "Z" Then
            c = c + 1
        ElseIf ch >= "0" And ch <= "9" Then
            s = s + 1
        Else
            n = n + 1
        End If
        ch = InputBox("请输入一个字符：")
    Wend
    Print "字母个数为："; c
    Print "数字个数为："; s
    Print "既不是字母也不是数字的字符有"; n; "个"
End Sub
```

程序中，变量 ch 接受键盘输入的字符，变量 c 用于统计字母个数，变量 s 用于统计数字个数，变量 n 用于统计既不是字母也不是数字的字符个数。

进入循环体之前，输入第一个字符并赋给变量 ch，用于建立进入循环的条件；如果条件成立，则进入循环后，判断是否为字母、数字或其他，并进行统计；再次从键盘输入字符赋给变量 ch，然后进行判断是否再次进行循环；因此是否继续或终止循环，都依赖于对 ch 的赋值。

6.4 Do 循环

Do 循环语句也是根据条件决定是否循环的语句，但 Do 循环语句具有很灵活的构造形式。它既可以构成先判断后执行的形式，也可以构成先执行后判断的形式，它可以根据需要决定是条件满足时执行循环体，还是一直执行循环体到条件满足。Do 循环有两种语法形式。

6.4.1 先判断后执行形式的 Do…Loop 语句

先判断后执行的 Do…Loop 语句和 While…Wend 语句在执行的顺序上一样，都是根据某一条件进行判断，决定是否执行循环。

1. 格式

```
Do {while|until} <条件>
    [<循环体>]
Loop
```

2. 说明

先判断后执行形式的 Do…Loop 语句是先判断，后执行。

3. 结构逻辑图

Do While…Loop 循环结构逻辑图如图 6-5 所示，Do Until…Loop 循环结构逻辑图如图 6-6 所示。

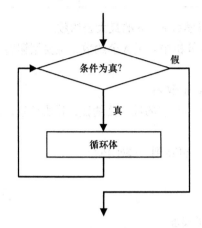

图 6-5　Do While…Loop 逻辑结构图

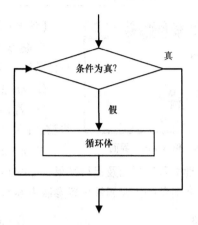

图 6-6　Do Until…Loop 逻辑结构图

6.4.2　先执行后判断形式的 Do…Loop 语句

先执行后判断的 Do…Loop 语句是先执行循环体，然后进行条件判断，决定是否再次执行循环体。

1. 格式

```
Do
    [<循环体>]
Loop  {while|until} <条件>
```

2. 说明

先执行后判断形式的 Do…Loop 语句是先执行，后判断。

3. 结构逻辑图

Do…Loop While 循环结构逻辑图如图 6-7 所示，Do…Loop Until 循环结构逻辑图如图 6-8 所示。

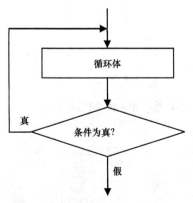

图 6-7　Do…Loop While 逻辑结构图

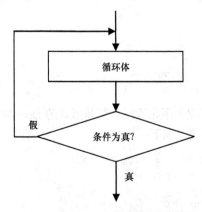

图 6-8　Do…Loop Until 逻辑结构图

关键字 While 用于指明条件成立时执行循环体,直到条件不成立时结束循环(如图 6-5 与图 6-7 所示);

而 Until 则正好相反,条件不成立时执行循环体,直到条件满足才退出循环(如图 6-6 与图 6-8 所示)。

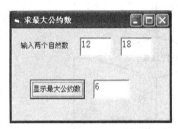

图 6-9 例 6.6 运行界面

【例 6.6】求两自然数 m,n 的最大公约数。

解题思路: 在计算机中求最大公约数,主要用辗转相除法,具体算法如下:

① m 除以 n 得到余数 r;

② 若 $r=0$,则 n 为要求的最大公约数,算法结束;否则执行步骤③;

③ $n \to m$,$r \to n$,再转到步骤①执行。

(1)建立程序界面及运行结果,如图 6-9 所示。

(2)各对象的主要属性设置参照表 6-3。

表 6-3 例 6.6 对象属性设置

对　象	属　性	设　置
Form1	Caption	求最大公约数
Label1	Caption	输入两个自然数
Text1	Text	空
Text2	Text	空
Text3	Text	空
Command1	Caption	显示最大公约数

(3)程序代码如下。

```
Private Sub Command1_Click()
    Dim m%, n%, r%
    m = Val(Text1.Text)
    n = Val(Text2.Text)
    r = m Mod n
    Do Until r = 0      '直到r=0时,退出循环
      m = n
      n = r
      r = m Mod n
    Loop
    Text3.Text = n
End Sub
```

【例 6.7】用先执行后判断形式的 Do…While 语句实现求 1~10 的累加和。

程序代码如下:

```
Private Sub Form_Click()
    Dim sum%, i%
    i = 1
    sum = 0
    Do
```

```
    sum = sum + i
    i = i + 1
  Loop While i <= 10
  Print "1+2+3+...+10="; sum
End Sub
```

6.5 循环的嵌套

在一个循环体内又包含了一个完整的循环，这样的结构称为多重循环或循环的嵌套。在程序设计时，许多问题要用双重或多重循环才能解决。

For 循环、While 循环、Do 循环都可以互相嵌套。

双重循环的执行过程是外循环执行一次，内循环执行一遍，在内循环结束后，再进行下一次外循环，如此反复，直到外循环结束。

对于循环的嵌套，要注意以下事项。

（1）在多重循环中，各层循环的循环控制变量不能同名。但并列循环的循环控制变量名可以相同，也可以不同。

（2）外循环必须完全包含内循环，不能交叉。

例如下面两个简化的循环嵌套程序段，图 6-10 是正确的，图 6-11 是错误的，原因是内循环和外循环有交叉部分。

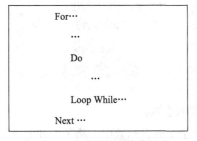
图 6-10 正确的循环嵌套形式

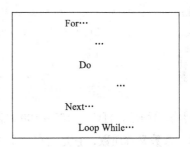
图 6-11 错误的循环嵌套形式

【例 6.8】编写程序，单击窗体时，在窗体上打印以下图形，如图 6-12 所示。

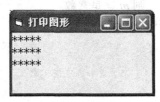
图 6-12 例 6.8 运行结果

设计界面，在窗体的单击事件中编写代码，程序代码如下：

```
Private Sub Form_Click()
  Dim i%, j%
  For i = 1 To 3
    For j = 1 To 5
      Print "*";
    Next j
```

```
     Print
   Next i
End Sub
```

【例 6.9】打印九九乘法表，如图 6-13 所示。

解题思路：打印九九乘法表，只要利用循环变量作为乘数和被乘数就可以方便地解决。

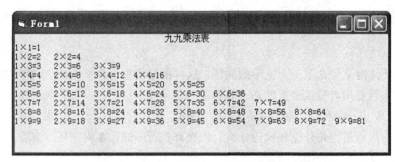

图 6-13　例 6.9 运行结果

设计界面，在窗体的单击事件中编写代码，程序代码如下：

```
Private Sub Form_Click()
   Dim i%, j%, str$
   Print Tab(35); "九九乘法表"
   For i = 1 To 9
     For j = 1 To i
       str = j & "×" & i & "=" & i * j         '需要打印的字符串
       Print Tab((j - 1) * 9 + 1); str;        '确定打印位置并打印
     Next j
     Print
   Next i
End Sub
```

【例 6.10】编写程序，打印出 100 ~ 500 之间的素数。

解题思路：素数又称质数，它是指在一个大于 1 的自然数中，除了 1 和此整数自身外，没法被其他自然数整除的数。换句话说，只有两个正因数（1 和自己）的自然数即为素数。而决定一个数 m 是否为素数，我们只需要确定在大于 1 小于等于 $\sqrt{m}$ 的正整数中是否存在能整除 m 的数。如果有，m 就不是素数；如果没有，则 m 就是素数。

设计界面，在窗体的单击事件中编写代码，程序代码如下：

```
Private Sub Form_Click()
    Dim i%, m%, flag%, n%
    n = 0
    For m = 101 To 500 Step 2
        flag = 0
        For i = 2 To Sqr(m)
            If m Mod i = 0 Then flag = 1   '如果m能整除i，则将flag=1，即可说明m不是素数
        Next i
        If flag = 0 Then                    'flag=0说明在上面循环中，没有改变flag的值
            Print m;
            n = n + 1
            If n Mod 10 = 0 Then Print
        End If
```

```
        Next m
End Sub
```

程序运行结果如图 6-14 所示。

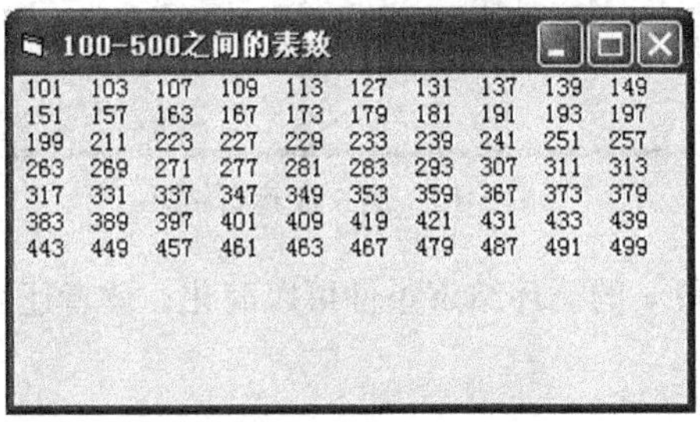

图 6-14   例 6.10 运行结果

因为在 100～500 之间，偶数不会是素数，所以 For 循环设置步长为 2。

变量 flag 作为一个标记变量，若 flag=0 表示在程序执行过程中没有找到一个除了 1 和它本身以外的能整除 m 的正整数，即 m 为素数；若 flag=1，则说明找到了某个能整除 m 的正整数，即 m 不是素数。

变量 n 用于控制换行，它控制每行输出 10 个素数。

思考：为什么将 flag = 0 语句放在两个循环之间，而不放在两个循环之外？

【例 6.11】百鸡问题：公元前五世纪，我国古代数学家张丘建在《算经》一书中提出了"百鸡问题"：鸡翁一值钱五，鸡母一值钱三，鸡雏三值钱一。百钱买百鸡，问鸡翁、鸡母、鸡雏各几何？

解题思路：数学中解答该问题的方法是设公鸡 x 只，母鸡 y 只，小鸡 z 只。依题意可以列出以下方程组：

$$\begin{cases} x + y + z = 100 \\ 5x + 3y + \dfrac{z}{3} = 100 \end{cases}$$

在这个方程组中，由于有三个未知数，两个方程，因此属于不定方程，无法直接求解。可用"穷举法"，将各种可能的组合全部一一测试，将符合条件的组合输出即可。

设计界面，在窗体的单击事件中编写代码，程序代码如下：

```
Private Sub Form_Click()
   Dim x%, y%, z%
   For x = 1 To 100
     For y = 1 To 100
       For z = 1 To 100
         If x + y + z = 100 And x * 5 + y * 3 + z / 3 = 100 Then
             Print "公鸡: "; x; "只", "母鸡: "; y; "只", "小鸡: "; z; "只"
         End If
       Next z
     Next y
   Next x
End Sub
```

程序运行结果如图 6-15 所示。

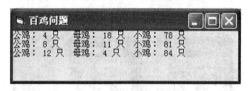

图 6-15　例 6.11 运行结果

从程序中不难看出，x 和 y 的循环结束条件可以简化；读者还可以根据所学知识，将上述程序改为用双重循环实现。

6.6　循环的退出

一般情况下，三种循环语句的每一次循环都要完整地执行循环体的全部语句序列，才能决定是否结束循环，但在某些情况下，为了减少循环次数或便于程序调试，可能需要提前强制退出循环。Visual Basic 以出口语句 Exit 的形式，为 For…Next 和 Do…Loop 循环语句提供了相应的强制退出循环的语句。出口语句可以是无条件形式，也可以是有条件形式。

6.6.1　Exit For

用于 For…Next 循环，在循环体中可以出现一次或多次。当系统执行到该语句时，就强制退出当前循环。

无条件形式是：

    Exit For

无条件形式出口语句没有测试条件，直接强制退出循环，常用于程序调试时的跟踪，调试成功后删除。

有条件形式是：

    If　条件　Then　Exit For

即当循环执行过程中满足某个条件时，就执行循环退出语句结束循环。

6.6.2　Exit Do

用于 Do 循环，在使用上和 Exit For 类似，它也有两种形式。

无条件形式是：

    Exit Do

有条件形式是：

    If　条件　Then　Exit Do

出口语句给程序员以极大的方便，它能够在循环体的任何地方设置一个或多个终止循环的条件。另外，出口语句标示了循环的结束点，没有破坏程序的结构，有时还能简化程序的编写，提高程序的可读性。

【例 6.12】在 1000～10000 之间找一个既能被 11 整除又能被 13 整除的数，则可用下面的程序实现。

```
Private Sub Form_Click()
    Dim n%
    For n=1000 to 10000
      If n Mod 11 = 0 And n Mod 13 = 0 Then
          Print n
          Exit For
      End If
    Next n
End Sub
```

【例 6.13】使用循环的退出语句，编写程序，打印出 100～500 之间的素数。

解题思路：在求素数的过程中，如果有一个数（不是 1 和本身）能被整除，那么就可以说它不是素数，所以内循环就可以退出，而不用再继续进行判断。

设计界面，在窗体的单击事件中编写代码，程序代码如下：

```
Private Sub Form_Click()
    Dim i%, m%, flag%, n%
    n = 0
    For m = 101 To 500 Step 2
        flag = 0
        For i = 2 To Sqr(m)
            If m Mod i = 0 Then flag = 1: Exit For
          '如果 m 能整除 i，说明这个数不是素数，循环就可以退出
        Next i
        If flag = 0 Then
            Print m;
            n = n + 1
            If n Mod 10 = 0 Then Print
        End If
    Next m
End Sub
```

6.7　各种循环语句的比较

循环结构在程序设计中是一个用得很多，也是非常重要的结构，必须很好地掌握和理解，并能熟练地运用它们解决实际问题。各种循环语句特点的比较见表 6-4。

表 6-4　　　　　　　　　　　各种循环语句特点的比较

语句形式	特点	循环条件	循环终止条件	循环次数
For…Next	先判断	递增：控制变量<=终值 递减：控制变量>=终值	控制变量>终值 控制变量<终值	（终值-初值）/步长+1
While…Wend	先判断	条件 = 真	条件 = 假	>=0
Do While…Loop	先判断	条件 = 真	条件 = 假	>=0
Do Until…Loop	先判断	条件 = 假	条件 = 真	>=0
Do…Loop While	后判断	条件 = 真	条件 = 假	>=1
Do…Loop Until	后判断	条件 = 假	条件 = 真	>=1

习 题 6

一、单选题

1. 假设有以下程序段:

```
For i = 1 To 3
  For j = 5 To 1 Step -1
   Print i * j
  Next j
Next i
```

则 Print i * j 的执次数是（   ）。

    A. 12   B. 14   C. 15   D. 16

2. 执行以下程序段后，x 的值为（   ）。

```
Dim x%, i%
x = 0
For i = 20 To 1 Step -2
x = x + i \ 5
Next i
```

    A. 16   B. 17   C. 18   D. 19

3. 假设有以下程序段:

```
Private Sub Form_Click()
Dim s%,i%
s = 0
For i = 9 To 42 Step 11
 s = s + i
Next i
If i > 50 Then s = s + i Else s = s - i
Print s
End Sub
```

程序运行后，单击窗体，输出结果是（   ）。

    A. 155   B. 60   C. 42   D. 50

4. 假设有以下程序段:

```
Private Sub Form_Click()
Dim a%,b%,j%,k%
a = 1: b = 1
For j = 3 To 6
 For k = j To 1 Step -1
  b = b * k
 Next k
 a = a + b
Next j
Print "a="; a
End Sub
```

程序运行后，单击窗体，输出结果是（   ）。

    A. 12459031   B. a=12459031   C. 24   D. a=24

5. 假设有以下程序段：

```
Private Sub Form_Click()
 Dim a%,j%
 a = 0
 For j = 1 To 15
   a = a + j Mod 3
 Next j
 Print a
End Sub
```

程序运行后，单击窗体，输出结果是（　　　）。

    A. 105   B. 1   C. 120   D. 15

6. 设有以下程序：

```
Private Sub Form_Click()
 Dim i%,x%,y%
 x = 50
 For i = 1 To 4
  y = InputBox("请输入一个整数")
  y = Val(y)
  If y Mod 5 = 0 Then
   a = a + y
   x = y
  Else
   a = a + x
  End If
 Next i
 Print a
End Sub
```

程序运行后，单击窗体，在输入对话框中依次输入 15，24，35，46，输出结果为（　　　）。

    A. 100   B. 50   C. 120   D. 70

7. 设有以下程序：

```
Private Sub Command1_Click()
 Dim c%, d%
 c = 4
 d = InputBox("请输入一个整数")
 Do While d > 0
  If d > c Then
   c = c + 1
  End If
  d = InputBox("请输入一个整数")
 Loop
 Print c + d
End Sub
```

程序运行后，单击命令按钮，如果在对话框中依次输入 1、2、3、4、5、6、7、8、9、0，则输出结果是（　　　）。

    A. 12   B. 11   C. 10   D. 9

8. 有如下程序：

```
Private Sub Form_Click()
  Dim i%, sum%
```

```
    sum = 0
    For i = 2 To 10
     If i Mod 2 <> 0 And i Mod 3 = 0 Then
         sum = sum + i
     End If
    Next i
    Print sum
End Sub
```

程序运行后，单击窗体，输出结果是（   ）。

    A. 12   B. 30   C. 24   D. 18

二、填空题

1. 在 VB 中执行程序语句时，需要对其中的某些语句重复执行多次，程序设计中应该使用_____。

2. For 循环次数由初值、终值确定，计算公式为：_____。

3. Do While…Loop 循环语句是先_____后_____；Do…Loop While 循环语句是先_____后_____。

4. Do 循环中，带 While 的循环语句是当条件_____时，执行循环体，而带 Until 的循环语句是当条件_____时，执行循环体。

5. For 循环中，用_____语句退出循环，Do 循环中，用_____语句退出循环。

6. 设有如下程序段：

```
For a = 0 To 1
   For b = 1 To 2
     For c = 1 To 3
       i = i + 1
     Next c
   Next b
 next a
```

以上程序段中，语句 i=i+1 共循环_____次。

7. 设有如下程序：

```
Private Sub Form_Click()
  Dim a%, s%
  n = 8
  s = 0
  Do
    s = s + n
    n = n - 1
  Loop While n > 0
  Print s
End Sub
```

以上程序的功能是_____，程序运行后，单击窗体，输出结果是_____。

三、阅读以下程序段，写出运行结果

1. 在窗体上画一个命令按钮，并编写如下事件过程：

```
Private Sub Command1_Click()
 Dim i#
 For i = 5 To 1 Step -0.8
  Print int(i);
```

```
 Next i
End Sub
```

2. 在窗体上画一个名称为 Command1 的命令按钮，然后编写如下事件过程：

```
Private Sub Command1_Click()
 Dim a%
 a = 0
 For i = 1 To 2
  For j = 1 To 4
    If j Mod 2 <> 0 Then
      a = a - 1
    End If
    a = a + 1
  Next j
 Next i
 Print a
End Sub
```

3. 假定有如下事件过程：

```
Private Sub Form_Click()
  Dim x%, n%
  x = 1
  n = 0
  While x < 28
    x = x * 3
    n = n + 1
  Wend
  Print x, n
End Sub
```

4. 假定有如下事件过程：

```
Private Sub Form_Click()
 Dim x%
 x = 0
 Do While x < 50
   x = (x + 2) * (x + 3)
   n = n + 1
 Loop
 Print "x="; x, "n="; n
End Sub
```

5. 假定有如下事件过程：

```
Private Sub Form_Click()
 Dim a%, s%
 s = 0
 a = 1
 Do
  s = s + a
  a = a + 1
 Loop Until a > 10
 Print a
End Sub
```

四、编程题

1. 求 100 以内所有奇数的和。

2. 求 1000 以内能同时被 5 和 7 整除的数的和。

3. 找出 1000 以内的所有完数（一个数如果恰好等于它的因子之和，这个数就称为"完数"，例如 6=1 + 2 + 3）。

4. 求水仙花数（水仙花数是指一个 3 位数，其各位数字的立方和等于该数本身，例如：$153=1^3+5^3+3^3$）。

5. 编写程序找零巧数，界面设计及运行结果如图 6-16 所示（零巧数是具有下述特性的四位正整数：其百位数为 0，如果去掉 0，得到的三位正整数乘以 9，等于原数，例如 2025=225*9，所以 2025 是零巧数）。

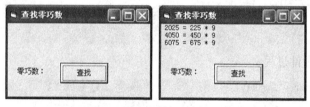

图 6-16 编程题与运行界面

6. 求 1!+2!+3!+4!+…+10!。

7. 打印 Fibonacci 数列的前 20 项。该数列的第一项和第二项都为 1，从第三项开始，每项都是前两项的和。

8. 某班英语测试，抽取十名同学的测试成绩分别为：85、76、49、56、94、88、67、82、78、74，编程依次输入这十名同学的成绩，统计出及格人数和不及格人数，并计算出这十名同学的平均分数。

9. 猴子吃桃问题：小猴在某天摘桃若干个，当天吃掉一半多一个；第二天吃了剩下的桃子的一半多一个；以后每天都吃尚存桃子的一半多一个，到第 7 天要吃时只剩下一个，问小猴共摘下了多少个桃子？

10. 设用 100 元钱买 100 支笔，其中钢笔每支 3 元，圆珠笔每支 2 元，铅笔每支 0.5 元，问钢笔、圆珠笔和铅笔可以各买多少支（每种笔至少买 1 支）？

11. 编写程序打印图 6-17 中的图形（每个图形编写一个程序或事件代码）。

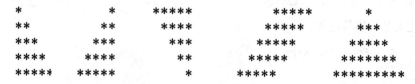

图 6-17 编程题 11 题图形

第7章
数组

在前面的程序中，所用的变量都属于简单变量。当处理问题所涉及的变量个数较少时，使用简单变量完全可以胜任，例如"计算 1+2+3+…+n 的值"，只需要两个变量来分别存放加数和累加和。但当遇到数据统计、排序、矩阵运算等较为复杂的问题时，往往需要对成批的数据进行处理，仅用简单变量将会非常麻烦，而利用数组却很容易实现。

本章主要介绍数组的基本概念，通过实例讲解数组在实际问题中的典型应用，包括数据统计、矩阵操作、排序问题等，并介绍动态数组、控件数组的概念、作用及正确用法。

7.1 数组的概念

7.1.1 数组与数组元素

在实际应用中，常常需要处理相同类型的一批数据。例如，求 100 个学生的平均成绩，并统计高于平均分的人数。为了存储和统计这 100 个学生的成绩，至少需要定义 100 个简单变量。在此，我们提出更好的解决方案：使用一个名为 grade 的数组来实现，则这些学生的成绩可以分别表示为：

grade(1), grade(2), grade(3), grade(4)…grade(99), grade(100)

在 VB 中，数组是用同一个名称来表示一组变量的有序集合。通常将数组中的每一个变量称为数组元素，并以数组名和下标（即括号中的序号）来唯一标识，因此数组元素又称为下标变量。例如，grade(2)表示 grade 数组中下标为 2 的数组元素。

关于数组的名称与下标，有以下几点说明。

（1）数组的命名规则与简单变量的命名规则相同。

（2）数组元素顺序排列，共用一个数组名，并通过下标来唯一标识。

（3）下标必须是整数，否则将按四舍五入自动取整。

（4）下标必须用圆括号括起来，例如，不能将数组元素 grade(2)写成 grade2。

（5）下标的最大值和最小值分别称为数组的上界和下界，下标是上、下界范围内的一组连续整数。引用数组元素时，下标不可超出数组声明时的上、下界范围。

7.1.2 数组的类型

数组是一种数据存储结构，而并非一种新的数据类型。和简单变量一样，数组也有自己的数据类型，如 Byte、Boolean、Integer、Single、Double、Date、String、Variant 和用户自定义类型等，都可以用来声明数组。

程序中可以通过 Dim 语句来声明数组的类型。例如：

Dim grade(100) As Integer

这样，数组 grade 中的所有元素就被定义为 Integer 数据类型。

一般情况下，一个数组中的所有元素具有相同的数据类型。但当数据类型为 Variant 时，数组中可以包含不同类型的数据，但其本质上仍然是一个单一数据类型（Variant）的数组。

7.1.3　数组的维数

数组元素中下标的个数称为数组的维数。因此，一维数组仅有一个下标，二维数组则有两个下标……以此类推。一维数组形如 a(100)，可以视作一维坐标轴（如 x 轴）上的点，只能表示线性顺序，即数组中所有元素能顺序地排成一行。二维数组有两个下标，形如 T(30,5)，可视为二维坐标系中的点，能够表示平面信息，即数组中所有元素能按行和列顺序排成一个矩阵。三维数组有三个下标，形如 S(3,4,10)，可视为三维坐标系中的点，能够表示立体信息，即数组中所有元素能按长、宽和高的顺序排成一个长方体。超过三维的数组可以用现实生活中的其他事物来类比，维数越高则越抽象。

例如：要表示 30 个学生某一门课程的成绩，只需使用由 30 个元素组成的一维数组；而要表示 30 个学生 5 门课程的成绩（如表 7-1 所示），通常应采用一个包含 30 行 5 列的二维数组。

表 7-1　　　　　　　　　　　　　　学生成绩表

姓　名	语　文	数　学	外　语	政　治	历　史
学生 1	85	60	55	78	88
学生 2	69	74	80	76	79
学生 3	77	86	72	80	95
…	…	…	…	…	…
学生 30	88	90	75	88	82

可以将表 7-1 中的成绩（加灰色底纹的数据）用一个二维数组来表示，若数组名为 score，则第 i 个学生的第 j 门课程的成绩可表示为 score (i,j)。其中，i = 1，2，…，30，表示学生的序号，在二维数组中称为行下标；j = 1，2，3，4，5，表示课程号，称为列下标。

一维数组和二维数组最为常用，三维及以上的多维数组在实际中应用较少。

7.1.4　静态数组和动态数组

根据在程序运行过程中能否改变数组的大小（即能否增加或减少数组元素的个数），可将数组分为静态数组和动态数组两种。

静态数组也称为定长数组或固定大小的数组，其数组元素的个数是固定不变的。动态数组的大小则可在程序运行中根据需要进行调整。

7.2　一维数组

如果只用一个下标就能确定某个数组元素在数组中的位置，这样的数组称为一维数组。

7.2.1　一维数组的定义

数组的定义又称为数组的声明或说明。数组应当先定义后使用，以便让系统给该数组分配相应的内存单元。静态一维数组的定义格式如下：

说明符　数组名(下标) [As 类型]

说明：

（1）"说明符"为保留字，可以是 Dim、Public、Private 和 Static 中的任何一个。在使用中可以根据实际情况进行选用（本章主要使用 Dim 声明数组，其他保留字意义在 9.4 节介绍）。定义数组后，数值数组中的全部元素均被初始化为 0，字符串数组中的全部元素均被初始化为空字符串。

（2）"数组名"遵守标识符的命名规则。在同一个过程中数组名不能与变量名相同。

（3）"下标"的一般形式为"[下界 To] 上界"。上界、下界必须为常整数，并且下界应该小于上界。如果不指定下界，则下界默认为 0。一维数组的大小为：上界-下界 + 1。

例如：Dim a(5) As Integer 　　' 定义数组 a，含 6 个整型数组元素，下标值从 0 到 5

　　　　Dim b(2 To 5) As Single 　' 定义数组 b，含 4 个单精度型数组元素，下标值从 2 到 5

如果希望下界默认为 1，则可以通过 Option Base 1 来设置。该语句只能出现在模块的所有过程之前，一个模块只能出现一次，且只影响包含该语句的模块中的默认数组下界。

例如：Option Base 1 　　　　　' 在模块的"通用声明"段中声明

　　　　…

　　　　Dim c(5) as Double 　　' 定义数组 c，含 5 个双精度型数组元素，下标值从 1 到 5

（4）"As 类型"用于说明数组元素的类型，若省略，则数组为 Variant 类型。

（5）可以通过类型说明符来指定数组的类型。

例如：Dim a%(5)，b!(2 To 5)，c#(5)

7.2.2　一维数组的引用

数组的引用通常是指对数组元素的引用。一维数组元素的引用格式如下：

数组名（下标）

说明：

（1）下标可以是整型常量、变量或表达式。如：a(20)、a(x)、a(m+n)均为正确的引用。

（2）下标值不能越界，应在数组声明的范围之内。

例如：Dim a%(5)

定义了一个一维数组 a，在内存中开辟 6 个连续的存储空间，用于保存 a 的 6 个整型元素 a(0)、a(1)、a(2)、a(3)、a(4)和 a(5)的值，如图 7-1 所示。

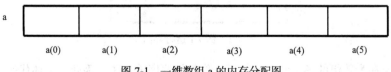

图 7-1　一维数组 a 的内存分配图

在引用数组元素时，下标的合理范围是 0～5。诸如 a(6)、a(7)等的下标越界引用是错误的，会出现图 7-2 所示的错误提示。

图 7-2　下标越界的错误提示界面

（3）数组元素的使用方法与同类型的变量完全相同。例如：

```
a(1)=1 : a(2)=1
a(3)=Val(InputBox("请输入一个整型数"))
Print a(4);
```

数组的应用离不开循环。一维数组的赋值或输出操作往往通过一重循环来实现，将数组下标作为循环变量，通过循环来遍历一维数组（即访问一维数组的所有元素）。

【例 7.1】给一维数组 a 赋初值，要求每个元素的值等于其下标的平方，请输出数组 a 的下标和对应的元素值。

解题思路：利用循环结构实现数组的输入和输出，只要将循环变量作为数组元素的下标，并在每次循环中依次改变循环变量的值，即可访问数组中的所有元素。

程序代码如下：

```
Private Sub Form_Click()
    Dim a%(1 To 10), i%
    For i = 1 To 10
        a(i) = i ^ 2
    Next i
    Print "下标", "元素的值"
    For i = 1 To 10
        Print i, a(i)
    Next i
End Sub
```

程序运行结果如图 7-3 所示。

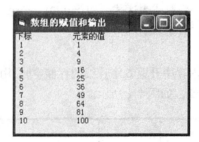

图 7-3　例 7.1 运行界面

讨论：由于在为数组的各个元素赋值后就将数组原序输出了，因此，上述代码也可以用一个循环结构来实现：

```
Private Sub Form_Click ()
    Dim a%(1 To 10), i%
    Print "下标", "元素的值"
    For i = 1 To 10
        a(i) = i ^ 2
        Print i, a(i)
    Next i
End Sub
```

【例 7.2】编写程序，将输入的 10 个整数按逆序输出。

解题思路：在循环结构中，选用 InputBox 函数为数组元素赋值；选用 Print 方法将数组元素输出。

程序代码如下：

```
Private Sub Command1_Click ()
    Dim a%(10), i%
    Print "输入的数据为"
    For i = 1 To 10
        a(i) = Val(InputBox("请输入一个整型数"))
        Print a(i);
    Next i
    Print
    Print "逆序输出为"
    For i = 10 To 1 step -1
        Print a(i) ;
    Next i
End Sub
```

程序运行结果如图 7-4 所示。

图 7-4 例 7.2 运行界面

7.2.3 一维数组的应用举例

下面通过例题来介绍一维数组的实际应用和典型算法。

1. 数据统计和处理

利用数组中存储的信息，可以对数据进行各种统计和处理。例如，求累加值、最大值、最小值、平均值，对数据和信息进行分类统计等。

【例 7.3】从键盘上输入 20 个学生的考试成绩，计算平均分并统计高于平均分的人数。

解题思路：可以将该问题分解为三个相互独立的部分来处理。

（1）输入 20 个学生的成绩，并存入一维数组。

（2）求得平均分。

（3）将这 20 个成绩依次和平均分进行比较，若高于平均分，则累计个数。

程序代码如下：

```
Private Sub Command1_Click()
    Dim score%(1 To 20)           '声明有 20 个元素的数组 score
    Dim aver!, overn%, i%
    aver = 0
    For i = 1 To 20               '输入成绩，并计算总分
        score(i) = Val(InputBox("请输入学生的成绩"))
        aver = aver + score(i)
    Next i
    aver = aver / 20              '计算平均分
    overn = 0
    For i = 1 To 20               '统计高于平均分的人数
        If score(i) > aver Then overn = overn + 1
    Next i
    Print "平均分为";aver
    Print "考试成绩高于平均分的人数为";overn
End Sub
```

【例 7.4】随机产生 10 个两位整数，找出其中最大值、最小值。

解题思路： 可以将该问题分解为两部分来处理。

（1）产生 10 个随机整数，并保存到一维数组中。

（2）对这 10 个整数求最大、最小值。

程序代码如下：

```
Private Sub Command1_Click()
    Dim a%(10), max%, min%, i%
    Randomize
    Print "产生的随机数为"
    For i = 1 To 10
        a(i) = Int(90 * Rnd + 10)         '产生 10 个随机整数，并保存到一维数组中
        Print a(i);                       '数组的输出
    Next i
    Print
    max = a(1) : min = a(1)               '将第 1 个数作为当前的最大数和最小数
    For i = 2 To 10
        If max < a(i) Then max = a(i)     '查找最大数
        If min > a(i) Then min = a(i)     '查找最小数
    Next i
    Print "最大值为"; max
    Print "最小值为"; min
    Print
End Sub
```

程序运行结果如图 7-5 所示。

2．递推问题

递推算法的核心思想是：通过前项计算后项，从而将一个复杂的问题转换为一个简单过程的重复执行。由于一个数组本身就包含了一系列变量，因此利用数组可以简化递推算法。

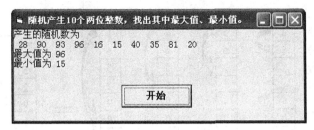

图 7-5 例 7.4 运行界面

【例 7.5】利用数组计算 Fibonacci 数列的前 20 个数，即 1，1，2，3，5，8，…，并按每行打印 5 个数的格式输出。

解题思路：可以利用一维数组 Fib 计算并存放 Fibonacci 数列的前 20 个数，并使得下列递推关系成立。

```
Fib(1) = 1,  Fib(2) = 1
Fib(i) = Fib(i-1) + Fib(i-2)  (3≤i≤20)
```

程序代码如下：

```
Private Sub Command1_Click()
    Dim Fib%(20), i%
    Fib(1) = 1: Fib(2) = 1                    ' 初始条件
    For i = 3 To 20
        Fib(i) = Fib(i - 1) + Fib(i - 2)      ' 递推关系
    Next i
    For i = 1 To 20                           ' Fibonacci 数列数据的输出
        Print Fib(i);
        If i Mod 5 = 0 Then Print             ' 控制每行打印 5 个数
    Next i
End Sub
```

讨论：用数组解决递推问题，不仅简化了代码设计，而且提高了程序的可读性。读者可将本例与习题 6 中编程题 7 的求解进行比较。

3. 排序问题

排序是一维数组的应用中最重要的内容之一。排序的方法很多，如比较法、选择法、冒泡法、插入法以及 Shell 排序等。

这里介绍最常用的三种排序方法：比较法、选择法和冒泡法。

（1）比较法排序

设有 10 个数，存放在数组 a 中，比较法排序的算法思路如下（以 10 个数的升序排列为例）。

第 1 轮：将 a(1) 与 a(2)～a(10) 逐个比较。先比较 a(1) 与 a(2)，若 a(1)>a(2)，则交换 a(1) 和 a(2) 中的数据，再比较 a(1) 与 a(3)，a(1) 与 a(4)……并将每次比较中较小的数交换到 a(1) 中。这样，第 1 轮结束后，a(1) 中存放的必然是 10 个数中的最小数。

第 2 轮：将 a(2) 与 a(3)～a(10) 逐个进行比较，方法同上，故第 2 轮结束后，a(2) 中存放的是 a(2)～a(10) 这 9 个数中的最小数。

继续进行第 3 轮、第 4 轮……直到第 9 轮。其中，第 9 轮只须比较 a(9) 与 a(10) 两个数据。至此，10 个数已按从小到大的顺序存放在数组 a 中。

利用比较排序法对 10 个数进行升序排列的过程如图 7-6 所示。

第一轮：

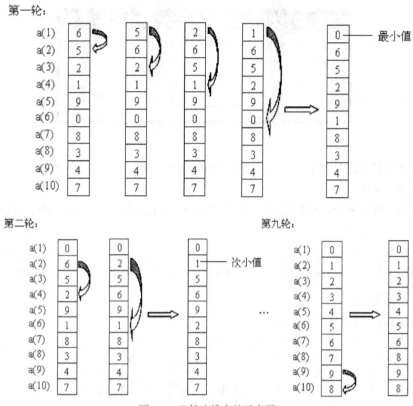

图 7-6　比较法排序的示意图

比较法排序（n 个数按升序排列）的 N-S 流程图如图 7-7 所示。

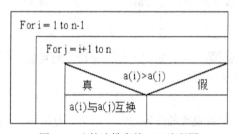

图 7-7　比较法排序的 N-S 流程图

【例 7.6】产生 10 个随机整数，用"比较排序法"按从小到大的顺序输出数据。
按照比较法排序的算法思想，程序代码如下：

```
Private Sub Command1_Click ()
    Dim a%(1 To 10)
    Dim i%, j%, t%
    Randomize
    Print "原始数据如下: "
    For i = 1 To 10
        a(i) = Int(200 * Rnd) + 100       ' 产生 10 个随机整数, 区间[100, 299]
        Print a(i);
    Next i
    Print
    For i = 1 To 9                        ' 比较法排序的核心代码
```

```
            For j = i + 1 To 10
                If a(i) > a(j) Then
                    t = a(i): a(i) = a(j): a(j) = t    ' 交换a(i)与a(j)
                End If
            Next j
    Next i
    Print "按从小到大的顺序排列输出: "
    For i = 1 To 10
        Print a(i);
    Next i
    Print
End Sub
```

程序运行时，单击"选择法排序"按钮（Command1）后将产生 10 个随机整数，并按照升序输出。程序运行结果如图 7-8 所示。

讨论：

① 如果要改为从大到小排序，只需将语句 If a(i)>a(j) Then…中的条件修改为：a(i)<a(j)。

② 也可以在每一轮排序结束后直接输出本轮比较出的较小数，因此可将上述程序中的后两个循环结构合并为一个。核心代码如下：

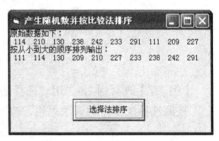

图 7-8　例 7.6 运行界面

```
Print "按从小到大的顺序排列输出: "
For i = 1 To 9
    For j = i + 1 To 10
        If a(i) > a(j) Then
            t = a(i): a(i) = a(j): a(j) = t        ' 交换a(i)与a(j)
        End If
    Next j
    Print a(i);                        ' 依次输出a(1)~a(9)
Next i
Print a(10)                        ' 输出a(10)
```

（2）选择法排序

比较法排序比较容易理解，但在排序时可能产生较多的交换次数。选择法排序针对此不足进行了改进，其算法思路如下（以 10 个数的升序排列为例）。

第 1 轮：在未排序的 10 个数 a(1)～a(10)中找到最小数，将它与 a(1)交换。

实现方案：引入一个变量 k，令 k 等于 1（先假定第 1 个元素值最小），将 a(1)与 a(2)比较，若 a(1)>a(2)，则将 2 赋值给 k，即令 k 等于较小者下标。再将 a(k)与 a(3)～a(10)逐个比较，并在比较的过程中始终令 k 记录下较小者的下标。完成比较后，如果 k<>1（与假定不符），则交换 a(k)和 a(1)；如果 k=1，则表示 a(1)就是这 10 个数中的最小数，不需要进行交换。

第 2 轮：在剩下未排序的 9 个数 a(2)～a(10)中找到最小数，将它与 a(2)交换。

实现方案：令变量 k 等于 2（再假定第 2 个元素为余下的 9 个数中的最小值），将 a(2)与 a(3)～a(10)逐个比较，方法同上。

继续进行第 3 轮、第 4 轮……直到第 9 轮。

选择法排序每轮最多执行一次交换，以 n 个数按升序排列为例，其 N-S 流程图如图 7-9 所示。

其中，k<>i 表示在第 i 轮的比较过程中，变量 k 的值曾经改变过，需要互换 a(i) 与 a(k) 的值，否则不执行任何操作。

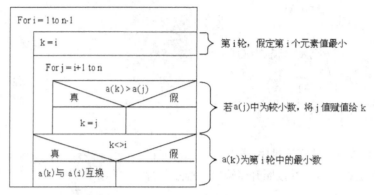

图 7-9　选择法排序的 N-S 流程图

【**例 7.7**】改写例 7.6，用"选择法排序"实现 10 个随机整数的升序排列。

按照选择法排序的算法思想，改写排序部分的核心代码如下：

```
For i = 1 To 9
    k = i
    For j = i + 1 To 10
        If a(k) > a(j) Then k = j
    Next j
    If k <> i Then t = a(k): a(k) = a(i): a(i) = t
Next i
```

（3）冒泡法排序

冒泡法排序的算法思想是：将待排序的数看作是竖着排列的"气泡"，每次比较相邻的两个数，小的上浮，大的下沉（这只是一种形象的说法，根据排序要求，亦可改为大数上浮，小数下沉）。冒泡法排序的算法思路如下（以 10 个数的升序排列为例）。

第 1 轮：先将 a(1) 与 a(2) 比较，如果 a(1)>a(2)，交换 a(1)、a(2)，使得 a(2) 存放较大数。再将 a(2) 与 a(3) 比较，并将较大的数放入 a(3) 中……依次比较相邻两数，直到 a(9) 与 a(10)。最后将 10 个数中的最大数放入 a(10) 中。

第 2 轮：依次比较 a(1) 与 a(2)、a(2) 与 a(3)……直到 a(8) 与 a(9)，最后将此轮 9 个数中的最大数放入 a(9) 中。

继续进行第 3 轮、第 4 轮……直到第 9 轮。

利用冒泡排序法对 10 个数进行升序排列的过程如图 7-10 所示。

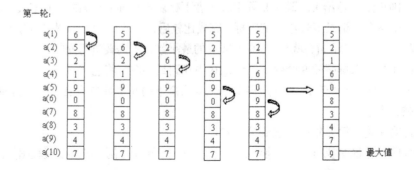

第二轮:

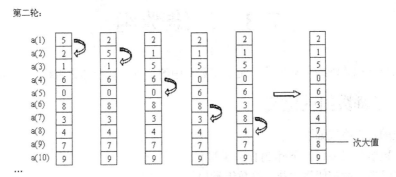

图 7-10 比较法排序的示意图

冒泡法排序（n 个数按升序排列）算法的 N-S 流程图如图 7-11 所示。

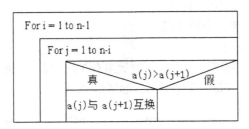

图 7-11 冒泡法排序的 N-S 流程图

【例 7.8】产生 10 个随机整数，用"冒泡法排序"按从小到大的顺序输出数据。

按照冒泡法排序的算法思想，程序代码如下:

```
Private Sub Command1_Click()
    Dim a%(1 To 10)
    Dim i%, j%, t%
    Randomize
    Print "原始数据如下: "
    For i = 1 To 10
        a(i) = Int(200 * Rnd) + 100            ' 产生 10 个随机整数，区间[100, 299]
        Print a(i);
    Next i
    For i = 1 To 9
        For j = 1 To 10 - i
            If a(j) > a(j + 1) Then
                t = a(j): a(j) = a(j + 1): a(j + 1) = t        ' 交换相邻两数
            End If
        Next j
    Next i
    Print
    Print "按从小到大的顺序排列输出: "
    For i = 1 To 10
        Print a(i);
    Next i
    Print
End Sub
```

7.3 二维数组

如果用两个下标才能确定某个数组元素在数组中的位置，这样的数组称为二维数组。

7.3.1 二维数组的定义

二维数组的定义格式如下：

说明符　数组名(下标1，下标2) [As 类型]

说明：二维数组的声明格式与一维数组类似。

（1）"下标1""下标2"的一般形式均为"[下界 To] 上界"。

（2）如果不指定"下界"，则下界默认为0。

（3）每一维的大小为：上界-下界+1。

（4）数组的大小：每一维大小的乘积。

例如：Dim T(2,3) as Integer

定义了一个二维数组 T，类型为 Integer，该数组有 3 行（行下标为 0～2）、4 列（列下标为 0～3），占据 12（3×4）个整型变量的存储空间，如图 7-12 所示。

	第0列	第1列	第2列	第3列
第0行	T(0,0)	T(0,1)	T(0,2)	T(0,3)
第1行	T(1,0)	T(1,1)	T(1,2)	T(1,3)
第2行	T(2,0)	T(2,1)	T(2,2)	T(2,3)

图 7-12　二维数组 T 的内存分配图

（5）如果希望取得数组中指定"维"的下界值和上界值，可以分别使用 Lbound 函数和 Ubound 函数来实现。其格式为：

Lbound(数组名[,维])

函数功能：返回"数组"某一"维"的下界值。

Ubound(数组名[,维])

函数功能：返回"数组"某一"维"的上界值。

两函数同样适用于一维数组，对于一维数组来说，参数"维"可以省略；对于多维数组，则不能省略。例如：Dim T%(2 To 8,-1 To 5)定义了一个二维数组 T，用下面的语句能得到该数组各维的上、下界值。

```
Print Lbound(T,1), Ubound(T,1)
Print Lbound(T,2), Ubound(T,2)
输出结果为：
 2    8
-1    5
```

7.3.2 二维数组的引用

二维数组元素的引用格式如下：

数组名(下标 1，下标 2)

说明：

（1）下标 1、下标 2 可以是整型的常量、变量、表达式。

（2）引用数组元素时，下标 1、下标 2 的取值应在数组声明的上、下界范围之内。

（3）二维数组的赋值或输出操作往往通过二重循环来实现，将二维数组的行下标和列下标分别作为循环变量，通过二重循环来遍历二维数组。

例如：下面的代码，将一个二维数组 T1 存入另一个二维数组 T2 中。

```
Dim T1%(1 To 3,1 To 2), T2%(1 To 3,1 To 2)
…
For i=1 to 3
    For j=1 to 2
        T2(i,j)=T1(i,j)
    Next j
Next i
```

7.3.3　二维数组的应用举例

下面通过典型例题来介绍二维数组的应用。

1. 数据统计和处理

可将 m 个学生 n 门课程的成绩视为一个 m 行×n 列的二维数组（参考表 7-1）。在实际应用中，有时需要统计每个学生的总成绩，或者统计各门课程的平均成绩，相当于统计一个二维数组各行元素的和，各列元素的平均值。下面给出与统计相关的部分代码。

统计二维数组（m 行 n 列）各行元素的和，核心代码如下：

```
For i = 1 To m              ' 按行进行统计
    sum = 0                 ' 累加和清零
    For j = 1 To n
        sum = sum + T(i, j)
    Next j
    Print sum              ' 输出各行元素的和
Next i
```

上述代码中，sum = 0 必须放在内外层循环之间。若放在外层循环之前，则从第二行元素开始，将把前面的统计结果全部累加进去，其结果必然是错误的。

统计二维数组（m 行 n 列）各列元素的平均值，核心代码如下：

```
For j = 1 To n                          ' 按列进行统计
    sum = 0
    For i = 1 To m
        sum = sum + T (i, j)
    Next i
    Print sum/m
Next j
```

小结：按行统计与按列统计的方法类似，都可以通过一个二重循环来实现。按行统计时，将行下标作为外层循环的循环变量，列下标作为内层循环的循环变量；按列统计时刚好相反。

2. 矩阵操作

可以将二维数组看作一个 m 行 n 列的矩阵，进行有关矩阵的操作。例如：计算矩阵各行、各列的和；转置阵的求解；矩阵间的运算等。

【**例** 7.9】定义一个 3×3 的二维数组 T，数组元素的值由用户从键盘输入，要求按矩阵的形式输出 T，并分别输出两条对角线上的元素和。

解题思路：

（1）对于一个 $m \times m$ 的方阵，主对角线上元素的行号与列号相等；次对角线上元素的行号与列号之和等于 m+1。

（2）以矩阵形式输出时，对于矩阵的每一行，首先输出该行上的所有元素，然后完成换行。

程序代码如下：

```
Private Sub Form_Click()
    Dim T%(1 To 3, 1 To 3)
    Dim i%, j%, s1%, s2%
    For i = 1 To 3
        For j = 1 To 3
            T(i, j) = val(InputBox("输入一个数"))      ' 对数组按行进行赋值
            If i = j Then s1 = s1 + T(i, j)            ' 计算主对角线上元素之和
            If i + j = 4 Then s2 = s2 + T(i, j)        ' 计算次对角线上元素之和
            Print T(i, j);                             ' 输出数组元素
        Next j
        Print                                          '每行输出后的换行操作
    Next i
    Print "主对角线上元素之和="; s1
    Print "次对角线上元素之和="; s2
End Sub
```

程序运行结果如图 7-13 所示。

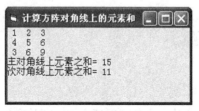

图 7-13　例 7.9 运行界面

【**例** 7.10】将 2×3 矩阵转置（行列互换）后输出。

解题思路：实现矩阵转置的关键是交换 T(i,j) 与 T(j,i) 的值。

程序代码如下：

```
Private Sub Form_Click()
    Dim T1%(1 To 2, 1 To 3), T2%(1 To 3, 1 To 2)
    Dim i%, j%
    Print "源矩阵为:"
    For i = 1 To 2
    For j = 1 To 3
    T1(i, j) = Val(InputBox("输入一个数"))      ' 对数组 T1 按行进行赋值
    T2(j, i) = T1(i, j)                         '将转置后的结果存于数组 T2
    Print T1(i, j);                            ' 输出源矩阵
    Next j
```

```
        Print                              ' 每行输出后的换行操作
    Next i
    Print "转置矩阵为:"
    For i = 1 To 3
        For j = 1 To 2
            Print T2(i, j);                ' 输出转置矩阵
        Next j
        Print                              ' 每行输出后的换行操作
    Next i
End Sub
```

程序运行结果如图 7-14 所示。

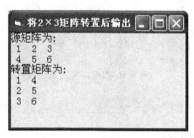

图 7-14 例 7.10 运行界面

7.4 动态数组

静态数组在声明时已经指定了维数和每维的上、下界,从而确定了数组的大小。但数组的大小到底多大才算合适,有时可能是无法事先确定的。如果希望在运行时能够改变数组的大小,就要用到动态数组(也叫可调数组)。使用动态数组可以更有效地利用内存。

7.4.1 动态数组的定义

动态数组的定义分为两步。

1. 声明一个空维数组

方法与声明静态数组类似,不同的是数组名后面的括号内没有下标参数。

语法格式如下:

说明符 数组名( ) As 数据类型

例如:Dim a%( ), b!( )

2. 重新定义数组的大小

语法格式如下:

ReDim [Preserve] 数组名(下标 1 [,下标 2,…]) [As 数据类型]

说明:

(1)ReDim 语句可以重定义数组的维数和每维的上、下界,并允许使用有确切值的变量或表达式进行设置,系统会按照数组的重定义为数组重新分配存储空间。

(2)ReDim 语句不能改变动态数组的数据类型,除非动态数组被声明为 Variant 类型。

(3)每次使用 ReDim 语句都会使原来数组中的数据丢失,可以在 ReDim 后使用 Preserve 参

数来保留数组中的数据，但 Preserve 只能用于改变多维数组中最后一维的大小，前几维的大小不能改变。

（4）ReDim 语句只能在过程中使用。

下面的例子可以说明如何声明动态数组，如何在程序运行中动态地改变数组的大小和维数。

```
Option Base 1                          ' 在模块的"通用声明"段中声明
......
Private Sub Command1_Click()
    Dim a%(), n%                       ' 初定义时不指定数组的大小
    n = Val(InputBox("请输入 n 的值(n>2)"))
    ReDim a(n, n)                      ' 将 a 重定义为一个 n 行 n 列的二维数组
    a(2, 2) = 10
    Print a(2, 2)
    ReDim a(2*n)                       ' 将 a 重定义为一个包含 2×n 个元素的一维数组
    a(2) = 1000
    ReDim Preserve a(3*n)              ' 数组 a 重定义后包含 3×n 个元素，且前 2×n 个元素的值不变
    Print a(2)
End Sub
```

7.4.2　动态数组的使用

使用动态数组，可以更加灵活地解决实际问题。

【例 7.11】编程输出 Fibonacci 数列 1,1,2,3,5,8…的前 n 项。

解题思路：例 7.5 中要求输出 Fibonacci 数列的前 20 项，使用了静态数组。本例要求输出前 n 项，n 是一个变量，值由用户输入，在此我们可以使用动态数组来完成。

程序代码如下：

```
Private Sub Command1_Click ()
    Dim Fib%(), i%, n%
    n = Val(InputBox("请输入 n 的值(n>1)"))
    ReDim Fib(n)                       ' 数组 Fib 重定义后包含 n 个元素
    Fib(1) = 1: Fib(2) = 1             ' 初始条件
    For i = 3 To n
        Fib(i) = Fib(i - 1) + Fib(i - 2)   ' 递推关系
    Next i
    For i = 1 To n                     ' Fibonacci 数列数据的输出
        Print Fib(i);
        If i Mod 5 = 0 Then Print      ' 控制每行打印五个数
    Next i
End Sub
```

思考：如果例 7.9 要求在程序中动态重定义一个 n×n 的二维数组，程序将如何改写？

7.5　For Each…Next 循环语句

For Each…Next 语句与循环语句 For…Next 类似，都可用来执行已知次数的循环。For Each…Next 专门作用于数组或对象集合中的每一个成员，语法格式如下：

```
For Each 成员 In 数组名
    循环体
    [Exit For]
Next 成员
```

说明:

(1)"成员"是一个 Vairant 变量,它实际上代表数组中的每一个元素。

(2)该语句可以对数组元素进行读取、查询或显示,它所重复执行的次数由数组中元素的个数确定,在不知道数组的元素数目时非常有用。

【例 7.12】用 For Each…Next 循环语句,求 1+2!+3!+…+10!的值。

程序代码如下:

```
Private Sub Command1_Click ()
    Dim a&(1 To 10), i%, t&, sum&
    t = 1
    For i=1 to 10
        t = t*i
        a(i) = t                    ' i!的值被存入a(i)
    next i
    sum = 0
    For Each x In a
        sum = sum+x                 ' 完成数组a中各元素值的累加
    next x
    Print "1+2!+3!+…+10!="; sum
End Sub
```

代码中,For Each…Next 语句能够根据数组 a 的元素个数来确定循环次数,x 用来代表数组 a 的各元素。第一次循环时,x 是数组 a 的第一个元素的值;第二次循环时,x 是第二个元素的值,依此类推。

7.6　控件数组

VB 中,除了提供前面介绍的一般数组之外,还提供了控件数组。

在实际应用中,我们时常会用到一些类型相同且功能相似的控件,如果对每一个控件都单独处理,就需要多做很多重复性的工作。此时,可以选用控件数组进行简化。

7.6.1　控件数组的概念

控件数组由一组类型相同且功能相似的控件组成,它们具有相同的控件名(即控件数组名),并以下标索引号(Index,相当于一般数组的下标)来识别各个控件,每一个控件均被称为该控件数组的一个元素,可表示为:

控件数组名(下标索引号)

例如:Label1(0), Label1(1), Label1(2)就是一个包含了 3 个元素的控件数组。

说明:

(1)控件数组至少应具有一个元素,最多可有 32767 个元素。第一个控件的索引号默认为 0,VB 允许控件数组中控件的索引号不连续。

（2）各控件具有相似的属性设置，共享同样的事件过程，且事件过程的参数对应于当前发生该事件的控件索引号（Index）。

例如：在窗体上建立一个命令按钮数组 Command1，运行时无论单击该命令按钮数组中的哪个按钮，都会调用以下事件过程：

```
Private Sub Command1_Click(Index As Integer)
    '此过程中，根据 Index 的值确定当前按下的是哪个按钮
    '编写代码作出相应的处理
    ...
End Sub
```

7.6.2　控件数组的建立

创建控件数组有以下 3 种方法。

1.　给多个同一类型的控件取相同的名称

通过改变已有控件的名称，可以将这些控件组成一个控件数组，步骤如下。

（1）在窗体上添加若干个相同类型的控件。例如，添加 3 个命令按钮 Command1、Command2 和 Command3。

（2）先选定作为数组中第一个元素的控件，并将其 Name（中文版为"名称"）属性设置成数组名称。例如，可将命令按钮 Command1 的 Name 属性值修改为 cmdColor。

（3）再选择作为数组中第二个元素的控件，将其 Name 属性设置为相同的数组名。此时，VB 将弹出一个对话框，要求确认是否创建控件数组。例如，选择 Command2 并修改其 Name 属性值为 cmdColor，将显示如图 7-15 所示的对话框，单击"是"按钮，将创建控件数组。

图 7-15　确认创建控件数组

（4）继续选择其他控件，将其 Name 属性逐一设置为相同的数组名。由于已经创建了控件数组，从第三个控件开始，不再显示是否创建数组的对话框。

　　　VB 会自动把添加到数组中第一个控件的 Index 属性设置为 0，其后每个新控件元素的 Index 属性会按其加入的次序自动设置为 1，2，3……用这种方法添加的控件仅共享数组的 Name 属性（相同），其他如控件的大小、颜色等属性保持不变。

2.　在窗体上复制并粘贴已有的控件

利用复制、粘贴功能建立控件数组，步骤如下。

（1）添加控件数组中的第一个控件。

（2）选中该控件，选择"编辑"菜单中的"复制"命令。

（3）选择"编辑"菜单中的"粘贴"命令，VB 将显示一个对话框，询问是否创建控件数组，如图 7-15 所示。单击"是"按钮，将得到控件数组中的第二个元素。

（4）根据需要，继续执行步骤（3），将得到控件数组中的其他元素。

与方法 1 相同，每个数组元素的索引值（Index）与其添加到控件数组中的次序一致。用这种方法创建的控件数组，可以共享如大小、颜色等控件属性。

3. 将控件的 Index 属性设置为非 Null 数值

选择要作为控件数组第一个元素的控件，将其 Index 属性设置为 0（修改前其属性框中为空白），然后添加控件数组的其余成员。此方法在添加数组的第 2 个、第 3 个、第 4 个……元素时，将不会出现询问是否创建控件数组的对话框。

7.6.3　控件数组的使用

使用控件数组可以开发出许多具有实用意义的 Windows 应用程序。

【例 7.13】建立如图 7-16 所示的界面，通过单击相应的命令按钮，可以分别控制标签上文字的颜色、字体和字号。

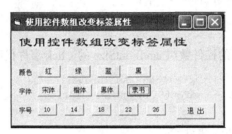

图 7-16　例 7.13 运行界面

解题思路：可以使用 3 个包含命令按钮的控件数组分别控制标签文字的颜色、字体和字号。设计步骤如下。

新建工程，按照图 7-16 所示的界面，在窗体上添加 4 个标签控件、3 个命令按钮控件数组和 1 个命令按钮控件，其 Caption 属性设置如表 7-2 所示。

表 7-2　　　　　　　　　　　　例 7.13 中各控件的 Caption 属性设置

控件	属性值
Label1	使用控件数组改变标签属性
Label2～Label4	颜色、字体、字号
cmdColor(0)～cmdColor(3)	红、绿、蓝、黑
cmdFontName(0)～cmdFontName(3)	宋体、楷体、黑体、隶书
cmdFontSize(0)～cmdFontSize(4)	10、14、18、22、26
cmdClose	退出

编写设置标签文字颜色的控件数组 cmdColor 的 Click 事件代码：

```
Private Sub cmdColor_Click(Index As Integer)
    Select Case Index
        Case 0
            Label1.ForeColor = vbRed
        Case 1
            Label1.ForeColor = vbGreen
        Case 2
```

```
                Label1.ForeColor = vbBlue
        Case 3
                Label1.ForeColor = vbBlack
    End Select
End Sub
```

编写设置标签文字字体的控件数组 cmdFontName 的 Click 事件代码：

```
Private Sub cmdFontName_Click(Index As Integer)
    Select Case Index
        Case 0
            Label1.FontName = "宋体"
        Case 1
            Label1.FontName = "楷体_GB2312"
        Case 2
            Label1.FontName = "黑体"
        Case 3
            Label1.FontName = "隶书"
    End Select
End Sub
```

编写设置标签文字字号的控件数组 cmdFontSize 的 Click 事件代码：

```
Private Sub cmdFontSize_Click(Index As Integer)
    Label1.FontSize = cmdFontSize(Index).Caption
End Sub
```

编写"退出"按钮的 Click 事件代码：

```
Private Sub cmdClose_Click()
    End
End Sub
```

讨论：

（1）改变标签上文字的颜色、字体和字号，共使用了 13 个命令按钮，原来需要编写 13 个 Click 事件过程，现在只用了 3 个含有命令按钮的控件数组。即使需要设置更多的颜色、字体和字号，使用控件数组后，也不再需要增加新的事件过程。

（2）在 cmdColor、cmdFontName 的 Click 事件过程中，根据数组中控件的索引值 Index 利用 Select Case 结构完成文字颜色、字体的设置，如果需要设置更多的颜色、字体，程序中的代码将随之增加。

图 7-17　例 7.14 运行界面

（3）在 cmdFontSize 的 Click 事件过程中，巧妙地利用了 Index 与所要设置的属性值之间的对应关系，即使增加新的字号，程序中的代码也无需修改。例如：

Label1.FontSize = cmdFontSize(Index).Caption

当 Index = 3 时，相当于下面的语句：

Label1.FontSize = cmdFontSize(3).Caption

由于控件数组 cmdFontSize 中第 4 个按钮的 Caption 属性为 22（Index 从 0 开始），则上述语句的作用为 Label1.FontSize = 22。

【例 7.14】设计一个简易计算器，能进行整数的加、减、乘、除运算。运行界面如图 7-17 所示。

设计步骤如下：

新建工程，按照图 7-17 所示的界面，在窗体上增加一个文本框 Dataout 用于显示数据；一个数字类命令按钮数组 cmdNumber、一个运算符类命令按钮数组 cmdOperator；一个命令按钮 cmdResult 用于计算结果；一个命令按钮 cmdClear 用于清除数据。各控件的主要属性设置如表 7-3 所示。

表 7-3　　　　　　　　　　　　　　例 7.14 中各控件的属性设置

对　象	属　性	属性值
Dataout	Caption	空
	Alignment	1– Right Justify
cmdNumber(0)～cmdNumber(9)	Caption	0、1、2、3、4、5、6、7、8、9
cmdOperator(0)～cmdOperator(3)	Caption	+、－、×、÷
cmdResult	Caption	=
cmdClear	Caption	C

在模块的"通用声明"段中声明全局变量：

Dim ops1&, ops2&　　　' 记录两个操作数

Dim op As Byte　　　　' 记录输入的运算符

Dim res As Boolean　　' 表示是否已计算出结果

编写程序代码：

'按下清除键 C 的事件过程

```
Private Sub cmdClear_Click()
    Dataout.Text = ""
End Sub
Private Sub Form_Load()
    res = False
End Sub
```

'按下数字键 0～9 的事件过程

```
Private Sub cmdNumber_Click(Index As Integer)
    If Not res  Then
        Dataout.Text = Dataout.Text & Index
    Else
        Dataout.Text = Index
    res = False
    End If
End Sub
```

'按下运算符键+、－、×、÷的事件过程

```
Private Sub cmdOperator_Click(Index As Integer)
    ops1 = Dataout.Text
    op = Index              '记录下对应的运算符
    Dataout.Text = ""
End Sub
```

'按下=键的事件过程

```
Private Sub cmdresult_Click()
    ops2 = Dataout.Text
    Select Case op
```

```
    Case 0
        Dataout.Text = ops1 + ops2
    Case 1
        Dataout.Text = ops1 - ops2
    Case 2
        Dataout.Text = ops1 * ops2
    Case 3
        If ops2 <> 0 Then
            Dataout.Text = ops1 / ops2
        Else
            MsgBox ("不能以 0 为除数")
            Dataout.Text = ""
        End If
    End Select
    res = True   '已算出结果
End Sub
```

习 题 7

一、单选题

1. 假定已经使用了语句 Dim a%(3,5)，下列下标变量中不允许使用的是（   ）。

   A. a（1,1）   B. a（1,2*2）   C. a（3,2.5）   D. a（1+2,3）

2. 下列语句定义的数组包含（   ）个数组元素。

   Dim a%(3 To 6, –2 To 2）

   A. 16   B. 20   C. 24   D. 25

3. 下面程序段的运行结果是（   ）。

   Dim a%(10)

   For k = 1 To 10

       a(k) = 11 – i

   Next i

   Print a(a(3)\a(7) Mod a(5))

   A. 3   B. 5   C. 7   D. 9

4. 下面程序段的运行结果是（   ）。

   Dim a%(0 To 2)

   For k= 0 To 2

      a(k) = k

      If k<2 Then a(k) =a(k)+3

      Print a(k);

   Next k

   A. 4 5 6   B. 3 4 2   C. 3 2 1   D. 3 4 5

5. 下面程序段的运行结果是（   ）。

   Dim T%(3, 3), i, j

   For i = 1 To 3

```
        For j = 1 To 3
                If  i=j Then  T(i, j) =1  Else  T(i, j) =0
                Print  T(i, j);
        Next  j
        Print
Next i
```

A. 1　1　1　　　　B. 0　0　0　　　　C. 1　0　0　　　　D. 1　0　1
　　1　0　1　　　　　　0　1　0　　　　　　0　1　0　　　　　　1　1　1
　　1　1　1　　　　　　0　0　0　　　　　　0　0　1　　　　　　1　0　1

6. 以下说法中正确的是（　　）。

A. 若有定义 Dim a%(3)，则数组 a 中的所有元素值不确定

B. 若有定义 Dim a%(3)，则数组 a 共有 3 个元素，可以表示的最大下标值为 3，其中 a(2) 代表数组的第 2 个元素

C. 设有数组声明语句

Option Base 1

Dim T(3, –1 To 2)

则 Lbound(T,1)、Ubound(T,1)、Lbound(T,2)、Ubound(T,2)的值分别为 1、3、–1、2

D. 使用 Redim 语句将释放动态数组所占的存储空间

二、填空题

1. 控件数组的名称由_____属性指定，而数组中每个元素的索引值由_____属性设定。

2. 设在窗体上有一个标签 Label1 和一个文本框数组 Text1，数组 Text1 有 10 个文本框，索引号 0～9，其中存放的都是数值型数据。现由用户单击选定任一个文本框，然后计算从第一个文本框开始到该文本框为止的多个文本框中的数值总和，并把结果显示在标签上。完成下列事件过程。

```
Private sub Text1_Click(Index As Integer)
    Dim k%, s!
    s = 0
    For k =_____
        s = s +_____
    Next k
    Label1.Caption = s
End Sub
```

三、编程题

1. 编写程序，要求从键盘输入 10 个任意大小的数据，计算平均值并输出大于平均值的数据，程序运行结果如图 7-18 所示。提示：利用数组存储数据，例如定义 Dim a!(1 To 10)。

2. 编写程序，要求如下：

（1）某数组有 10 个元素，元素的值由键盘输入；

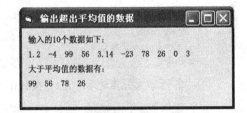

图 7-18　编程题 1 运行界面

（2）将前 5 个元素与后 5 个元素的值对换，即第 1 个元素值与第 10 个元素值互换，第 2 个元素值与第 9 个元素值互换，…，第 5 个元素值与第 6 个元素值互换；

（3）输出数组原来各元素的值和对换后各元素的值。

3. 编写程序，利用随机函数产生一个由 15 个[10，90]之间的随机整数组成的数列，并显示在标签 1 中。单击命令按钮，将该数列中的数据按从大到小的顺序排列，并显示在标签 2 中。

4. 编写程序，要求如下：

（1）输入 10 个学生 5 门课程的成绩；

（2）找出单科成绩最高的学生的序号和课程成绩；

（3）找出某科成绩不及格的学生的序号及其各门课程的成绩；

（4）求所有学生各门课程的总成绩和平均成绩；

（5）求每门课程的平均成绩。

5. 建立一个 4×6 的二维数组，其中的元素为区间[15，95]内的随机整数。要求将数组显示在一个文本框中，并输出各行最大元素之和、各列最大元素之和。程序运行结果如图 7-19 所示。

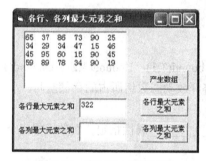

图 7-19　编程题 5 运行界面

提示：

① 显示数组的文本框应设置其 MultiLine 属性为 True。

② 考虑到要在不同的过程中使用数组，可以在窗体的"通用声明"段中声明全局数组。

Dim　a%(1 To 4,1 To 6)

③ "产生数组"命令按钮的 Click 事件代码参考：

```
Private Sub Command1_Click()
    Dim p$, i%, j%
    Randomize
    For i = 1 To 4
        For j = 1 To 6
            a(i, j) = Int(Rnd * 81) + 15
            p = p & a(i, j) & " "
        Next j
        p = p & vbCrLf      ' vbCrLf  代表回车换行
    Next i
    Text1.Text = p
End Sub
```

④ "各行最大元素之和"命令按钮的 Click 事件代码参考：

```
Private Sub Command2_Click()
    Dim i%, j%
    Dim MaxRow As Integer, SumRow As Integer
```

```
    For i = 1 To 4
        MaxRow = a(i, 1)
        For j = 1 To 6
            If a(i, j) > MaxRow Then MaxRow = a(i, j)
        Next j
        SumRow = SumRow + MaxRow
    Next i
    Text2.text = SumRow
End Sub
```

"各列最大元素之和"功能的程序代码与求各行最大元素之和类似，请自行完成。

6. 利用二维数组输出如图 7-20 所示的数字方阵。

图 7-20　编程题 6 运行界面

7. 根据用户输入的 n 值，利用随机函数产生一个 n×n 的矩阵，数据范围是[10，90]之间的整数，输出该矩阵并求该矩阵所有元素之和。

8. 用 For Each…Next 循环语句，求 1+3!+5!+7!+…+99!的值。

9. 利用控件数组设计一个简单的输出图形软件，程序运行界面如图 7-21 所示。

提示：创建一个命令按钮数组，包含图 7-21 中的所有按钮，用一个图片框显示输出的图形。画图方法可自行查阅关于 VB 的图形操作，也可以使用 Print 方法示意图形的输出，如"画直线"命令按钮的 Click 事件过程代码：

```
Private Sub Command1_Click()
    Picture1.Print "输出一条直线" ' 代替一条画直线语句
End Sub
```

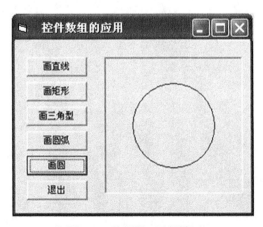

图 7-21　编程题 9 运行界面

10. 从键盘输入 n 个任意大小的数据，求这些数据的最大值、最小值和平均值。

提示：如果要处理任意数量的数据，需采用动态数组。动态数组与静态数组在声明时有所不同，可以把本章编程题 1 中的声明语句：

```
Dim a!(1 To 10)
```

改为以下三条语句，其他代码请自行完成。

```
Dim a!()
n = Val(InputBox("请输入需要统计的数据个数"))
ReDim a(1 To n)
```

11. 编写程序，在窗体中输出杨辉三角形的前 n 行，行数在运行时由键盘输入。

提示：一个 8 行的杨辉三角形如图 7-22 所示。杨辉三角形中的各行是二项式 $(a+b)^n$ 展开式中各项的系数。由图 7-22 可以看出，杨辉三角形每行的第 1 列均为 1；其余各项的值均为其上一行中前列数值与同列数值之和（上一行同列不显示的数值为 0）。因此，有如下递推关系：$A(i,j)=A(i-1,j-1)+A(i-1,j)$。

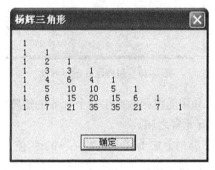

图 7-22　编程题 11 运行界面

第8章
高级控件

前面学习了一些常用的基本控件的使用，本章介绍另外一些常用的控件；主要内容有图片框与图像框、定时器、单选按钮与复选框、容器与框架、滚动条。

8.1　图片框与图像框

Windows 采用的是图形化用户界面，所以当用户设计在 Windows 环境下运行的应用程序时，有关图形、图像的处理就显得十分重要。Visual Basic 中，图形可以放在三种对象中，即窗体（Form）、图片框控件（PictureBox）和图像框控件（Image）中。图片框控件（PictureBox）和图像框控件（Image）主要用于在窗体的指定位置显示图形信息。

图片可以是下述任何格式的图形文件：位图文件（.bmp、.dib、.cur）、图标文件（.ico）、图元文件（.wmf）、增强型图元文件（.emf）、JPEG 和 GIF 文件。

8.1.1　图片框控件

在窗体中添加图片框控件的方法是在工具栏中单击或双击按钮。

1. 用途

图片框控件为用户显示图片并作为其他控件的容器。

2. 常用属性

（1）Picture 属性

图片框控件实际显示的图片由 Picture 属性决定，通过对 Picture 属性的设置可以确定图片框控件引入的图片的名称。

可以通过属性窗口直接设置 Picture 属性，方法是在 Picture 属性窗口上单击，则弹出一个窗口，要求用户输入图片的路径和名称。也可以在程序运行时，利用 LoadPicture 函数来设置 Picture 属性。LoadPicture 函数的功能是将图形文件载入到窗体、图片框或图像框的 Picture 属性中。函数的语法格式如下：

对象名.Picture=LoadPicture([PicturePath])

PicturePath 代表被载入的图形文件的路径和文件名，它需要引号来标识。如果缺省 PicturePath，则删除图片。

例如：

将 D 盘下面的 ico 文件夹里的 color.ico 图形文件装入图片框 Picture1 中。

Picture1.Picture = LoadPicture("d:\ico\color.ico")

将图片框 Picture1 里的图形文件删除，即删除图片。

Picture1.Picture = LoadPicture()

（2）AutoSize 属性

AutoSize 属性决定控件是否自动改变大小以显示图片的全部内容。当该属性设置为 True 时，图片框能自动调整大小与显示的图片相匹配。如果设置该属性为 True，设计窗体时就要特别注意，图片将不考虑窗体上的其他控件而调整大小，这可能导致意想不到的结果，如覆盖其他控件。

8.1.2 图像框控件

在窗体中添加图片框控件的方法是在工具栏中单击或双击 按钮。

1. 用途

图像框控件用于显示图片。

2. 常用属性

（1）Picture 属性

同图片框的 Picture 属性。

（2）Stretch 属性

Stretch 属性为 False（缺省值）时，图像框控件可以根据图片的大小而调整自己的大小。将 Stretch 属性设为 True，系统将根据图像框控件的大小来调整图片的大小，这可能使图片变形。

8.1.3 图片框与图像框的区别

（1）图像框控件使用的系统资源比图片框控件少，而且重新绘图速度快，所以图像框占用内存少，显示速度快。

（2）在图像框控件中可以伸展图片的大小使之适合控件的大小，在图片框控件中不能这样做。

（3）图片框控件可以作为其他控件的容器。

（4）图片框可以通过 Print 方法接收文本，而图像框则不能接收用 Print 方法输入的信息。

【例 8.1】在图片框中加载图片和交换图片。要求：第一个图片框中的图片在程序界面设计时加载，第二个图片框中的图片在程序运行时，单击命令按钮"加载"时加载。当单击"交换"按钮时，这两个图片框中的图片进行交换。

解题思路：两个图片框中的图片交换时，需要借助于第三个图片框，因此在程序界面中，放置三个图片框。第三个图片框只是用于交换图片，所以不用显示出来，即需要将第三个图片框的 Visible 属性设置为 False。

（1）建立程序界面如图 8-1 所示，程序运行结果如图 8-2 所示。

图 8-1　例 8.1 程序设计界面图　　　图 8-2　例 8.1 运行界面

（2）各对象的主要属性设置参照表 8-1。

表 8-1　　　　　　　　　　　　　　例 8.1 对象属性设置

对　象	属　性	设　置
Form1	Caption	加载和交换图片
Picture1	Picture	D:\pic\BEANY.BMP
Picture2	Picture	空
Picture3	Picture	空
Picture3	Visible	False
Command1	Caption	加载
Command2	Caption	交换

假设所需要的图片保存在 D 盘 pic 文件夹中。

（3）程序代码如下。

```
Private Sub Command1_Click()
  Picture2.Picture = LoadPicture("D:\pic\INTL_NO.BMP")
End Sub

Private Sub Command2_Click()
  Picture3.Picture = Picture1.Picture
  Picture1.Picture = Picture2.Picture
  Picture2.Picture = Picture3.Picture
End Sub
```

8.2　定时器

在窗体中添加定时器控件的方法是在工具栏中单击或双击 按钮。

1. 用途

定时器控件（Timer）又称计时器、时钟控件，用于有规律地定时执行指定的工作，常常用于编写不需要与用户进行交互就可直接执行的代码，如计时、倒计时、动画等。

在程序运行阶段，定时器控件不可见。

2. 常用属性

（1）Interval 属性

计时间隔取值范围在 0～65535，单位为毫秒（0.001 秒），这意味着定时器的最大时间间隔不能超过 65 秒。若将 Interval 属性设置为 0 或负数，则定时器停止工作，即定时器控件不起作用。如果设置 Interval 属性为 1，则表示每隔 0.001 秒产生一个事件，即 1 秒内产生 1000 个事件；如果希望每秒产生 n 个事件，则应设置 Interval 属性值为 1000/n。

该属性缺省设置为 0。

（2）Enabled 属性

将其设置为 True，而且 Interval 属性值大于 0，则定时器开始工作（以 Interval 属性值为间隔，触发 Timer 事件）。

将其设置为 False 可使定时器控件无效，即定时器停止工作。

该属性缺省设置为 True。

3. 方法

Timer 控件没有方法。

4. 事件

定时器控件只有 Timer 事件。

当 Enabled 属性值为 True 且 Interval 属性值大于 0 时，该事件以 Interval 属性指定的时间间隔发生。即对于一个含有定时器控件的窗体，每经过一段由 Interval 属性指定的时间间隔，就产生一个 Timer 事件。编程时，常将需要定时执行的操作放在 Timer 事件过程中。

【例 8.2】设计一个程序，当单击"开始"按钮后，可以显示系统当前时间，并且每秒更新时间一次。

解题思路：因为单击"开始"按钮后才显示系统时间，定时器的 Enabled 属性应先设置为 False，这可在属性窗口中设置，也可在窗体的 Load 事件过程中用赋值语句来设置，单击命令按钮时再把定时器的 Enabled 属性设置为 True。为了获得系统时间可以调用 Visual Basic 的内部函数 Time()，其返回值是用字符串表示的系统时间。为了每秒更新时间，定时器的 Interval 属性应设置为 1000。获得系统时间并显示时间的程序代码应写在定时器的 Timer 事件过程中。

（1）建立程序界面如图 8-3 所示，程序运行结果如图 8-4 所示。

图 8-3　例 8.2 程序设计界面　　　　图 8-4　例 8.2 运行界面

（2）各对象的主要属性设置参照表 8-2。

表 8-2　　　　　　　　　　　　　　　例 8.2 对象属性设置

对　象	属　性	设　置
Form1	Caption	显示系统时间
Form1	Font	宋体小四号
Label1	Caption	时间框
Label1	BorderStyle	1-Fixed
Command1	Caption	开始
Timer	Enabled	False

（3）程序代码如下。

```
Private Sub Command1_Click()
    Timer1.Enabled = True      ' "开始"按钮启动定时器
End Sub
```

```
Private Sub Form_Load()
    Timer1.Interval = 1000        '设置定时器时间间隔为 1 秒
End Sub

Private Sub Timer1_Timer()
    Label1.Caption = Time()
End Sub
```

【**例 8.3**】设有 100 人参加一个活动，活动结束时，要随机抽取一个幸运者获得礼品，请设计一个随机抽取幸运者的程序。

解题思路：可以为每个人编一个号码，范围为 1～100，在此范围内随机产生一个随机整数就可以了。为了显示随机抽取的过程，应快速切换并显示所产生的每个随机数，当按下"确定"按钮时停止切换。所以在程序设计中，用定时器 Timer1 的 Timer 事件过程产生一个 1～100 之间的随机整数，并显示在标签 Label1 上。如果定时器的 Interval 属性的值足够小，就能使标签上显示的编号快速变化而无法辨认，当按下"确定"按钮时关闭定时器，则留在标签上的数就是抽取到的编号。

（1）建立程序界面如图 8-5 所示，程序运行结果如图 8-6 所示。

图 8-5　例 8.3 程序设计界面

图 8-6　例 8.3 运行界面

（2）各对象的主要属性设置参照表 8-3。

表 8-3　　　　　　　　　　　　　　　例 8.3 对象属性设置

对　象	属　性	设　置
Form1	Caption	随机抽奖
Form1	Font	宋体小四号
Label1	Caption	幸运者编号：
Label2	Caption	空
Label2	BorderStyle	1-Fixed
Command1	Caption	开始
Command2	Caption	确定
Timer	Enabled	False

（3）程序代码如下。

```
Private Sub Command1_Click()
    Timer1.Enabled = True           ' "开始"按钮启动定时器
End Sub

Private Sub Command2_Click()
```

```
            Timer1.Enabled = False          ' "确定" 按钮关闭定时器
      End Sub

      Private Sub Form_Load()
            TimAer1.Interval = 10
      End Sub

      Private Sub Timer1_Timer()
            Randomize    '初始化随机, 否则每次运行程序显示的随机数是一样的序列
            Label1.Caption = Int(Rnd * 100 + 1)    '产生一个随机数并显示在标签上
      End Sub
```

【例 8.4】设计流动字幕板。程序运行后, 单击 "S 开始" 按钮, 标签 "春眠不觉晓" 在窗体中自右至左反复移动, 这时, 命令按钮的标题变为 "P 暂停", 单击 "P 暂停" 后, 标签暂停移动, 命令按钮标题变为 "C 继续"。

（1）建立程序界面如图 8-7 所示, 程序运行结果如图 8-8 所示。

图 8-7　例 8.4 程序设计界面

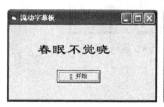  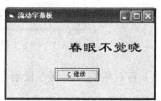

图 8-8　例 8.4 运行界面

（2）各对象的主要属性设置参照表 8-4。

表 8-4　　　　　　　　　　　　　　　例 8.4 对象属性设置

对　象	属　性	设　置
Form1	Caption	流动字幕板
Label1	Caption	春眠不觉晓
Label1	Font	字体: 隶书　大小: 二号
Timer1	Interval	50
Timer1	Enabled	False
Cmd1（命令按钮）	Caption	&S 开始（&S 在程序中显示是 S, 当程序运行时, 按 Alt+S 相当于单击了此按钮）

（3）程序代码如下。

```
Private Sub Cmd1_Click()
  If Cmd1.Caption = "&P 暂停" Then
```

```
    Cmd1.Caption = "&C 继续"
    Timer1.Enabled = False
 Else
    Cmd1.Caption = "&P 暂停"
    Timer1.Enabled = True
 End If
End Sub

Private Sub Timer1_Timer()
 If Label1.Left + Label1.Width > 0 Then
    Label1.Move Label1.Left - 50
 Else
    Label1.Left = Form1.ScaleWidth
 End If
End Sub
```

① 当标签的右边位置>0 时，标签向左移动，否则标签从头开始从最右边出现。

② 通过在不断激发的 Timer 事件中改变标签的 Left 属性，而改变标签的位置。

③ ScaleWidth 是控件内部坐标的宽度，Form1.ScaleWidth 指 Form1 的宽度。

8.3　单选按钮与复选框

有时需要在应用程序的界面上提供一些项目，使用户可以从几个选项中选择其中之一，这就要用到"单选按钮"控件。如果有多个选择框，每个选择框都是独立的、互不影响的，用户可以任意选择它们的状态组合，则可以用"复选框"控件。

8.3.1　单选按钮

在窗体中添加单选按钮控件的方法是在工具栏中单击或双击 ⊙ 按钮。

1．用途

单选按钮（OptionButton）也称作选择按钮。一组单选按钮控件可以提供一组彼此相互排斥的选项，任何时刻用户只能从中选择一个选项，实现一种"单项选择"的功能，被选中项目的左侧圆圈中会出现一个黑点。

2．常用属性

（1）Caption 属性

设置单选按钮的文本注释内容，即单选按钮旁边出现的文本。

（2）Alignment 属性

表示控件的文本注释内容显示在控件按钮的什么位置。

0：Left Justify(缺省设置)控件钮在左边，标题显示在右边。

1：Right Justify 控件钮在右边，标题显示在左边。

（3）Value 属性

表示按钮选中或不被选中的状态。

图 8-9　单选按钮的两种外观

True：单选按钮被选。

False：单选按钮未被选定（缺省设置）。

（4）Style 属性

用来设置控件的外观。单选按钮有两种外观，如图 8-9 所示。

0：Standard，标准方式。

1：Graphical，图形方式。

 说明　在 Style 属性设置为 1 时，可使用 Picture 属性为单选按钮添加图标。

3. 事件

Click 事件是单选按钮控件最基本的事件。

【例 8.5】程序运行后，单击某个单选按钮，在标签中显示相应的字体。

（1）建立程序界面如图 8-10 所示，程序运行结果如图 8-11 所示。

图 8-10　例 8.5 程序设计界面

图 8-11　例 8.5 运行界面

（2）各对象的主要属性设置参照表 8-5。

表 8-5　　　　　　　　　　　　　　　例 8.5 对象属性设置

对　象	属　性	设　置
Form1	Caption	用单选按钮显示不同字体
Label1	Caption	示例文字
	Font	宋体三号字
	BorderStyle	1-Fixed Single
Option1	Name	song
	Caption	宋体
	Font	宋体小四号字
Option2	Name	Li
	Caption	隶书
	Font	隶书小四号字
Option3	Name	hei
	Caption	黑体
	Font	黑体小四号字
Option4	Name	Kai
	Caption	楷体
	Font	楷体_GB2312 小四号字

（3）程序代码如下。

```
Private Sub hei_Click()
    Label1.FontName = "黑体"
End Sub

Private Sub kai_Click()
    Label1.FontName = "楷体_gb2312"
End Sub

Private Sub li_Click()
    Label1.FontName = "隶书"
End Sub

Private Sub song_Click()
    Label1.FontName = "宋体"
End Sub
```

8.3.2　复选框

在窗体中添加复选框控件的方法是在工具栏中单击或双击⊠按钮。

1. 用途

复选框（CheckBox）也称作检查框、选择框。一组复选框控件可以提供多个选项，它们彼此独立工作，所以用户可以同时选择任意多个选项，实现一种"不定项选择"的功能。选择某一选项后，该控件将显示√，而清除此选项后，√消失。

2. 常用属性

（1）Value 属性

复选框的 Value 属性与单选按钮不同，其值为数值型数据，可取 0，1，2。

0：Unchecked，未被选定。

1：Checked，选定。

2：Grayed，灰色，禁止选择。

（2）Picture 属性

用于指定当复选框被设计成图形按钮时的图像。

（3）Caption、Alignment、Style 与单选按钮相同。

3. 事件

Click 事件是复选框控件最基本的事件。用户单击复选框时，其 Value 属性值发生改变，遵循以下规则：

（1）单击未选中的复选框时，Value 属性值变为 1；

（2）单击已选中的复选框时，Value 属性值变为 0；

（3）单击变灰的复选框时，Value 属性值变为 0。

【例 8.6】程序运行后，如果选中某个复选框，则当单击"显示"按钮时，在窗体上显示相应的信息。例如，如果选中"数学"和"英语"复选框，则单击"显示"按钮后，在窗体上显示"我喜欢的课程是数学英语"；而如果选中"数学"、"英语"和"政治"复选框，则单击"显示"按钮后，在窗体上显示"我喜欢的课程是数学英语政治"。

（1）建立程序界面如图 8-12 所示，程序运行结果如图 8-13 所示。

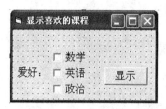

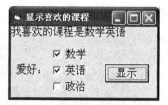

图 8-12　例 8.6 程序设计界面　　　　　图 8-13　例 8.6 运行界面

（2）各对象的主要属性设置参照表 8-6。

表 8-6　　　　　　　　　　　　　　　　例 8.6 对象属性设置

对　象	属　性	设　置
Form1	Caption	显示喜欢的课程
	Font	宋体小四号字
Label1	Caption	爱好：
Check1	Name	Chk1
	Caption	数学
Check2	Name	Chk2
	Caption	英语
Check3	Name	Chk3
	Caption	政治

（3）程序代码如下。

```
Private Sub Cmd1_Click()
    Form1.Cls
    Dim s As String
    s = "我喜欢的课程是"
    If Chk1.Value = 0 And Chk2.Value = 0 And Chk3.Value = 0 Then
        Print "没有选择课程"
    Else
        If Chk1.Value = 1 Then
            s = s + Chk1.Caption
        End If
        If Chk2.Value = 1 Then
            s = s + Chk2.Caption
        End If
        If Chk3.Value = 1 Then
            s = s + Chk3.Caption
        End If
        Print s
    End If
End Sub
```

8.4　容器与框架

所谓容器，就是可以在其上放置其他控件对象的一种对象。窗体、图片框和框架都是容器。

容器内的所有控件成为一个组合，随容器一起移动、显示、消失和屏蔽。

在窗体中添加框架控件的方法是在工具栏中单击或双击 ⬚ 按钮。

1. 用途

Frame 控件为控件提供可标识的分组。它是一个容器控件。当需要在同一窗体内建立几组相互独立的单选按钮时，就需要用框架将每一组单选按钮框起来，把单选按钮控件分成几组。另外，对于其他类型的控件用框架框起来，可以提供视觉上的区分等。

框架控件（Frame）是左上角有标题文字的方框，它的主要作用是对窗体上的控件进行分类，使窗体上的内容更有条理。

为了将控件分组，一般是先绘制 Frame 控件，然后绘制 Frame 里面的控件，这样就可以把框架和里面的控件同时移动。绘制 Frame 里面的控件有两种方法。

（1）先单击工具箱上的工具，然后用出现的"+"指针，在框架中适当位置拖拉出适当大小的控件，框架内的控件不能被拖出框架外。不能使用双击工具箱中控件的方式向框架中添加控件。

（2）将控件"剪切"(Ctrl+X)到剪贴板，然后选中框架，使用 (Ctrl+V)命令粘贴到框架内。

2. 常用属性

（1）Caption 属性

Caption 属性即框架的标题，位于框架的左上角，用于注明框架的用途。

（2）Enabled 属性

用于决定框架中的对象是否可用，通常把 Enabled 属性设置为 True，以使框架内的控件成为可以操作的。

3. 事件

框架可以响应事件 Click、DblClick，一般不需要有关框架的事件过程。

【例 8.7】设计一个个人资料输入窗口，使用单选按钮组输入性别和民族，使用复选框输入爱好，最后将输入的资料显示出来。

（1）建立程序界面如图 8-14 所示，程序运行结果如图 8-15 所示。

图 8-14　例 8.7 程序设计界面

图 8-15　例 8.7 运行界面

（2）程序设计界面中包含 5 个框架，各框架中包含的控件如下。

Frame1 中：标签 Label1、文本框 Text1。

Frame2 中：标签 Label2、单选按钮 Option1、Option2。

Frame3 中：标签 Label3、单选按钮 Option3、Option4。

Frame4 中：复选框 Check1～Check6。

Frame5 中：标签 Label4。

各对象的主要属性设置参照表 8-7。

表 8-7 例 8.7 对象属性设置

对 象	属 性	设 置
Form1	Caption	个人资料录入
Frame1 ~ Frame3	Caption	空
Frame4	Caption	爱好
Frame5	Caption	个人资料
Label1	Caption	姓名：
Label2	Caption	性别：
Label3	Caption	民族：
Label4	Caption	空
Text1	Text	空
Option1	Caption	男
	Value	True
	Style	1-Graphical
Option2	Caption	女
	Style	1-Graphical
Option3	Caption	汉族
	Value	True
	Style	1-Graphical
Option2	Caption	少数民族
	Style	1-Graphical
Check1	Caption	读书
Check2	Caption	打篮球
Check3	Caption	游泳
Check4	Caption	踢足球
Check5	Caption	上网
Check6	Caption	美术

（3）程序代码如下。

```
Private Sub Command1_Click()
    If Text1.Text = "" Then
     a = InputBox("您没有输入姓名！", "注意：必须输入姓名")
     If a = "" Then Exit Sub   '再次提醒输入姓名，如果还不输入，则程序结束
     Text1.Text = a
    End If
    p1 = Text1.Text + "，"   '在姓名后面加一个逗号
    p2 = IIf(Option1.Value, "男", "女") + "，"
     '如果 Option1 被选中，则 p2 值为"男，"，否则为"女，"
    p3 = IIf(Option3.Value, "汉族", "少数民族")
     '如果 Option3 被选中，则 p3 值为"汉族"，否则为"少数民族"
```

```
    p4 = ", 喜欢"
    If Check1.Value = 1 Then p4 = p4 + Check1.Caption + "、"
    If Check2.Value = 1 Then p4 = p4 + Check2.Caption + "、"
    If Check3.Value = 1 Then p4 = p4 + Check3.Caption + "、"
    If Check4.Value = 1 Then p4 = p4 + Check4.Caption + "、"
    If Check5.Value = 1 Then p4 = p4 + Check5.Caption + "、"
    If Check6.Value = 1 Then p4 = p4 + Check6.Caption + "、"
    s = p1 + p2 + p3 + IIf(p4 = ", 喜欢", ", 无爱好。", p4)
    Label4.Caption = Left(s, Len(s) - 1) + "。"   '将最后一个字符"、"去掉，加上"。"
End Sub

Private Sub Text1_Change()
    Label4.Caption = ""
End Sub
```

8.5　列表框与组合框

列表框控件将一系列的选项组合成一个列表，用户可以选择其中的一个或几个选项，但不能向列表清单中输入项目；组合框控件是由综合文本框和列表框特性形成的一种控件，用户可以通过在组合框中输入文本来选定项目，也可从列表中选定项目。

8.5.1　列表框

在窗体中添加列表框控件的方法是在工具栏中单击或双击 ▤ 按钮。

1. 用途

列表框控件（ListBox）用于显示项目列表，用户可从中选择一个或多个项目。如果项目总数超过了列表框设计时可显示的项目数，则系统会自动在列表框边上加一个垂直滚动条。

列表框有两种风格：标准和复选列表框。可通过它的 Style 属性来设置，如图 8-16 所示。

2. 常用属性

（1）List 属性

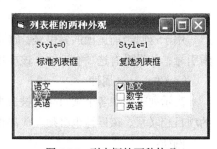

图 8-16　列表框的两种外观

List 属性经常用来在设计阶段预置列表中的项目。界面设计时，在属性窗口中选定 List 属性后，单击向下的箭头，就会出现编辑区，用户可以在此输入列表中的数据，每输完一个项目后，按 Ctrl+Enter 组合键换行，以便输入下一个项目，最后一项输入后，按 Enter 键表示输入结束。

如图 8-17 所示，输入数据的顺序为："语文 Ctrl+Enter 数学 Ctrl+Enter 英语 Enter"。输入完成后，窗体上的列表框中即可显示出输入的项目。

列表框中的项目可以在程序界面设计时设置，也可以在程序运行时添加或移除。此时，List 属性实际上是一个字符串数组，列表中的一个项目对应数组中的一个元素。因此，使用 List 属性可以访问列表框中的所有项目。注意：List 数组第一个元素的索引号为 0。

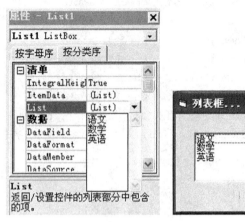

图 8-17 List 属性

例如：

List1.List (2)   '表示列表框 List1 中第 3 项的值。

Text1.Text = List1.List(1)   '表示在文本框 Text1 中显示列表框 List1 的第二项的值。

（2）ListCount 属性

返回列表框中的选项个数，只能在程序中引用该属性。

ListCount 属性经常与 List 属性一起使用，表示列表框中项目的个数。当需要对列表框中的全部项目进行遍历时，使用 ListCount 属性是最为方便的。程序段如下：

```
For i = 0 To List1.ListCount - 1
 Print List1.List(i)
Next i
```

（3）ListIndex 属性

用于返回当前选项的索引号，如果用户选择了多个列表项，则 ListIndex 是最近所选列表项的索引号；如果没有选项被选中，该属性为-1。只能在程序中引用该属性。

（4）Selected 属性

表示列表框中各个项目是否被选中。Selected 属性也是一个数组，它通过索引号与列表框中的项目相联系。该属性也必须在代码设计时使用。

例如：

List1.Selected(2) = True   '表示列表框 List1 中的第 3 个选项被选中。

（5）Text 属性

设置或返回列表中当前选项的值。

（6）Sorted 属性

返回一个逻辑值，当 Sorted 属性为 True 时列表框控件的项目自动按字母表顺序（升序）排序，为 False 时项目按加入的先后顺序排列显示。该属性只能在程序设计时设置，不能在程序代码中设置。

（7）MultiSelect 属性

用于指示是否能够在列表框控件中进行复选以及如何进行复选，需要注意的是，该属性只能在界面设计时设置，不能在运行时通过代码设置。MultiSelect 属性值见表 8-8。

表8-8	MultiSelect 属性值
设置值	含义
0	（缺省值）每次只能选中一个，不允许复选
1	简单复选，鼠标单击或按下空格键在列表中选中或取消选中项，箭头键移动焦点
2	扩展复选，按 Shift 键并单击鼠标将在以前选中项的基础上扩展选择到当前选中项，按 Ctrl 键并单击鼠标以在列表中选中或取消选中项

3．方法

（1）AddItem 方法

用来往列表框中加入列表项，其格式为：

Listname.AddItem item[,index]

Listname：列表框控件的名称；

Item：要添加到列表框的列表项，是一个字符串表达式；

Index：索引号，即新增加的列表项在列表框中的位置，缺省表示添加到末尾。

（2）Clear 方法

清除列表框控件中的所有列表项，其格式为：

Listname.Clear

（3）RemoveItem 方法

用于删除列表框中的列表项，其格式为：

Listname. RemoveItem index

Listname：列表框控件的名称；

Index：要删除的列表项的索引号。

例如：

List1.RemoveItem 1　'删除 List1 列表框中的第二个列表项

要删除列表框（List1）中所有选中的项目，可使用下面的程序段：

```
i = 0
Do While i <= List1.ListCount - 1
 If List1.Selected(i) = True Then
    List1.RemoveItem i
 Else
  i = i + 1
 End If
Loop
```

也可这样写：

```
i = List1.ListCount - 1
  Do While i >= 0
  If List1.Selected(i) Then
    List1.RemoveItem i
  End If
  i = i - 1
  Loop
```

4．事件

（1）Click 事件

当单击某一列表项目时，将触发列表框控件的 Click 事件。该事件发生时系统会自动改变列表框与组合框控件的 ListIndex、Selected、Text 等属性，无需另行编写代码。

（2）DblClick 事件

当双击某一列表项目时，将触发列表框控件的 DblClick 事件。

【例 8.8】为书法协会编写会员管理程序，要求程序能够实现添加会员、删除选中会员和删除全部会员的功能。

（1）建立程序界面如图 8-18 所示，程序运行结果如图 8-19 所示。

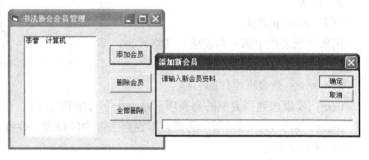

图 8-18 例 8.8 程序设计界面   图 8-19 例 8.8 运行界面

（2）各对象的主要属性设置参照表 8-9。

表 8-9   例 8.8 对象属性设置

对　象	属　性	设　置
Form1	Caption	书法协会会员管理
List1	MultiSelect	2-Extended
Command1	Caption	添加会员
Command2	Caption	删除会员
Command3	Caption	全部删除

（3）程序代码如下。

```vb
Private Sub Command1_Click()
 Dim add$
 add = InputBox("请输入新会员资料", "添加新会员")
 List1.AddItem add
End Sub

Private Sub Command2_Click()
 Dim i%
 For i = List1.ListCount - 1 To 0 Step -1
   If List1.Selected(i) Then List1.RemoveItem i
 Next i
End Sub

Private Sub Command3_Click()
 List1.Clear
End Sub
```

8.5.2　组合框

在窗体中添加组合框控件的方法是在工具栏中单击或双击按钮。

1. 用途

组合框兼有文本框和列表框两者的功能，用户可以通过键入文本或选择列表中的项目来进行选择。

2. 常用属性

（1）Style 属性

该属性是组合框的一个重要属性，其值为 0，1，2，对应着组合框的三种不同的类型，分别为：下拉组合框、简单组合框和下拉列表框，如图 8-20 所示。

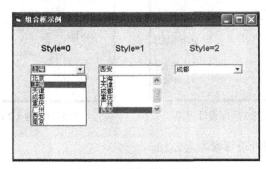

图 8-20　组合框的三种类型

下拉组合框：它由可编辑的文本区和一个下拉列表框组成，用户可以使用键盘直接向文本区中输入内容，也可以单击右端的箭头，在文本框下打开一个列表。用户从中选择一个选项，该选项就会进入文本框，下拉组合框是组合框的默认形式。

简单组合框：它也是由一个文本区和一个列表框组成，但该列表框不是下拉式的，而是始终显示在屏幕上的。在窗体上放置组合框时可以按自己的意愿选择组合框的大小，若组合框的大小不能将全部内容在列表框中显示出来，则在列表框的右侧自动出现垂直滚动条。

下拉列表框：其形状与“下拉组合框”相似，但用户只能从列表框中选择而不能直接向文本区输入。这种组合框节省了窗体的空间，只有单击组合框的向下箭头时，才显示全部列表，所以无法容纳列表框的地方可以考虑使用此种组合框。Visual Basic 中的大多数组合框都属于这种类型。

（2）Text 属性

用于返回或设置组合框文本区中的内容。文本区中的内容可能是用户输入的，也可能是用户从列表中选择的。

组合框也有 List、ListIndex 和 ListCount 属性，也有 AddItem 与 RemoveItem 方法，它们的含义与使用方法与列表框相同。

在组合框中不能同时选中多个项目。因此，组合框没有 MultiSelect 和 Selected 属性。

---

3. 事件

组合框所响应的事件依赖于其 Style 属性。例如，只有简单组合框（Style 的值为 1）才能接收 DblClick 事件,其他两种组合框可以接收 Click 事件和 DropDown 事件。对于下拉组合框(Style 的值为 0)和简单组合框(Style 的值为 1),可以在编辑区输入文本,当输入文本时可以接收 Change 事件。一般情况下,用户选择项目后,只需要读取组合框中的 Text 属性。

【例 8.9】设计一个简单的籍贯登记窗口,要求程序运行时,组合框中提供四个默认的省份(河南、河北、湖南、湖北),用户从文本框中输入姓名,在组合框中选择其所属省份(用户可以输入其他的省份),然后将姓名和省份添加到列表框中。用户可以删除列表框中所选择的项目,也可以把整个列表框清空。

(1)建立程序界面如图 8-21 所示,程序运行结果如图 8-22 所示。

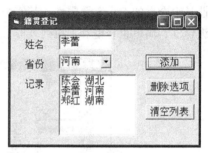

图 8-21 例 8.9 程序设计界面   图 8-22 例 8.9 运行界面

(2)各对象的主要属性设置参照表 8-10。

表 8-10   例 8.9 对象属性设置

对　象	属　性	设　置
Form1	Caption	籍贯登记
	Font	宋体小四号字
Label1	Caption	姓名
Label2	Caption	省份
Label3	Caption	记录
Text1	Text	空
Combo1	Style	0-Dropdown Combo
List1	MultiSelect	2-Extended
	Sorted	True
Command1	Caption	添加
Command2	Caption	删除选项
Command3	Caption	清空列表

(3)程序代码如下。

```
Private Sub Command1_Click()
    If ((Text1.Text <> "") And (Combo1.Text <> "")) Then
        List1.AddItem Text1.Text + " " + Combo1.Text
    Else
        MsgBox ("请输入添加内容! ")
    End If
End Sub
```

```
Private Sub Command2_Click()
    Dim i As Integer
    If List1.ListIndex >= 0 Then
        For i = List1.ListCount - 1 To 0 Step -1
          If List1.Selected(i) Then List1.RemoveItem i
        Next i
    End If
End Sub

Private Sub Command3_Click()
    List1.Clear
End Sub

Private Sub Form_Load()
    Combo1.AddItem "河南"
    Combo1.AddItem "河北"
    Combo1.AddItem "湖北"
    Combo1.AddItem "湖南"
    Combo1.Text = Combo1.List(0)
End Sub
```

8.6 滚动条

在窗体中添加滚动条控件的方法是在工具栏中单击或双击 🔳（水平滚动条）或 🔳（垂直滚动条）按钮。

1. 用途

滚动条控件（ScrollBar）分为水平滚动条（HScrollbar）和垂直滚动条（VscrollBar）两种（如图 8-23 所示），通常附在窗体上协助观察数据或确定位置，也可用作数据输入工具，用来提供某一范围内的数值供用户选择。

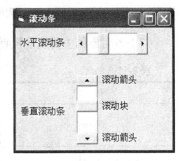

图 8-23 两种滚动条

2. 常用属性

（1）Max 属性

设置或返回滚动条所能代表的最大值，即滚动条处于底部或最右位置时的值。其取值范围为 -32768~32767，默认值为 32767。

（2）Min 属性

设置或返回滚动条所能代表的最小值，即滚动条处于顶部或最左位置时的值。其取值范围为 -32768~32767，默认值为 0。

（3）Value 属性

当前滚动条所代表的值。其返回值始终介于 Min 和 Max 属性值之间。

（4）SmallChange 属性

设置或返回当用户单击滚动箭头时，滚动条控件 Value 属性值的改变量。当单击滚动条两端的箭头按钮时，滚动条的值将按最小改变量进行递增或递减。该属性的默认值为 1。

（5）LargeChange 属性

设置或返回当用户单击滚动箭头和滚动块之间的空白区域时，滚动条控件 Value 属性值的改变量。当单击滚动条两端的箭头按钮时，滚动条的值将按最大改变量进行递增或递减。该属性的默认值为 1。

3. 事件

（1）Change 事件

滚动条的 Change 事件在移动滚动框或通过代码改变其 Value 属性值时发生。单击滚动条两端的箭头或空白处将引发 Change 事件。

（2）Scroll 事件

当滚动框被重新定位，或按水平方向或垂直方向滚动时，Scroll 事件发生。拖动滑块时会触发 Scroll 事件。

Scroll 事件与 Change 事件的区别在于：当滚动条控件滚动时 Scroll 事件一直发生，而 Change 事件只是在滚动结束之后才发生一次。

【例 8.10】设计一个简单的自动调色器。在窗体中有三个滚动条、四个标签，还有一个命令按钮。要求程序运行后，标签 Label4 的颜色随着三种颜色滚动条的变化而变化。

（1）建立程序界面如图 8-24 所示，程序运行结果如图 8-25 所示。

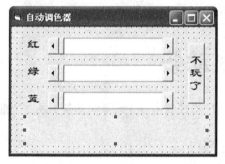
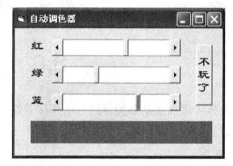

图 8-24　例 8.10 程序设计界面　　　　图 8-25　例 8.10 运行界面

（2）各对象的主要属性设置参照表 8-11。

表 8-11　　　　　　　　　　　　　　例 8.10 对象属性设置

对　象	属　性	设　置
Form1	Caption	自动调色器
	Font	隶书四号字
Label1	Caption	红
Label2	Caption	绿
Label3	Caption	蓝
Label4	Caption	空
HScroll1	Max	255
Hscroll2	Max	255
Hscroll3	Max	255
Command1	Caption	不玩了

（3）程序代码如下。

```
Private Sub Command1_Click()
    End
```

```
End Sub

Private Sub Form_Load()
    Label4.BackColor = RGB(HScroll1.Value, HScroll2.Value, HScroll3.Value)
End Sub

Private Sub HScroll1_Change()
    Label4.BackColor = RGB(HScroll1.Value, HScroll2.Value, HScroll3.Value)
End Sub

Private Sub HScroll2_Change()
    Label4.BackColor = RGB(HScroll1.Value, HScroll2.Value, HScroll3.Value)
End Sub

Private Sub HScroll3_Change()
    Label4.BackColor = RGB(HScroll1.Value, HScroll2.Value, HScroll3.Value)
End Sub
```

说明　　RGB 函数用来显示颜色，语法格式为 RGB(red,green,blue)，参数 red,green,blue 分别代表颜色的红、绿、蓝成分，取值都是 0～255 的整数，三色组合形成特定颜色。

习 题 8

一、单选题

1. 图片框控件实际显示的图片是由（　　）属性决定的。

    A. Load　　　　　　B. Value　　　　　　C. Picture　　　　　　D. Caption

2. 图像框有一个属性，可以自动调整图形的大小，以适应图像框的尺寸，这个属性是（　　）。

    A. Autosize　　　　B. Stretch　　　　　C. AutoRedraw　　　　D. Appearance

3. 对于复选框和单选按钮控件，检测（　　）属性可以知道控件是否被用户选中。

    A. Enabled　　　　　B. Name　　　　　　C. Value　　　　　　D. Visible

4. Frame 控件是一个容器控件，框架的标题位于框架的左上角，用于注明框架的用途，它是由（　　）属性来实现的。

    A. Name　　　　　　B. Caption　　　　　C. Text　　　　　　　D. Value

5. 单选按钮（OptionButton）用于一组互斥的选项中。若一个应用程序包含多组互斥条件，可在不同的（　　）中安排适当的单选按钮，即可实现。

    A. 框架控件（Frame）或图像控件（Image）

    B. 组合框（ComboBox）或图像控件（Image）

    C. 组合框（ComboBox）或图片框（PictureBox）

    D. 框架控件（Frame）或图片框（PictureBox）

6. 使用（　　）方法可将新的列表项添加到一个列表框中。

    A. Print　　　　　　B. AddItem　　　　　C. Clear　　　　　　D. RemoveItem

7. 如果要一次删除列表框的全部数据项，要使用控件的（　　）方法。

    A. AddItem　　　　　B. RemoveItem　　　C. Move　　　　　　D. Clear

8. 设窗体上有一个列表框控件 List1，此控件中包含若干列表项，则以下能表示当前被选中的列表项内容的是（　　　）。

    A. List1.List   B. List1.ListIndex C. List1.Index   D. List1.Text

9. 设组合框 Combo1 中有 3 个项目，则以下能删除最后一项的语句是（　　　）。

    A. Combo1.RemoveItem Text   B. Combo1.RemoveItem 2

    C. Combo1.RemoveItem 3   D. Combo1.RemoveItem Combo1.ListCount

10. 窗体上有个名称为 Frame1 的框架，若要把框架上显示的"Frame1"改为汉字"框架"，下面正确的语句是（　　　）。

    A. Frame1.Name = "框架"   B. Frame1.Value = "框架"

    C. Frame1.Text = "框架"   D. Frame1.Caption = "框架"

11. 下列控件中，没有 Caption 属性的是（　　　）。

    A. 单选按钮   B. 复选框   C. 列表框   D. 框架

12. 若单击滚动条两端按钮与滚动块之间的区域一次，则滚动块会移动一定的刻度值，决定此刻度值属性的是（　　　）。

    A. Max   B. Min   C. LargeChange   D. SmallChange

二、填空题

1. 假定在 D 盘根目录下有一个名为 photo1.gif 的图形文件，要在运行期间把该文件装入一个图片框（名称为 Picture1），应执行的语句为_____。

2. 为了能自动放大或缩小图像框中的图形以与图像框的大小相适应，必须把该图像框的 Stretch 属性设置为_____。

3. 如果希望每秒产生 20 个事件，则应设置 Interval 属性值为_____。

4. 单选按钮选中时，Value 值为_____；复选框选中时，Value 值为_____。

5. 组合框的三种类型是_____、_____、_____。

6. List1.Selected(5) = True 表示_____。

7. 表示滚动条控件取值范围最大值的属性是_____。

8. 在窗体上画一个列表框，然后编写如下两个事件过程：

```
Private Sub Form_Click()
  List1.RemoveItem 1
  List1.RemoveItem 2
End Sub

Private Sub Form_Load()
   List1.AddItem "计算机科学系"
   List1.AddItem "外语系"
   List1.AddItem "机械系"
   List1.AddItem "艺术系"
End Sub
```

运行上面的程序，然后单击窗体，列表框中显示的项目为_____。

9. 在窗体上画一个文本框和一个图片框，然后编写如下两个事件过程：

```
Private Sub Form_Click()
   Text1.Text = "单击了窗体"
End Sub
```

```
Private Sub Text1_Change()
    Picture1.Print "文本框内容改变了"
End Sub
```

程序运行后，单击窗体，则在文本框中显示的内容是_____，而在图片框中显示的内容是_____。

10. 在窗体 Form1 上，有一个列表框控件 List1，在窗体的 Click 事件中有如下代码：

```
Private Sub Form_Click()
    Dim K As Integer
    Dim entry As String, item As String
    entry = "EDCBA"
    For K = Len(entry) To 1 Step -1
        item = LCase(Mid(entry, K, 1)) & K
        List1.AddItem item
    Next K
End Sub
```

运行程序，单击窗体后在窗体的列表框中显示的第四个列表项内容是_____。

A. b4　　　　　　　B. b2　　　　　　　C. d4　　　　　　　D. d2

三、简答题

1. 简述图片框与图像框的区别。

2. 框架的主要用途是什么？

3. 简述组合框和列表框的主要区别。

四、编程题

1. 设计如图 8-26 所示的程序运行界面。其中组合框中的内容为：计科系、会计系、艺术系、外语系，最初显示计科系。

2. 建立如图 8-27 所示的程序运行界面，程序运行后，如果单击"男"，并单击"确定"按钮后，在标签上显示"This is a boy."；如果单击"女"，并单击"确定"按钮后，在标签上显示"This is a girl."。

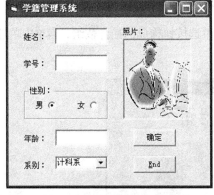

图 8-26　编程题 1 运行界面

图 8-27　编程题 2 运行界面

3. 利用定时器和图像框控件，编写适当的事件过程，使得程序运行时，窗体上同一位置每隔一秒显示一幅图片，总共四幅图片，轮流播放。程序运行界面如图 8-28 所示。

4. 在窗体上添加一个文本框、三个框架控件。在第一个框架控件中添加四个单选按钮，在第二个框架控件中添加四个复选框，在第三个框架控件中添加四个单选按钮，窗体设计界面及程序运行界面如图 8-29 所示。

图 8-28　编程题 3 运行界面　　　　　图 8-29　编程题 4 运行界面

5. 为书法协会建立名单维护程序。在窗体上建立一个组合框 Combo1，组合框中预设如图 8-30 所示的内容，画一个文本框（Text1）和 3 个命令按钮，标题分别为"修改"、"确定"和"添加"。程序启动后，"确定"按钮不可用。程序的功能是：在运行时，如果选中组合框中的一个列表项，单击"修改"按钮，则把该项复制到 Text1 中（可以在 Text1 中修改），并使"确定"按钮可用；若单击"确定"按钮，则将用修改后的 Text1 中的内容替换组合框中该列表项的原有内容，同时使"确定"按钮不可用；若单击破"添加"按钮，则把在 Text1 中的内容添加到组合框中。程序运行界面如图 8-30 所示。

图 8-30　编程题 5 运行界面

6. 按图 8-31 进行窗体设计，其中包含三组由单选按钮构成的控件数组，当单击单选按钮时，能够相应地改变文本框中的字体、颜色和字号。

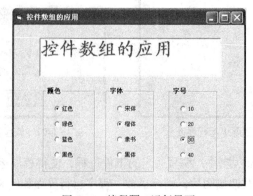

图 8-31　编程题 6 运行界面

第9章
过程

过程是用来执行一个特定任务的一段程序代码。VB 应用程序（又称工程或项目）由若干过程组成，这些过程保存在文件中，每个文件的内容通常称为一个模块。模块（Module）是相对独立的程序单元。在 VB 中主要有 3 种模块：窗体模块（.frm）、标准模块（.Bas）和类模块（.Cls）。VB 应用程序的组成如图 9-1 所示。

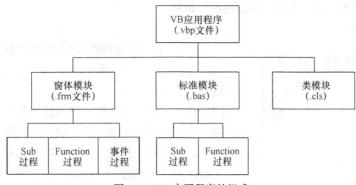

图 9-1　VB 应用程序的组成

本书前面所讲的程序只涉及窗体模块。与窗体模块不同，标准模块不含窗体和控件的内容，只含有由程序代码组成的通用过程。在大型应用程序中，窗体模块通常用来实现与用户之间的交互，主要操作在标准模块中执行。

添加标准模块的方法是：

选择"工程"菜单中的"添加模块"命令，弹出"添加模块"对话框。选择"新建"选项卡，单击"打开"按钮，这时在工程窗口会添加一个新的"Module1（Module1）"标准模块图标，并打开标准模块代码窗口。选择"现存"选项卡，可以打开文件对话框，把已有模块添加到当前工程中。

类模块包含了可作为 OLE 对象的类定义，主要用来定义类,在程序运行过程中生成一些对象，建立 ActiveX 组件等，此处不做详细讨论。

VB 中的过程主要有两大类。

一类是事件过程：前面几章中使用的都是事件过程。当发生某个事件如 Click、Load 时，系统会自动调用与该事件相关的事件过程，即事件过程是在响应事件时执行的代码块。它是 VB 应用程序的主体，一般由 VB 自动创建，用户不能增加或删除。

另一类是通用过程：在程序设计过程中，将一些常用的功能编写成可供多次调用的过程，从而实现代码重用，便于程序的调试和维护。VB 的通用过程主要包括两种类型：以 Sub 保留字开始的子过程和以 Function 保留字开始的函数过程。

本章主要介绍用户自定义的 Sub 过程和 Function 过程，过程调用时的参数传递方式，变量的作用域与生存期，过程的嵌套调用和递归调用等。

9.1　Sub 过程

Sub 过程（子过程）是指一组能够完成特定操作，且相对独立的程序段，它可以被其他过程作为一个整体来调用。在启动机制上，它与事件过程的区别在于：事件过程通常是在特定对象的特定事件发生时被启动，而子过程则只有被另一过程调用时才会启动。

9.1.1　Sub 过程的定义

定义 Sub 过程有以下两种方法。

1. 利用"工具"菜单中的"添加过程"命令

操作步骤如下。

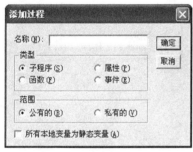

图 9-2　"添加过程"对话框

（1）选定需要编写过程的窗体或标准模块，打开代码窗口。

（2）选择"工具"|"添加过程"命令，显示"添加过程"对话框，如图 9-2 所示。

（3）在"名称"文本框中输入过程名（不允许有空格）。

（4）在"类型"选项组中选取"子程序"单选按钮。

（5）在"范围"选项组中，选取"公有的"单选按钮定义一个公共级的全局过程；选取"私有的"单选按钮定义一个窗体模块级或标准模块级的局部过程。

（6）单击"确定"按钮，退出对话框。

以上操作完成后，就在代码窗口中建立了一个子过程的模板，接下来就可以在 Sub 和 End Sub 之间编写代码了。

2. 利用代码窗口

方法：在窗体或标准模块的代码窗口中，把插入点放在所有过程之外，按正确的语法格式定义 Sub 过程。

定义 Sub 过程的语法格式如下：

```
[Private|Public|Static] Sub 过程名([参数列表])
    语句块
    [Exit Sub]
End Sub
```

（1）过程名遵守标识符的命名规则。

（2）参数（也称形参）列表是用","分隔开的若干个变量，格式为：

变量名 1[As 类型], 变量名 2[As 类型],…

或 变量名 1[类型符], 变量名 2[类型符],…

例如：Sub Sum(x%, y%, s%)

　　　　s = x + y

　　　　Print "两个数的和为:"; s

　　End Sub

该过程中有 3 个形参，调用该过程可以实现两数之和的计算和输出。

子过程可以带参数，也可以不带参数。没有参数的过程称为无参过程。

例如：Sub Mysub ( )

　　　　Print "Visual Basic! "

　　End Sub

（3）[Exit Sub]为可选项，表示中途退出子过程。

（4）[Private | Public | Static]的含义将在 9.4 节介绍。

9.1.2　Sub 过程的调用

要执行过程中的代码，必须通过正确的方式调用过程。

调用 Sub 过程有以下两种方式。

1. 利用 Call 语句

格式：Call　过程名([参数列表])

例如：Call Sum(a,b,c)

　　　Call Mysub( )

（1）参数列表中包含的实参，代表在调用时要传递给 Sub 过程的参数值，它必须与形参在个数、顺序、数据类型上保持一致。

（2）调用时把实参的值传递给形参称为参数传递。传递方式分为两种。

① 当形参前有 Byval 说明时，进行的是值传递，实参值不随形参值的改变而改变。

② 当形参前没有 Byval 说明时，进行的是地址传递，实参值随形参值的改变而改变，参数传递部分将在 9.3 节详细介绍。

（3）当参数是数组时，形参数组在参数声明时应省略其维数，但括号不能省。

2. 把过程名作为一个语句来使用

格式：过程名[参数列表]

例如：Sum a,b,c

　　　Mysub

与第一种调用方式相比，省略了关键字 Call，去掉了"参数列表"的括号。

子过程可以被多次调用，图 9-3 是一个过程调用的示例。

调用过程（主调过程）在执行过程中，首先遇到 Call　Sum(a,b,c)语句，于是转到子过程 Sum（被调过程）的入口处去执行。执行完子过程 Sum 后，返回到调用过程的调用语句处继续执行后面的语句。执行过程中遇到 Sum a,b,c 语句，于是再次转到子过程 Sum 去执行，执行完返回调用处继续执行其后的语句。同样，遇到 Call Mysub( )语句时，转到子过程 Mysub（被调过程）去执行，执行完子过程 Mysub 后返回调用处继续执行其后的语句。

总之，当调用过程需要执行某个特定任务时，可使用调用语句（如：Call）调用相应的子过程。子过程执行完，会返回到调用过程的调用语句处继续执行后续代码。

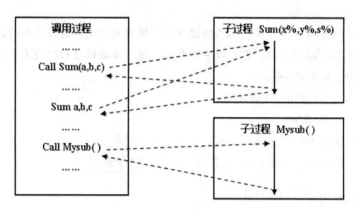

图 9-3　过程调用示意图

【例 9.1】Sub 过程示例。

程序代码如下：

```
Sub Form_Click ()
    Call Mysub1(30)
    Call Mysub2
    Call Mysub2
    Call Mysub2
    Call Mysub1(30)
End Sub

Private Sub Mysub1(n)
     Print String(n, "*")
End Sub

Private Sub Mysub2()
    Print "*"; Tab(30); "*"
End Sub
```

图 9-4　例 9.1 运行界面

程序运行结果如图 9-4 所示。

在上述事件过程 Form_Click 中，通过 Call 语句分别调用了两个 Sub 过程。在过程 Mysub1 中，n 为形参，当主调过程通过 Call Mysub1(30)语句调用时，会将实参的值 30 传递给 n，调用后输出 30 个 "*" 号。过程 Mysub2 不带参数，其功能是输出左右两边的 "*" 号。

【例 9.2】编写一个求矩形面积的 Sub 过程，然后调用它完成计算。

程序代码如下：

```
Sub Area(length!,width!)
    Dim rarea!
```

```
        rarea = length*width
        Print "The area of rectangle is"; rarea
End sub

Sub Form_Click ()
    Dim a!,b!
    a = Val(InputBox("输入矩形的长："))
    b = Val(InputBox("输入矩形的宽："))
    Area a,b                ' 子过程的调用
End Sub
```

9.2　Function 过程

Function 过程（函数过程）除了具备 Sub 过程的功能和用法外，其主要目的是为了进行计算并返回一个结果。在调用时，它同 sin、sqr 等内部函数一样，只需写出函数名和相应的参数，即可得到函数值。

9.2.1　Function 过程的定义

定义 Function 过程有以下两种方法。

1. 利用"工具"菜单中的"添加过程"命令

操作步骤与 Sub 过程定义相似，在第（4）步的"类型"选项组中选取"函数"单选按钮即可。

2. 利用代码窗口

方法：在窗体或标准模块的代码窗口中，把插入点放在所有过程之外，按正确的语法格式定义 Function 过程。

定义 Function 过程的语法格式如下：

```
[Private | Public | Static] Function 函数名([[参数列表]) [As 类型]
     语句块
     函数名 = 表达式
     [Exit Function]
End Function
```

（1）函数名遵守标识符的命名规则；参数列表的规定同 Sub 过程。

（2）无论函数过程有无参数，函数名后的括号均不可省略。

（3）As 类型：指明函数过程返回值的类型；也可以使用类型符。

（4）在函数过程中，至少应该有一个给函数名赋值的语句。从函数过程返回时，函数名的值就是函数过程的返回值。

例如：Function Sum%(x%, y%)

Sum = x+y

End Function

（5）[Exit Function]为可选项，表示中途退出函数过程。

9.2.2 Function 过程的调用

调用 Function 过程有以下两种方式。

1. 利用 Call 语句

与调用 Sub 过程一样。用这种方法调用 Function 过程时，将会放弃返回值。

例如：Call Sum(a,b)

2. 把函数过程作为表达式或表达式中的一部分，再与其他语法成分一起配合使用

像使用 VB 的内部函数一样，只需写出函数名和相应的参数即可，由函数名带回一个值给调用程序。

例如：

```
s=Sum(a,b)
    Print Sum(a,b)
    Sum(a,b)              ' 错误调用，函数过程不能以单独的语句形式被调用
```

【例 9.3】计算 6!+12!-10!。

解题思路：函数过程可以被多次调用。题目中计算 6!、12! 和 10!都要用到阶乘 n!(n! = 1×2×3×…×n)，因此，编写一个求 n! 的函数过程，然后通过函数调用来求解 6!+12!-10!。计算结果可以使用 Print 方法直接在窗体上输出。

程序代码如下：

```
Function Jc&(n%)
    Dim i%
    Jc = 1
    For i = 1 To n
        Jc = Jc * i
    Next i
End Function

Private Sub Form_Click ()
    Dim s&
    s = Jc(6) + Jc(12) - Jc(10)          ' 函数过程的调用
    Print "6! + 12! - 10! = "; s
End Sub
```

【例 9.4】改写例 9.2，使用 Function 过程实现。

程序代码如下：

```
Function area!(length!,width!)
    area = length*width
End Function

Sub Form_Click ()
    Dim a!,b!
    a = Val(InputBox( "输入矩形的长: " ))
    b = Val(InputBox("输入矩形的宽: "))
    Print "The area of rectangle is"; area(a,b)      ' 函数过程的调用
End Sub
```

小结：对 Sub 过程、Function 过程而言，相同点是都可以被调用，都是可以获取参数、执行一

系列语句、并能够改变其参数值的独立过程。不同点是 Sub 过程不返回值，调用时不能出现在表达式中；Function 过程能够返回一个具有相应数据类型的值，调用时可以像变量一样出现在表达式中。

9.3　参数传递

在过程调用时，主调过程与被调过程之间存在着参数传递。即将主调过程中实参的值或地址传递给被调过程中的形参，完成形参与实参的结合，然后执行被调过程中的语句。在 VB 中，实参与形参的结合有两种方式：按值传递和按地址传递。

"形实结合"是按照位置结合的，形参列表和实参列表中的对应变量名可以相同也可以不同，但形参与实参的个数、顺序和数据类型必须一一对应。

例如：被调过程的首部为 Sub Mysub (t%, s$, y!, b%())

主调过程中的调用语句为 Call Mysub(100, "计算机", x, a())

9.3.1　按值传递

如果在定义过程时，形参前加了 ByVal 关键字，则在调用此过程时，该参数是按值传递的。

所谓按值传递，就是指当调用一个过程时，系统会为形参分配存储单元，同时将实参的值复制给形参，然后实参与形参断开联系；被调过程对形参的操作在自己的存储单元中进行；当过程调用结束时，形参所占用的存储单元也同时被释放。因此，这种传递方式是"单向"的，在被调过程体中对形参的任何操作都不会影响实参。

当实参为常量或表达式时，一定采用按值传递方式。

【例 9.5】请分析下列程序代码能否实现主调过程中两个变量值的交换。

程序代码如下：

```
Sub swap(ByVal x%, ByVal y%)
    Dim t%
    print "子过程执行交换前: ", "x="; x, "y="; y
    t=x : x=y : y=t
    print "子过程执行交换后: ", "x="; x, "y="; y
End Sub

Private Sub Form_Click ()
    Dim a%, b%
    a = 5: b = 10
    Print "调用前: ", , "a="; a, "b="; b
    swap a , b
    Print "调用后: ", ,"a="; a, "b="; b
End Sub
```

单击窗体的事件发生后，程序运行结果如图 9-5 所示。

分析：程序执行中，语句 swap a,b 实现了主调过程 Form_Click 对被调过程 swap 的调用。由形参列表 "ByVal x%, ByVal y%" 可知，调用 swap 过程时，是按值传递参数的。首先将实参 a、b 的值分别传递给形参 x，y；然后在子过程 swap 的执行过程中，借助于中间变量 t 实现 x、y 值的交换；最后子过程执行结束，释放形参 x、y 所占的空间，回到主调过程，但此时实参 a、b 的值并未发生改变。程序执行中参数的变化如图 9-6 所示。

图 9-5　例 9.5 运行界面

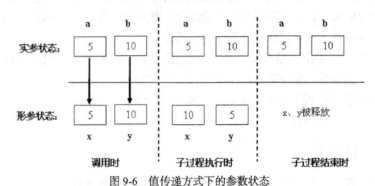

图 9-6　值传递方式下的参数状态

由图 9-6 可知，按值传递方式在调用子过程时实现的是单向值传递，不能将子过程对形参的改变结果带回主调过程，即对形参的任何操作不会影响到实参。这也是例 9.5 不能通过调用子过程实现主调过程中两个数交换的原因。

9.3.2　按地址传递

如果在定义过程时，形参前加了 ByRef 关键字，则在调用此过程时，该参数是按地址传递的。

说明：按地址传递是 VB 默认的参数传递方式。如果一个形参前面既无 ByRef，也无 ByVal，则该形参按地址传递。本章之前的示例，均为按地址传递。

所谓按地址传递，就是指当调用一个过程时，系统会将实参的地址传递给形参，使形参与实参具有相同的内存地址，即形参与实参共享同一存储单元。因此，这种传递方式是"双向"的，在被调过程体中对形参的任何操作都会变成对相应实参的操作。

【例 9.6】对例 9.5 进行修改，利用"按地址传递"方式实现主调过程中两个变量值的交换。

程序代码如下：

```
Sub swap(x%,y%)
    Dim t%
    print "子过程执行交换前: ", "x="; x, "y="; y
    t=x : x=y : y=t
    print "子过程执行交换后: ", "x="; x, "y="; y
End Sub
Private Sub Form_Click ()
    Dim a%, b%
    a = 5: b = 10
    Print "调用前: ", , "a="; a, "b="; b
    swap a, b
    Print "调用后: ", , "a="; a, "b="; b
End Sub
```

单击窗体的事件发生后，程序运行结果如图 9-7 所示。

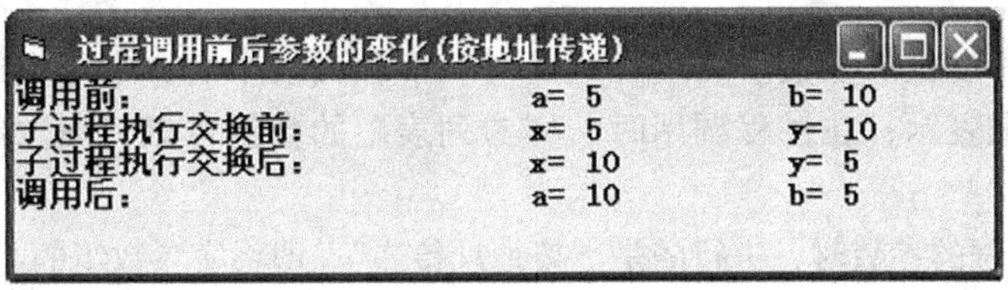

图 9-7 例 9.6 运行界面

与例 9.5 程序不同，由形参列表 "x%, y%" 可知，主调过程 Form_Click 调用被调过程 swap 时，是按地址传递参数的。程序执行中参数的变化如图 9-8 所示。

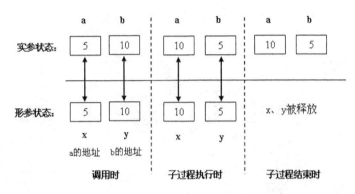

图 9-8 地址传递方式下的参数状态

由图 9-8 可知，按地址传递调用子过程时，对应的实参和形参共享相同的存储单元，即子过程对形参的改变会影响到实参，传递方式是双向的。因此，本例能够通过调用子过程实现主调过程中两个变量值的交换。

思考：对例 9.3 的代码进行修改，编写一个求 n! 的子过程，然后调用它计算 6!+12!-10! 的值。请分析在调用过程中与例 9.3 的区别。

程序代码如下：

```
Sub Jc(n&, p&)          ' 以 "按地址传递" 方式被调用
    Dim i%
    p = 1
    For i = 1 To n
        p = p * i
    Next i
End Sub
Private Sub Form_Click ()
    Dim a&, b&, c&, s&
    Call  Jc(6, a)      ' 实参 a 将 6!带回主调函数
    Call  Jc(12, b)     ' 实参 b 将 12!带回主调函数
    Call  Jc(10, c)     ' 实参 c 将 10!带回主调函数
    s = a + b - c
    Print "6! + 12! - 10! = "; s
End Sub
```

9.3.3　数组作为参数

数组可以作为过程的参数。在过程定义时，形参列表中的数组用数组名、数组类型和一对空的圆括号来表示；在过程调用时，实参列表中的数组可以只用数组名表示（省略圆括号）。

当数组作为过程的参数时，进行的是"按地址传递"。即将实参数组的起始地址传递给被调过程的形参数组，使得被调过程在执行过程中，实参数组与形参数组共享同一组存储单元，对形参数组的操作同样影响实参数组。

如果被调过程想获取实参数组的上下界，可以在被调过程中使用 LBound 和 UBound 求得。

【例 9.7】将随机产生的 10 个整数存入一维数组，通过过程调用来求该数组中所有偶数值元素的和。

程序代码如下：

```
Function sum%(b%())       ' 数组作形参
    Dim i%
    For i = LBound(b) To UBound(b)
        If b(i) mod 2 = 0 Then
                sum = sum + b(i)
        End If
    Next i
End Function

Private Sub Form_Click ()
    Dim a%(10), s%, i%
    Randomize
    Print "数组元素值为:";
    For i = 1 To 10
        a(i) = Int(Rnd * 100) - 50
        Print a(i);
    Next i
    Print
    s = sum(a)            ' 数组作实参
    Print "偶数值元素之和:"; s
End Sub
```

程序运行结果如图 9-9 所示。

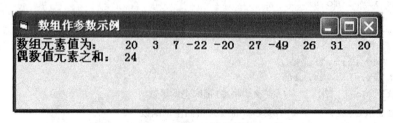

图 9-9　例 9.7 运行界面

注意：若将某个数组元素（由数组名和下标指定）作为实参传递给被调过程，则形参可以使用普通变量，采用"按值传递"方式。

9.3.4 可选参数

VB 提供了灵活且安全的参数传送方式，允许使用可选参数和可变参数。

在前面的例子中，过程的形参是固定的，调用该过程时提供的实参应该相互对应。即如果一个过程有三个形参，则调用时必须按相同的顺序和类型提供三个实参。

在 VB 中，可以指定一个或多个形参作为可选参数。定义带可选参数的过程，必须在"形参列表"中使用 Optional 关键字，并在过程体中通过 IsMissing( )函数进行测试，判定调用时是否传递可选参数。

【例 9.8】建立一个计算乘积的可选参数过程，能够有选择地计算两个数或三个数的乘积。即调用该过程时，既可以给它传递两个实参，也可以传递三个实参。

程序代码如下：

```
Sub Multi(first%, second%, Optional third)      ' 第三个参数可选
    Dim m
    m = first * second
    If Not IsMissing(third) Then        ' 测试第三个参数是否存在
        m= m * third
    End If
    Print m,                    ' 结果可以是长方形的面积或长方体的体积
End Sub

Private Sub Form_Click ()
    Multi 5, 10
    Multi 5, 10, 20
End Sub
```

单击窗体后，程序的运行结果为：

50   1000

（1）IsMissing 函数有一个参数，是由 Optional 指定的形参名，其返回值为 Boolean 类型，若没有向可选参数传递实参，则 IsMissing 函数的返回值为 True，否则返回值为 False。

（2）过程可以有多个可选参数，当它的某个形参设定为可选参数时，这个参数之后的所有形参都应该用 Optional 关键字定义为可选参数。

（3）可以为可选参数指定默认值。即调用该过程时，若未提供可选参数的值，则形参被赋值为指定的默认值。下面例子中，未提供可选考数 z 的值，则默认为"男"。

```
Sub listtext (x$, Optional y%, Optional z$ = "男" )
    List1.AddItem x
    If Not IsMissing (y) Then
            List1.AddItem y
    End If
    If Not IsMissing (z) Then
            List1.AddItem z
    End If
End Sub
Private Sub Command1_Click ()
```

```
    Dim strname$, age%
    strname = "yourname"
    age=20
    Call listtext (strname, age)              ' 未提供第三个实参值
End Sub
```

9.3.5 可变参数

一般来讲，过程调用中的实参个数应该等于过程定义中的形参个数。在 VB 中，过程还可以接收任意数量的参数，即可变参数。

可变参数过程的一般定义形式为：

Sub 过程名（…ParamArray 数组名()）

（1）如果一个过程的最后一个参数是使用 ParamArray 关键字声明的数组，则这个过程在被调用时可以接收任意多个实参。调用这个过程时使用的多余实参值均按顺序存放于这个数组中。

（2）针对同一个形参，ParamArray 不能与 ByVal、ByRef 或 Optional 关键字同时使用。

（3）一个过程只能有一个这样的形参。当有多个参数时，ParamArray 修饰的形参必须放在最后。

（4）"数组名()"是一个形参，该数组没有上下界，且省略了数组类型(默认为 Variant)。

【例 9.9】建立一个计算乘积的可变参数过程，实现能够有选择的计算任意多个数的乘积。
程序代码如下：

```
Sub Multi (ParamArray Numbers ())
    Dim n%
    n = 1
    For Each x In Numbers
        n = n * x
    Next x
    Print n,
End Sub

Private Sub Form_Click ()
    Multi 1, 2, 3, 4, 5          ' 计算 5 个数的乘积
    Multi 8, 9, 10              ' 计算 3 个数的乘积
End Sub
```

单击窗体后，程序运行结果为：

120   720

由于过程中的可变参数是 Variant 类型，因此可以把任何类型的实参传递给该过程。例如，可用下面的代码调用上述过程：

```
Private Sub Form_Click ()
    Dim a%, b%, c&, d As Variant
    a = 6: b = 8: c = 12: d = 2.5
```

```
    Multi a, b, c, d
End Sub
```

单击窗体后，程序运行结果为：

1440

9.3.6 对象参数

在声明通用过程时，可以使用 Object、Control、Form、TextBox、CommandBotton 等关键字把形参定义为对象型。

Form（窗体）、Control（控件）等对象都可以作为 VB 中一种特殊的数据类型来使用。在形参列表中，若将形参变量的类型声明为 Form，则可向过程传递窗体参数；若声明为 Control，则可向过程传递控件参数。调用具有对象型形参的过程时，应该使用与该形参类型相匹配的对象名作为实参。当对象作为过程的参数时，进行的是"按地址传递"。

1. 窗体参数

使用窗体参数，传递给被调过程的是该窗体的应用。在过程中可以设置、获取窗体的属性，也可以对窗体的方法进行调用。

【例 9.10】以窗体作为参数编写一个过程，当单击窗体时能够改变窗体的位置和大小。

程序运行结果如图 9-10 和图 9-11 所示。

图 9-10　单击窗体前的运行界面

图 9-11　单击窗体后的运行界面

程序代码如下：

```
Sub FormSet(Num As Form)        ' Num 为窗体形参
    Num.Left = 2000             ' 设置窗体的位置
    Num.Top = 3000
    Num.Width = 4000            ' 设置窗体的大小
    Num.Height = 2500
End Sub
Private Sub Form_Click ()
    FormSet Form1
End Sub
```

2. 控件参数

使用控件参数，传递给被调过程的是该控件的应用。在过程中可以设置、获取控件的属性，也可以对控件的方法进行调用。

【例 9.11】编写一个 Sub 过程，要求在过程中设置文本框 Text1、Text2 的字体属性，并在窗体的 Click 事件过程中进行调用。

程序运行结果如图 9-12 和图 9-13 所示。

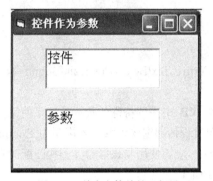

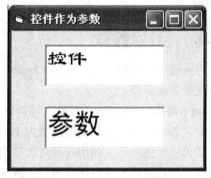

图 9-12　单击窗体前的运行界面　　　　　　　　图 9-13　单击窗体后的运行界面

程序代码如下：

```
Sub FontSet(Ctr1 As Control, Ctr2 As Control)    ' Ctr1、Ctr2 为控件形参
    Ctr1.FontSize = 18                            ' 设置控件的属性
    Ctr1.FontName = "隶书"
    Ctr2.FontSize = 24
    Ctr2.FontName = "黑体"
End Sub

Private Sub Form_Load ()
    Text1.Text = "控件"
    Text2.Text = "参数"
End Sub

Private Sub Form_Click ()
    FontSet Text1, Text2
End Sub
```

【例 9.12】创建窗体 Form1，在窗体上创建文本框 Text1 和 Text2，命令按钮 Command1 和 Command2。当单击 Command1 时，窗体标题显示 Text1 的内容，并将光标设置于 Text1 中；当单击 Command2 时，窗体的标题显示 Text2 中的内容，并将光标设置于 Text2 中。

程序运行结果如图 9-14 和图 9-15 所示。

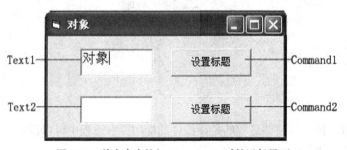

图 9-14　单击命令按钮 Command1 时的运行界面

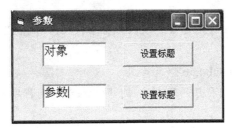

图 9-15　单击命令按钮 Command2 时的运行界面

程序代码如下：

```
Private Sub ChangCaption(txt As TextBox)    ' txt 为 TextBox 对象形参
    Form1.Caption = txt.Text
    txt.SetFocus                            '调用对象的方法
End Sub

Private Sub Command1_Click ()
    Call ChangCaption(Text1)
End Sub

Private Sub Command2_Click ()
    Call ChangCaption(Text2)
End Sub
```

9.4　作用域与生存期

VB 应用程序中的过程、变量都是有作用域的。作用域即作用范围，是指过程、变量可以在哪些地方被使用。作用域的大小与过程、变量所处的位置及定义方式有关。

9.4.1　过程的作用域

根据作用域的不同，可以将过程分为窗体/模块级过程和全局级过程。过程的定义位置、方式和使用规则如表 9-1 所示。

表 9-1　　　　　　　　　　　　　　　　过程的作用域

分类	窗体/模块过程		全局级过程	
定义位置	窗体模块	标准模块	窗体模块	标准模块
定义方式	过程名前加 Private		过程名前加 Pubilc 或默认	
能否被本模块的 其他过程调用	√	√	√	√
能否被本应用程序的 其他模块调用	×	×	√ 必须在过程名前 加窗体名	√ 过程名唯一或 加标准模块名

说明

（1）窗体/模块级过程是指在某个窗体模块或标准模块中用 Private 定义的过程。

例如：Private Sub Sub1（形参表）

作用范围为其定义所在的模块，即只能被本模块中的过程调用。

（2）全局级过程是指在窗体模块或标准模块内用 Public 定义的过程，关键字 Public 可省略。

例如：[Public] Sub Sub2（形参表）

作用范围为应用程序的所有过程，即能被该应用程序的所有窗体模块和标准模块中的过程调用。

根据全局级过程的定义位置不同，调用方式也有所区别。

• 在窗体模块中定义的过程，外部过程要调用时必须在过程名前加上定义该过程的窗体名。

例如：Call 窗体名.Sub2（实参表）

• 在标准模块中定义的过程，外部过程要调用时必须保证该过程名唯一，否则要加上定义该过程的标准模块名。

例如：Call 标准模块名.Sub2（实参表）

9.4.2 变量的作用域

根据作用域的不同，可以将变量分为局部变量、模块级变量和全局变量。变量的声明位置、方式和使用规则如表 9-2 所示。

表 9-2 　　　　　　　　　　　　　变量的作用域

分类	局部变量	窗体/模块级变量	全局变量	
声明位置	过程中	窗体模块/标准模块的"通用声明"段	窗体模块/标准模块的"通用声明"段	
声明方式	Dim, Static	Dim, Private	Public	
被模块中其他过程使用	×	√	√	
被其他模块使用	×	×	√ 在变量名前加窗体名	√

（1）局部变量是指在过程内部用 Dim 或 Static 声明的变量（或不加声明直接使用的变量）。

作用范围为其变量定义所在的过程，即只能在本过程中使用，其他过程不可访问。

不同过程中定义的局部变量相互独立，可以同名。例如，某窗体的代码窗口中有如下内容：

```
Private Sub Command1_Click ()
    Dim count%
    Dim sum!
    …
End Sub
Private Sub Command2_Click ()
    Dim sum%
End Sub
```

Command1_Click( )过程中定义了两个局部变量 count 和 sum，它们只能在本过程中使用。虽然 Command2_Click( )过程中也定义了局部变量 sum，但这两个同名变量 sum

间没有任何联系。

（2）窗体/模块级变量是指在窗体模块或标准模块的任何过程外，即"通用声明"段中用 Dim 或 Private 声明的变量。

作用范围为变量定义所在的模块，即可以被该窗体模块或标准模块的任何过程访问。如图 9-16 所示，窗体/模块级变量 n 在同一窗体模块的任何一个过程中均有效。

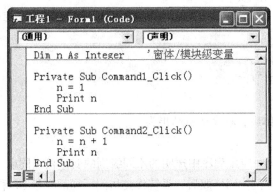

图 9-16　窗体/模块级变量示例

（3）全局变量是指在"通用声明"段中用 Public 语句声明的变量。

作用范围为应用程序的所有过程，即可以被应用程序的任何过程访问。

全局变量的值在整个应用程序的运行过程中均不会消失，直至程序执行结束。若全局变量在窗体模块中声明，而被其他模块的过程使用，则必须在该变量名前加上窗体名，格式为：窗体名.变量名。

【例 9.13】分析下列程序代码，观察不同作用域变量的使用。

在 Form1 窗体的代码窗口中有如下内容：

```
Public a%                ' 声明全局变量 a
Private Sub Form_Load ()
    a = 10               ' 给全局变量赋值
    Form2.Show
End Sub
```

在 Form2 窗体的代码窗口中有如下内容：

```
Private b%               ' 声明窗体/模块级变量 b
Private Sub Form_Click ()
    Dim c%, s%           ' 声明局部变量 c, s
    c = 20
    s = Form1.a + b - c       ' 各级变量的正确使用
    Print "s="; s
End Sub

Private Sub Form_Load ()
    b = 30               ' 给窗体/模块级变量赋值
End Sub
```

单击 Form2 窗体后，程序运行结果为：

s=20

本例在 Form2 窗体的 Form_Click()事件过程中以"Form1.a"格式使用了 Form1 窗体中声明的全局变量 a；在 Form2 窗体的 Click 和 Load 事件过程中均使用了在该窗体中声明的窗体/模块级变量 b。

若将 Form2 代码窗口中的 Form_Click()事件过程修改为：

```
Private Sub Form_Click ()
    Dim b%, c%, s%          '声明局部变量b, 与窗体/模块级变量同名
    b = 50
    c = 20
    s = Form1.a + b - c
    Print "s="; s
End Sub
```

单击 Form2 窗体后，程序运行结果为：

s=40

VB 中规定在同一应用程序中声明的不同级别的变量可以同名，此时系统会优先访问作用域小的变量。所以，上例代码修改后，系统优先访问了局部变量 b，程序运行结果也发生了变化。

9.4.3 变量的生存期

变量除了有作用范围（作用域）外，还有作用时间（生存期），也就是变量能够保持其值的时间。根据生存期的不同，可以将变量分为动态变量和静态变量。

1. 动态变量

动态变量是指程序运行进入变量所在的过程时，才为该变量分配内存单元；在退出该过程时，该变量的内容就会自动消失，所占用的存储单元也被释放。当再次进入该过程时，所有的动态变量将重新初始化。

使用 Dim 关键字在过程中声明的局部变量属于动态变量，在过程执行结束后，变量的值不被保留。

2. 静态变量

静态变量是指程序第一次进入该变量所在的过程时，为该变量分配内存单元；在退出该过程时，该变量所占的内存单元不被释放，其值仍被保留。当再次进入该过程时，原来的变量值可以继续使用。

使用 Static 关键字在过程中声明的局部变量属于静态变量。语句格式为：

Static 变量[As 数据类型]

Static Sub 子程序过程名（[形参表]）

Static Function 函数过程名（[形参表]）[As 数据类型]

说明：若在过程名前加 Static，则表示该过程内部的局部变量均为静态变量。

【例 9.14】静态变量示例。

程序代码如下：

```
Static Sub Subtest ()
    Dim t%               ' t 为静态变量
    t =2*t+1
    Print t;
```

```
End Sub

Private Sub Command1_Click ()
    Call Subtest        ' 调用子过程 Subtest
End Sub
```

程序运行后，若三次单击命令按钮 Command1，则运行结果为：

1　　3　　7

定义 Subtest 过程时使用了关键字 Static，因此该过程中的局部变量 t 为静态变量。即每次 Subtest 函数调用结束时，不再释放变量 t，从而保留了上次调用后的结果。

9.5　过程的嵌套与递归调用

9.5.1　过程的嵌套调用

在一个过程中调用另外一个过程，称为过程的嵌套调用。也就是说，某个事件过程可以调用某个过程，这个过程又可以调用另外一个过程，这种程序结构称为过程的嵌套。

【例 9.15】输入两个数 m，n，求组合数 $C_n^m = \dfrac{n!}{m!(n-m)!}$ 的值。

程序代码如下：

```
Private Sub Form_Load()
    Dim m%, n%
    m=Val(InputBox("输入 m 的值"))
    n=Val(InputBox("输入 n 的值" ))
    If m>n then
        MsgBox "输入数据错误", 0, "检查错误"
        End
    End If
    Print "组合数是："; Calcomb(n, m)
End Sub

Private Function Calcomb&(n%, m%)
    Calcomb=Jc(n)/(Jc(m)*Jc(n-m))
End Function

Private Function Jc&(x%)
    Dim i%
    Jc = 1
    For i = 1 To x
        Jc = Jc * i
    Next i
End Function
```

程序中采用了过程的嵌套调用方式。在事件过程 Form_Load 中调用了 Calcomb 过程，在 Calcomb 过程中调用了 3 次 Jc 过程。

9.5.2 过程的递归调用

一个过程调用过程本身，就称为过程的递归调用。采用递归方法来解决问题时，必须符合以下两个条件。

（1）可以把要求解的问题转化为一个新问题，而这个新问题的解法与原来的解法相同。

（2）有一个明确的结束递归的条件（终止条件），否则过程将永远"递归"下去。

【例 9.16】采用递归方法求 $n!$（$n>0$）。

解题思路：求 $n!$ 可以采用递归方法，即 $n!=n\times(n-1)!$，而 $(n-1)!=(n-1)\times(n-2)!$，…，$1!=1$，因此得到下列递归公式：

$$n!=\begin{cases}1 & n=1\\ n\times(n-1)! & n>1\end{cases}$$

此递归算法中，终止条件是 $n=1$

程序代码如下：

```
Private Sub Form_Load()
    Dim n%, m#
    n=Val(InputBox("输入 1~15 之间的整数"))
    if n<1 Or n >15 Then
        MsgBox "错误数据", 0, "检查数据"
        End
    End If
    m=Fac(n)
    Print n; "!="; m
End Sub

Private Function Fac&(n%)
    If n>1 Then
        Fac = n * Fac(n-1)          ' 递归调用
    Else
        Fac=1                       ' n=1 时，结束递归
    End If
End Function
```

当 n>1 时，在 Fac 过程中调用 Fac 过程；然后 n 减 1，再次调用 Fac 过程；这种操作一直持续到 n=1 为止。例如，当 n=3 时，求 Fac(3) 变成求 3×Fac(2)，求 Fac(2) 变成求 2×Fac(1)，而 Fac(1) 为 1，递归结束。以后再逐层返回，递推出 Fac(2)、Fac(3) 的值。求 3!的递归调用过程如图 9-17 所示。

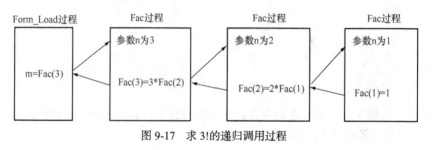

图 9-17 求 3!的递归调用过程

注意　　　每次调用 Fac 过程时并不能立即得到 Fac(n)的值，而是逐层进行递归调用，到 Fac(1)时才有确定的值，然后在逐层返回中依次算出 Fac(2)、Fac(3)的值。

【例 9.17】用递归调用方法求两个正整数 n 和 m 的最大公约数。

程序代码如下：

```
Private Sub Form_Load()
    Dim m%, n%
    Show
    m = Val(InputBox("输入 m 的值"))
    n = Val(InputBox("输入 n 的值" ))
    Print m; "和"; n; "的最大公约数是："; Gys(n, m)
End Sub

Private Function Gys%(n%, m%)
    Dim p%
    p = n Mod m
    If p = 0 Then
        Gys = m                 ' p=1 时，结束递归
    Else
        Gys = Gys(m, p)     ' m→n, p→m，再调用
    End If
End Function
```

习 题 9

一、单选题

1. Sub 过程与 Function 过程最根本的区别是（　　　）。

    A. 前者无返回值，但后者有

    B. 后者可以有参数，但前者不可以

    C. 前者可以使用 Call 或者直接使用过程名调用，后者不可以

    D. 两种过程的参数传递方式不同

2. 下列关于全局变量的叙述中，正确的是（　　　）。

    A. 在窗体的 Form_Load 事件过程中定义的变量是全局变量

    B. 在窗体模块或标准模块的"通用声明"段中定义的 Public 变量，都是全局变量

    C. 全局变量必须在标准模块中定义

    D. 在标准模块中定义的全局变量，可在整个工程的所有模块中引用，但不能在其他模块中对它重新赋值

3. 为计算 a^x 的值，某人编写了如下函数过程：

```
Private Function Power&(a%, n%)
    Dim k%, p&
    p = a
    For k = 1 To n
        p = p*a
    Next k
```

```
        Power = p
End Function
```

在调试时发现是错误的，例如 Print Power（5，4）的输出应该是 625，但实际输出是 3125。下面的修改方案中错误的是（　　）。

    A. 把 For k=1 To n 改为 For k=2 To n

    B. 把 p=p*a 改为 p=p^a

    C. 把 For k=1 To n 改为 For k=1 To n-1

    D. 把 p=a 改为 p=1

4. 某人编写了如下程序：

```
Private Sub Command1_Click ()
    Dim a%, b%
    a = Val(InputBox("请输入一个整数"))
    b = Val(InputBox("请输入一个整数"))
    Pro a
    Pro b
    Call Pro(a+b)
End Sub

Private Sub Pro(n As Integer)
    While(n>0)
        Print n Mod 10;
        n=n\10
    Wend
    Print
End Sub
```

程序功能为：输入 2 个正整数，反序输出这 2 个数的每一位数字，再反序输出这 2 个数之和的每一位数字。例如：若输入 123 和 456，则应该输出：

3 2 1

6 5 4

9 7 5

但调试时发现只输出了前 2 行（即 2 个数的反序）。下面的修改方案中正确的是（　　）。

    A. 把过程 Pro 的形式参数 n As Integer 改为 ByVal n As Integer

    B. 把 Call Pro(a+b)改为 Pro a+b

    C. 把 n = n\10 改为 n = n/10

    D. 在 Pro b 语句之后增加语句 c%=a+b，再把 Call Pro(a+b)改为 Pro c

5. 在窗体上已经建立了一个文本框 Txt1 和一个命令按钮 Comd1，运行下段程序后单击命令按钮 Comd1，则在文本框 Txt1 中显示的内容是（　　）。

```
Dim a%
Private Sub Comd1_Click ()
    Dim b%, c%
    a = 1: b = 10
    Call MySub(b, c)
    Txt1.Text = a + b + c
End Sub
```

```
Private Sub MySub(x%, y%)
    y = x Mod 7 + a
    a = 3
End Sub
```

    A. 16   B. 17   C. 15   D. 9

6. 下列程序的运行结果为（　　　）。

```
Private Sub Form_Click ()
    Dim p%, m%
    p = 1: m = 5
    Call Sub1(p)
    Call Sub1(m)
End Sub

Private Sub Sub1(x%)
    Static y%
    If x > 1 Then y = x + y else y = x * 4
    Print y;
End Sub
```

    A. 4 5   B. 4 9   C. 4 10   D. 4 20

二、填空题

1. 运行下列程序段后，单击窗体，显示结果为_____，再次单击窗体时，显示结果为_____。若去掉 Static Temp%语句后，单击窗体，显示结果为_____，再次单击窗体时，显示结果为_____。

```
Private Sub Form_Click()
    Dim s%
    s=Fn(1)+Fn(2)+Fn(3)
    Print s
End Sub

Private Function Fn%(t%)
    Static Temp%
    Temp = Temp + t
    Fn = Temp
End Function
```

2. 从键盘键入 x 和 n 的值（n 为正整数），试用递归方法计算 x^n 的值。完成下列程序，使之求出正确结果。提示：采用的递归公式是：若 $n=1$ 时，x^n 的值为 x，若 $n>1$ 时，则 x^n 的值为 $x*x^{n-1}$。

```
Private Sub Form_Click()
    Dim x!, n%, y#
    x = Val(Inputbox("x=", "求 x 的 n 次方 "))
    n = Val(Inputbox("n=", "求 x 的 n 次方 "))
    y = Power(x, n)
    Print x; "的"; n; "次方=" ; y
End Sub

Private Function Power#(x!, n%)
    If n>1 Then
        Power=_____
    Else
        _____
```

```
        End If
End Function
```

三、编程题

1. 将例 9.3 中的 Function 过程改写为一个求 n! 的 Sub 过程，并实现调用。请观察 Sub 过程与 Function 过程在定义与调用时的区别，并注意参数传递方式的选用。

2. 求 100 以内的全部素数，每行输出 10 个。要求定义和调用一个 Function 过程 Prime(m) 判断 m 是否为素数，当 m 为素数时返回 1，否则返回 0。

3. 编写过程，用下面的公式计算 π 的近似值。

$$\frac{\pi}{4} = 1 - \frac{1}{3} + \frac{1}{5} - \frac{1}{7} + ... + (-1)^{n-1}\frac{1}{2n-1}$$

要求调用该过程，并分别输出当 n=100，300，1000 时 π 的近似值。

4. 编写一个过程，完成从一组数中找到最小值及其位置的功能。调用此过程，从某个一维数组中找出最小值元素及其下标。

5. 定义一个大小为 100 的一维数组，编写 3 个过程并调用它们完成如下功能：用随机函数给数组中的所有元素赋值；将所有数组元素按由小到大的顺序排序；将所有元素 10 个一行输出。

6. 参照例 9.8，编写一个计算面积的过程，使它能够有选择地计算圆或长方形的面积，并给予验证。

第10章
文件

文件在计算机的操作中很常用，如文本文件、Word 文档文件、Excel 电子表格文件、jpg 图片文件、VB 中的窗体文件等。所谓"文件"是指存储在某种介质上的数据集合，文件在存储介质上的位置是由驱动器、文件夹和文件名来定位的。在实际工作中，经常要保存一些有价值的数据，可以通过文件系统将计算机内存中的数据转存到磁盘或磁带上，即进行添加、移动、改变、创建或删除文件夹（目录）和文件等相关操作。

可以从不同的角度对文件进行分类。文件从内容上区分，可以分为程序文件和数据文件；文件从存储信息的编码方式区分，可分为 ASCII 文件、二进制文件等。本章主要讨论数据文件，数据文件存储的是程序运行时所用到的数据。在实际应用中，经常需要大量重复使用数据，如果每次都从键盘上进行输入，一方面会造成大量的人力、物力的浪费；另一方面增大了输入出错的可能。因此，经常采用的解决办法是，把待输入的大量数据预先准确无误地以文件的形式储存在磁盘上，使用的时候，从文件中读出数据即可。同理，也可以把程序的运行结果存到磁盘上，既能长期保存数据，又能方便地实现数据的共享。

从 VB 的第一版直到现在，传统上，文件处理都是通过使用 Open 语句以及其他一些相关的语句和函数来实现的。文件本身实际上就是一系列定位在磁盘上的相关字节；在 VB 中，文件按照存取访问方式，分为顺序文件、随机文件和二进制文件。当应用程序访问一个文件时，必须假定字节表示什么（字符、数据记录、整数、字符串等等）信息，然后根据文件包括什么类型的数据，使用合适的文件访问类型。VB 为用户提供了多种处理文件的方法，具有较强的文件处理能力。

为了更加方便地让用户能够管理和开发文件方面的相关程序，VB 还提供了驱动器列表框、目录列表框和文件列表框控件。这三种控件组合起来可以创建自定义文件系统对话框，用来显示驱动器、目录和文件的相关信息。运用文件系统的这三种控件，结合传统文件的打开、关闭和数据的读写语句等方法，也是处理文件的比较有效的途径。

10.1 文件的基本操作流程

在 VB 中，对于顺序文件、随机文件和二进制文件的操作通常都有 3 个步骤：打开文件、访问文件、关闭文件。本节对以上 3 个步骤做一个简要的介绍，具体的语句格式及使用将在后续小节中进行详细的讨论。

10.1.1　打开文件

文件操作的第一步是打开文件。在创建新文件或使用旧文件之前，必须先打开文件。打开文件的操作，会为这个文件在内存中准备一个读写时使用的缓冲区，并且声明文件在什么地方、叫什么名字、文件处理方式如何。

10.1.2　访问文件

访问文件是文件操作的第二步。所谓访问文件，即对文件进行读/写操作。从磁盘将数据送到内存称为"读"，从内存将数据存到磁盘称为"写"。

10.1.3　关闭文件

打开的文件使用（读/写）完后，必须关闭，否则会造成数据丢失。关闭文件会把文件缓冲区中的数据全部写入磁盘，释放掉该文件缓冲区占用的内存。

10.2　文件的基本操作语句和函数

在 VB 中可以应用传统的文件处理的语句和函数，利用这些函数和语句可以完成修改目录、删除目录、删除文件和设置属性等操作。

10.2.1　文件操作语句

（1）MkDir 语句：创建一个新的目录或文件夹。

格式：MkDir　< path >

其中：path 参数指定要创建的目录或文件夹，可以包含驱动器；若没有指定驱动器，则默认在当前驱动器上创建新的目录或文件夹（默认的路径为 VB 程序的安装文件夹。如果改变了窗体文件及工程文件的保存目录，则默认路径会变更为窗体文件或工程文件的保存路径；以下的默认均指该含义。可以通过 CurDir 函数得到默认目录的相关信息）。

例如：在 D 盘上建立一个名为"myvb"的目录，可以使用语句：MkDir " D:\myvb"。

（2）RmDir 语句：删除一个存在的目录或文件夹。

格式：RmDir　< path >

其中：path 参数指定要删除的目录或文件夹，可以包含驱动器；若没有指定驱动器，则默认在当前驱动器上删除目录或文件夹。RmDir 语句只能删除空的子目录或文件夹，不能删除根目录。

例如：删除上面语句刚建立的"myvb"目录，可以使用语句：RmDir " D:\myvb"。

（3）Kill 语句：从磁盘中删除已经关闭的文件。

格式：Kill　< path >

其中：path 参数指定要删除的文件的路径，可以包含目录或文件夹以及驱动器，可以使用?和*作为通配符。如果删除非当前目录中的文件，则必须指定文件路径。

例如：删除 D 盘上 myvb 目录下的所有扩展名为 jpg 的图片文件，可以使用语句：Kill " D:\myvb*.jpg"。

（4）FileCopy 语句：复制一个已经关闭的文件。

格式：FileCopy ＜ source ＞, ＜ destination ＞

其中，source 参数为必选项，指定要被复制的源文件的路径，可以包含目录或文件夹以及驱动器。destination 参数为必选项，指定要复制的目的文件名，可以包含目录或文件夹以及驱动器。如果非当前目录，则必须在两个参数中分别指明路径。

例如：语句 FileCopy "D:\vb.txt", "D:\myvb\ myvb.txt"，功能就是把 D 盘根目录下的 vb.txt 文件，复制到 D 盘的 myvb 目录下面，并命名为 myvb.txt。

（5）Name 语句：对已经关闭的文件或目录重新命名。

格式：Name ＜ oldpathname ＞ AS ＜ newpathname ＞

其中，oldpathname 参数为必选项，指定已经存在的源文件名或目录；newpathname 参数为必选项，指定新文件名或目录；Name 语句重新命名文件并将其移动到一个不同的目录或文件夹中。如有必要，Name 可以跨驱动器移动文件。但是当 newpathname 和 oldpathname 都在相同的驱动器时，只能重新命名已经存在的目录或文件名。

Name 语句的文件名不支持？或*通配符。例如：

```
Name "D:\myvb" As "D:\mypic"              ' 将"D:\myvb"目录更名为"D:\mypic"
Name "D:\mypic\1.jpg" As "D:\mypic\N.jpg" ' 将"1.jpg"文件更名为"N.jpg"
Name "D:\mypic\N.jpg" As "D:\m.jpg"       ' 将"N.jpg "移到根目录下，更名为"m.jpg "
```

10.2.2 文件操作函数

（1）CurDir()函数：返回指定驱动器的当前目录路径。

格式：DirName = CurDir（[drivename]）

其中，DirName 参数为设置的变量，存储返回的路径。drivename 参数指定一个存在的驱动器名。若没有指定驱动器名，或 drivename 是零长度字符串（""），则 CurDir 返回当前驱动器的目录路径。假设当前驱动器目录为 D:\myvb，则：

```
Print CurDir            ' 得到的结果为"D:\myvb"
Print CurDir("")        ' 得到的结果为"D:\myvb"
Print CurDir("d:")      ' 得到的结果为"D:\myvb"
```

（2）GrtAttr()函数：返回指定文件属性所对应的整型值；对应关系见表 10-1。

表 10-1　　　　　　　　　　　　　文件属性与对应整数值

整数值	属性名	功　　能
0	Normal	"常规" 属性文件
1	ReadOnly	"只读" 属性文件
2	Hidden	"隐藏" 属性文件
4	System	"系统" 属性文件
16	Directory	目录或文件夹
32	Archive	"档案" 属性文件

格式：RetValue = GrtAttr（＜ filename ＞）

其中，RetValue 参数为设置的变量，存储指定的文件属性所对应的整数值。filename 参数指定文件的路径和文件名。

因为一个文件可以同时具有多个属性，所以函数的返回值可以是属性值的组合。如函数的返回值为 6，即 2+4，则表示该文件具有隐藏和系统属性；如果函数的返回值为 16，则表示不是一个文件，而是一个目录或文件夹。

（3）FileLen()函数：以字节为单位返回指定的、未打开的文件的长度，类型为长整型。

格式：RetValue = FileLen（< filename >）

例如：要测试文件"D:\myvb\1.jpg"的长度，可以使用语句：FL = FileLen("D:\myvb\1.jpg")。

（4）Lof()函数：返回指定的已经打开的文件的字节长度。

格式：Length = Lof（< filenumber >）

其中，filenumber 参数指文件打开时设置的文件号。利用该函数可以方便地计算一个随机文件的记录总数。

（5）Eof()函数：测试文件指针是否到了文件尾。

格式：RetValue = Eof（< filenumber >）

如果到了文件尾，函数返回值为 True；如未到文件尾，则函数返回值为 False。利用该函数，再结合循环语句，可以实现对文件内容的全部读取。

（6）Loc()函数：返回上一次从打开文件中读写数据的位置。

格式：RecNo = Loc（< filenumber >）

对于顺序文件，该函数返回从文件打开以来读写数据块的个数，一个数据块默认长度为 128 字节；对于随机文件，该函数返回上一次读写记录的记录号；对于二进制文件，该函数返回上一次读写数据的最后一个字节的位置。

（7）Seek()函数：返回已经打开文件中指针的当前位置。

格式：CurRecNo = Seek（< filenumber >）

对于顺序文件和二进制文件，该函数返回当前要读写数据的字节位置；对于随机文件，该函数返回当前要读写记录的记录号。

【例 10.1】在窗体上添加一个命令按钮，通过其单击事件实现以下操作。

1. 在 D 盘上创建一个名为 myvb 的目录；

2. 将"D：\VB"目录下的 readme.txt 文件复制到 myvb 目录中；

3. 设置"D：\myvb"目录为当前目录；

4. 将"D：\myvb\readme.txt"文件更名为 read.txt；

5. 测试 read.txt 文件的系统属性和文件长度；

6. 删除 read.txt 文件和其所在的目录 myvb。

程序代码如下：

```
Private Sub Command1_Click()
    Dim wj As Integer, size As Long
    MkDir "d:\myvb"
    FileCopy "d:\vb\readme.txt", "d:\myvb\readme.txt"
    ChDir "d:\myvb"
    Name "d:\myvb\readme.txt" As "d:\myvb\read.txt"
    wj = GetAttr("d:\myvb\read.txt")
    size = FileLen("d:\myvb\read.txt")
```

```
        MsgBox "文件属性: " & wj & "文件长度: " & size
        Kill "d:\myvb\read.txt"
        RmDir "d:\myvb"
End Sub
```

10.3 顺序文件

顺序文件用于处理一般的文本文件，它是标准的 ASCII 文件。顺序文件中各数据的写入顺序、在文件中的存放顺序和从文件中的读出顺序三者是一致的。即先写入的数据放在最前面，也将最早被读出。如果要读第 50 个数据，必须从第一个数据读起，读完前面的 49 个数据以后才能读出第 50 个数据，不能直接跳转到指定的读写位置。这个特点也就是它的缺点，顺序文件的优点是占用的空间较少。

当要处理只包含文本的文件时，比如由文本编辑器所创建的文件，其中的数据没有分成记录的文件，使用顺序访问比较好。不过，顺序型访问不太适合存储很多数字，因为每个数字都是按字符串进行存储的。

顺序文件按行组织信息，每行由若干项组成，行的长度不固定，每行由回车换行符结束。

10.3.1 打开顺序文件

对于顺序文件，在进行操作之前，必须用 Open 语句打开然后再进行相关操作。

格式：Open 文件名 [For 打开方式] AS [#] 文件号

其中，文件名是指打开的文件的名字，可以包含驱动器和目录；可以是字符串常数，也可以是字符串变量。打开方式包含 3 种：Input、Output 和 Append。Input 方式向计算机输入数据，即从打开的文件中读出数据。Output 方式向文件写入数据，即从计算机向所打开的文件写数据。如果该文件中原来有数据，则原来的数据会被覆盖，只保留新写入的数据。通常在创建一个新的顺序文件时使用该方式。Append 是向文件添加数据，即从计算机向所打开的文件添加数据。它会把新的数据添加到文件原有数据的后面，文件中的原有数据保留不变。文件号是一个 1～511 的整数。它用来代表所打开的文件，文件号可以是整数或数值型变量。例如：

```
Open "d:\wenjian1.txt" For Input As #3
```

该语句以输入方式打开文件 wenjian1.txt，并指定文件号为 3。

```
Open "d:\wenjian2.txt" For Output As #5
```

该语句以输出方式打开文件 wenjian2.txt，即向文件 wenjian2.txt 进行写操作，指定文件号为 5。

```
Open "d:\wenjian3.txt" For Append As #1
```

该语句以添加方式打开文件 wenjian3.txt，即向文件 wenjian3.txt 添加数据，指定文件号为 1。

10.3.2 顺序文件的写操作

VB 用 Print 语句或 Write 语句向顺序文件写入数据。创建一个新的顺序文件或向一个已存在的顺序文件中添加数据，都是通过写操作实现的。另外，顺序文件也可由文本编辑器（记事本、Word 等）创建。

1. Print 语句

格式：Print　#文件号 [, 输出表列]

其中，文件号是在 Open 语句中指定的。"输出表列"是准备写入到文件中的数据，可以是变量名也可以是常数，数据之间用 ","或";" 隔开，输出表列中还可以使用 Tab 和 Spc 函数，它们的意义与 Print 方法中介绍的一样。例如：

```
Open "d:\w1.txt" For Output As #3
Print #3, "beijing", "huanying", "nin!"
Print #3, "北京", "欢迎", "您! "
Close #3
```

写入到文件中的数据为：

beijing　　　　huanying　　　nin!

北京　　　　　欢迎　　　　　您!

在实际应用中，经常把一个文本框的内容以文件的形式保存在磁盘上。例如：

```
Open "d:\w2.txt" For Output As #4
Print #4, Text1.Text
Close #4
```

2. Write 语句

格式：Write　#文件号 [, 输出表列]

其中，文件号和输出表列的意义与 Print 语句相同。

用 Write 语句向文件写入数据时，与 Print 语句不同的是，Write 语句能自动在各数据项之间插入逗号，并给各字符串加上双引号。例如：

```
Open "d:\w3.txt" For Output As #1
Write #1, "大家好，"; "欢迎您。"
Write #1, "2010 年"; "9 月"
Close #1
```

写入到文件中的数据为：

"大家好，","欢迎您。"

"2010 年","9 月"

10.3.3　顺序文件的读操作

顺序文件的读操作，就是从已存在的顺序文件中读取数据。在读一个顺序文件时，首先要用 Input 方式将准备读的文件打开。VB 提供了 Input、Line Input 语句和 Input 函数将顺序文件的内容读入。

1. Input 语句

格式：Input　#文件号，变量表列

其中，变量用来存放从顺序文件中读出的数据。变量表列中的各项用逗号隔开，并且变量的个数和类型应该与从磁盘文件读取的记录中所存储的数据的状况一致。

使用该语句将从文件中读出数据，并将读出的数据分别赋给指定的变量。为了能够用 Input 语句将文件中的数据正确地读出，在将数据写入文件时，要使用 Write 语句而不是 Print 语句。因为 Write 语句可以确保将各个数据项正确地区分开。例如：

```
Open "d:\w3.txt" For Output As #8
Write #8, "大家好", "欢迎您。"
Write #8, 2010, 9
Close #8
此时，顺序文件 w3.txt 的内容如下：
"大家好，", "欢迎您。"
2010, 9
再执行以下程序段：
Open"d:\w3.txt" For Input As #8
Input #8, a, b
Input #8, x, y
Print a; b
Print x; y; x; -y
Close #8
那么在窗体上显示的内容为：
大家好，欢迎您。
2010  9  2001
```

2. Line Input 语句（从打开的顺序文件中读取一行）

格式：Line Input   #文件号，字符串变量

其中，字符串变量用来接收从顺序文件中读出的一行数据。读出的数据不包括回车及换行符。例如：打开刚才的 w3.txt 文件，将结果显示在文本框中；代码如下：

```
Open "d:\w3.txt" For Input As #3
Line Input #3, x
Line Input #3, y
Text1.Text = x & y
Close #3
```

文本框显示的内容为：

"大家好，","欢迎您。"2010,9

3. Input 函数

格式：Input（字符数，#文件号）

Input 函数可以从打开的顺序文件读取指定数量的字符。Input 函数返回从文件中读出的所有字符，包括逗号、回车符、换行符、引号和空格等。

10.3.4   关闭顺序文件

在对一个文件操作完成以后，要用 Close 语句将其关闭。

格式：Close [文件号列表]

其中，文件号表列是用","隔开的若干个文件号，文件号与 Open 语句的文件号相对应。例如：

```
Close  #1, #3, #5     该语句将关闭文件号为 1，3，5 的文件。
```

10.4   随机文件

随机文件可以直接快速访问文件中的任意一条记录，它的缺点是占用空间较大。随机文件由固定长度的记录组成，一条记录包含一个或多个字段。具有一个字段的记录对应于任一标准类型，比如整数或者定长字符串。具有多个字段的记录对应于用户定义类型。随机文件中每个记录都有一个记录号，只要指出记录号，就可以对该文件进行读写。

10.4.1   打开与关闭随机文件

在对随机文件进行操作之前，也必须用 Open 语句打开。随机文件的打开方式必须是 Random 方式，同时要指明记录的长度。与顺序文件不同的是，随机文件打开后，可同时进行写入与读出操作。

格式：Open 文件名 For Random As #文件号 Len = 记录长度

其中，记录长度是一条记录所占的字节数，可以用 Len 函数获得。

随机文件的关闭同顺序文件一样，用 Close 语句。

10.4.2   随机文件的写操作

用 Put 语句进行随机文件的写操作。

格式：Put # 文件号，记录号，变量

其中，记录号参数指定要写入或替换的记录的记录号，如果省略，则指当前记录的记录号；变量参数设置保存数据的复合变量名，其类型必须与随机文件中的记录类型保持一致。例如：

```
Put  #1, 9, t        '将变量 t 的内容送到 1 号文件的第 9 条记录中。
```

Put 语句可以完成以下操作。

1. 替换记录

用 Put 语句替换记录，只需要指明要替换的记录号即可。

2. 添加记录

用 Put 语句可以向已经打开的随机文件的末端添加记录，只需要把记录号的数值设置得比文件中的记录数多 1 即可。

3. 删除记录

通过清除其字段可以删除一条记录，但该记录仍在文件中存在。通常文件中不能有空记录，因为这样会浪费空间和干扰顺序操作。解决的办法是，把余下的记录拷贝到一个新文件中，然后删除旧文件，步骤如下：

① 创建一个新文件；

② 把所有有用的记录从原文件复制到新文件；

③ 关闭原文件并用 Kill 语句删除它；

④ 用 Name 语句把新文件更名为原文件。

10.4.3   随机文件的读操作

用 Get 语句进行随机文件的读操作。

格式：Get # 文件号，记录号，变量

其中，记录号指定要从文件中读取数据的记录的记录号，如果省略，则指当前记录的记录号。刚打开的文件，记录指针指向首记录，其记录号为 1。利用 Get 语句一次只能读取一条记录；要读取多条记录，必须用循环语句来实现。例如：

```
Get #2, 3, u        ' 将 2 号文件的第 3 条记录读出后存放到变量 u 中
```

【例 10.2】建立一个随机文件，文件包含用户的序号、名字和年龄。程序运行界面如图 10-1 所示。

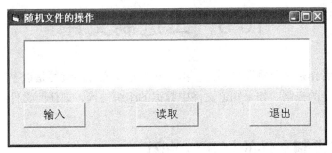

图 10-1 例 10.2 的运行界面

程序代码如下：

'标准模块中的代码

```
Type kehu
no As Integer
na As String * 15
nl As Integer
End Type
```

' "输入" 按钮中的代码

```
Private Sub Command1_Click()
Dim ss As kehu
Dim s1, s2, s3, t As String
Dim i As Integer
Open "d:\kehu.txt" For Random As #2 Len = Len(ss)
t = "写记录到随机文件"
s1 = "输入序号"
s2 = "输入姓名"
s3 = "输入年龄"
For i = 1 To 4
    ss.no = Val(InputBox(s1, t))
    ss.na = Val(InputBox(s2, t))
    ss.nl = Val(InputBox(s3, t))
    Put #2, i, ss
Next i
Close #2
End Sub
```

' "读取" 按钮中的代码

```
Private Sub Command2_Click()
Dim ss As kehu
Dim s1, s2, s3, t As String
Dim i As Integer
Open "d:\kehu.txt" For Random As #3 Len = Len(ss)
i = Val(InputBox("输入序号 1-4", "读取内容"))
Get #3, i, ss
Text1.Text = Str$(ss.no) + ss.na + Str$(ss.nl)
Close #3
End Sub
```

10.5　二进制文件

二进制文件被看作是字节顺序排列的。由于对二进制文件的读写是以字节为单位进行的，因此能对文件进行完全的控制。如果知道文件中数据的组织结构，则任何文件都可以当作二进制文件来处理使用。

10.5.1　二进制文件的打开与关闭

二进制文件的打开用 Open 语句。

格式：Open　文件名　For　Binary　As　#文件号

使用 Close 语句关闭二进制文件。

10.5.2　二进制文件的读、写操作

对二进制文件的读/写同随机文件一样用 Put 和 Get 语句。

格式：Put　#　文件号，位置，变量

格式：Get　#　文件号，位置，变量

其中，位置指定读写文件的开始地址，它是从文件头算起的字节数。Get 语句从该位置读 Len(变量)个字节到变量中；Put 语句则从该位置把变量的内容写入文件，写入的字节数为 Len(变量)。例如，从文件 wenjian.txt 的位置 20 起写入一个字符串"欢度国庆！"。代码如下：

```
Open "d:\wenjian.txt" For Binary As #1
s$ = "欢度国庆！"
Put #1, 20, s$
Close #1
```

10.6　文件系统控件

为了管理计算机中的文件，VB 提供了驱动器列表框、目录列表框和文件列表框控件，这三种控件组合起来可以创建自定义文件系统对话框，用来显示驱动器、目录和文件的相关信息。

10.6.1　驱动器列表框

驱动器列表框（DriveListBox）是下拉式列表框，如图 10-2 所示；其系统默认名为 Dreve1。

设置驱动器有以下三种方法。

（1）直接在驱动器列表框中输入驱动器标识符，也可以单击驱动器列表框右侧的箭头，在下拉列表框中选定新驱动器；缺省时显示系统当前驱动器。

（2）在代码中用 Dreve 属性来设置当前驱动器。

格式：Object.Drive = ["DriveName"]

其中，Object 参数为驱动器列表框的名称；DriveName 为驱动器名，如果省略则为系统当前默认驱动器。

图 10-2 驱动器列表框

（3）在代码中用 ChDrive 语句设置驱动器。

格式：ChDrive < "DriveName" >

假如设置当前驱动器为 C，可以用语句 Drive1.Drive = "C:\ "，或 ChDrive "C "。如果要自动地变更当前的工作驱动器，则可以使用语句 ChDrive Drive1.Drive。每次重新设置驱动器名时，都将引发 Change 事件。

10.6.2 目录列表框

目录列表框（DirListBox）用于显示用户系统上的当前驱动器或指定驱动器上的目录结构；其系统默认名 Dir1。从根目录开始，各目录按子目录的层次依次缩进，如图 10-3 所示。

目录列表框中的每一个目录都关联着一个唯一的标识符 ListIndex，通过该标识符可以区别目录列表框中的每一个目录。当前指定的目录的 ListIndex 的值为-1。紧邻其上的目录的 ListIndex 的值为-2，再上一个 ListIndex 的值为-3，依次类推。紧邻其下的子目录中，第一个子目录的 ListIndex 的值为 0，第二个子目录的 ListIndex 的值为 1，依次类推。设置目录有以下三种方法。

图 10-3 目录列表框

（1）直接在目录列表框中选择目录，缺省时显示系统当前目录。

（2）在代码中利用 Path 属性来设置当前目录。

格式：Object.Path = ["PathName"]

其中，Object 为目录列表框的名称；PathName 参数设置目录名，如果缺省则为系统当前默认目录。

（3）在代码中用 ChDir 语句设置目录。

格式：ChDir < "PathName" >

假如设置当前目录为"D:\myvb"，可以用语句 Dir1.Path = " D:\myvb "，或 ChDir " D:\myvb "。如果要自动地改变当前的工作路径，则可以使用语句 ChDir Dir1.Path。每次重新设置目录时，都将引发 Change 事件。

10.6.3 文件列表框

文件列表框常与目录列表框配合使用，来显示指定目录下的文件列表；在文件列表框中可以选择要操作的一个或多个文件。其系统默认名为 File1，如图 10-4 所示。

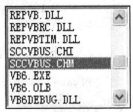

文件列表框的常用属性有以下几个。

图 10-4 文件列表框

1．Path 属性

返回或设置在文件列表框中显示的文件路径。例如，要在文件列表框中显示 "D:\myvb" 目录下的所有文件，可以使用语句 File1.Path = " D:\myvb "。

2．Pattern 属性

设置在文件列表框中要显示的文件类型。

该属性可以在属性窗口设置，也可以在代码中设置。其默认值为 *.* ，即默认显示所有文件。文件类型的表达式中可以使用? 或* 通配符；如果要表达多种文件类型，则各种类型表达式之间用分号隔开。

例如，要在文件列表框中只显示扩展名为.jpg 和.bmp 的文件，可以使用语句 File1.Pattern = " *.jpg "; " *.bmp "。

3．Archive、Normal、System、Hidden 和 ReadOnly 属性

在文件列表框中指定要显示的文件类型，各个属性的功能如表 10-2 所示。

例如：想在列表框中只显示系统文件，可以进行如下设置：

```
File1. System = True
File1. Archive = False
File1. Normal = False
File1. Hidden = False
File1. ReadOnly = False
```

表 10-2   文件属性与对应功能

属性名	功　　能
Archive	是否显示"档案"属性文件
Normal	是否显示"常规"属性文件
System	是否显示"系统"属性文件
Hidden	是否显示"隐藏"属性文件
ReadOnly	是否显示"只读"属性文件

当 Normal 为 True 时将显示无 System 或 Hidden 属性的文件。当 Normal 为 False 时仍然可以显示具有 ReadOnly 或 Archive 属性的文件，只需将这些属性设置为 True 即可。

10.6.4　文件系统控件综合使用

通常驱动器列表框、目录列表框和文件列表框一起使用，在显示信息时可以同步。如要产生此效果，需要有两个 Change 事件。

（1）驱动器列表框的 Change 事件，代码如下：

```
Private Sub Drive1_Change()
     Dir1.Path = Drive1.Drive
End Sub
```

（2）目录列表框的 Change 事件，代码如下：

```
Private Sub Dir1_Change()
     File1.Path = Dir1.Path
End Sub
```

现将以上所述的有关驱动器列表框、目录列表框和文件列表框各个控件的功能综合起来，制作一个比较实用的图片预览器的应用程序。

【例10.3】媒体播放器（添加多媒体控件的方法：如图 10-5 所示，在工具栏的空白处单击右键，选择"部件"，找到列表中的"Windows Media Player"，勾选前面的"√"，再单击"确定"按钮，工具栏中就会出现"Windows Media Player"控件；选择该控件，在窗体中就可以绘制一个媒体播放器）。

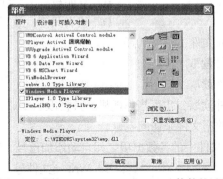

图 10-5　添加 Windows Media Player 控件的过程

程序代码如下：

```
Private Sub Command1_Click()
ChDrive Drive1.Drive
ChDir Dir1.Path
WindowsMediaPlayer1.url = File1.FileName
End Sub
Private Sub Command2_Click()
End
End Sub
Private Sub Dir1_Change()
File1.Path = Dir1.Path
End Sub
Private Sub Drive1_Change()
Dir1.Path = Drive1.Drive
End Sub
```

程序运行结果如图 10-6 所示。

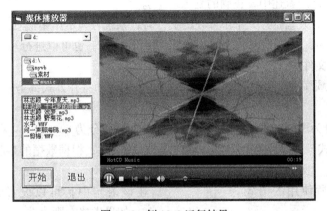

图 10-6　例 10.3 运行结果

习 题 10

一、单选题

1. 顺序文件在一次打开期间（　　）。

　　A. 只能读，不能写　　　　　　　　　B. 只能写，不能读

　　C. 既可读，又可写　　　　　　　　　D. 或者只读，或者只写

2. VB 的窗体文件（.frm 文件）（　　）。

　　A. 可以当作顺序文件读取

　　B. 可以当作随机文件读取

　　C. 既可当作顺序文件读取，也可当作随机文件读取

　　D. 不能作为 VB 的数据文件来访问

3. 如果希望在写到顺序文件中的各数据项之间自动添加逗号，应使用的写语句是（　　）。

　　A. Print #文件号　　　　　　　　　　B. Write #文件号

　　C. Print　　　　　　　　　　　　　　D. Write

4. 窗体上有一个名称为 Text1 的文本框和一个名称为 Command1 的命令按钮。要求程序运行时，单击命令按钮，就可把文本框中的内容写到文件 out.txt 中，每次写入的内容接在文件原有内容之后。下面正确的程序是（　　）。

　　A. Private Sub Command1_Click()　　　　B. Private Sub Command1_Click()

　　　　Open "out.txt" For Input As #1　　　　　　Open "out.txt" For Output As #1

　　　　Print #1, Text1.Text　　　　　　　　　　Print #1, Text1.Text

　　　　Close #1　　　　　　　　　　　　　　　Close #1

　　　　End Sub　　　　　　　　　　　　　　　End Sub

　　C. Private Sub Command1_Click()　　　　D. Private Sub Command1_Click()

　　　　Open "out.txt" For Append As #1　　　　　Open "out.txt" For Random As #1

　　　　Print #1, Text1.Text　　　　　　　　　　Print #1, Text1.Text

　　　　Close #1　　　　　　　　　　　　　　　Close #1

　　　　End Sub　　　　　　　　　　　　　　　End Sub

5. 下列有关文件的叙述中，正确的是（　　）。

　　A. 以 Output 方式打开一个不存在的文件时，系统将显示出错信息

　　B. 以 Append 方式打开的文件，既可以进行读操作，也可以进行写操作

　　C. 在随机文件中，每个记录的长度是固定的

　　D. 无论是顺序文件还是随机文件，其打开的语句和打开方式都是完全相同的

二、填空题

1. 文件可以分为不同的种类。根据数据的类型，可以分为_____和_____文件；根据数据的编码方式，可以分为_____和_____文件；根据数据的存取方式和结构，可以分为_____和_____文件。

2. 打开文件所使用的语句为_____。在该语句中，可以设置的输入输出方式包括_____、_____、_____、_____和_____，如果省略，则为_____方式。存取类型分

为_____、_____和_____三种。

3. 在 VB 中，顺序文件的读操作通过_____和_____语句或_____函数实现。随机文件的读写操作分别通过_____和_____语句实现。

4. 顺序文件通过_____语句或_____语句把缓冲区中的数据写入磁盘，但只有在满足三个条件之一时才写盘，这三个条件是_____、_____和_____。

5. 在窗体上画一个驱动器列表框、一个目录列表框和一个文件列表框，其名称分别为 Dri1、Dir1、File1；为了使它们同步操作，必须触发_____事件和_____事件，在这两个事件中执行的语句分别为_____和_____。

6. 窗体上有名称为 Command1 的命令按钮及名称为 Text1 的文本框。单击命令按钮，则可打开磁盘文件 d:\VB\test.txt，并将文件中的内容（多行文本）显示在文本框中。下面是实现此功能的程序（回车、换行的 ASCII 码分别是 13、10），请填空。

```
Private Sub Command1_Click()
    Dim ch As String
    Text1 = ""
    Open _____ For Input As #2
    Do While Not EOF( _____ )
        Line Input #2, ch
        Text1.Text = Text1.Text + _____ + Chr(13) + Chr(10)
    Loop
    Close #2
End Sub
```

7. 在当前目录下有一个名为"myfile.txt"的文本文件，其中有若干行文本。下面程序的功能是读入此文件中的所有文本行，按行计算每行字符的 ASCII 码之和，并显示在窗体上。请填空。

```
Private Sub Command1_Click()
    Dim ch$, ascii As Integer
    Open "myfile.txt" For _____ As #1
    While Not EOF(1)
        Line Input #1, ch
        ascii = toascii(_____ )
        Print ascii
    Wend
    Close #1
End Sub
Private Function toascii(mystr As String) As Integer
    n = 0
    For k = 1 To _____
        n = n + Asc(Mid(mystr, k, 1))
    Next k
    toascii = n
End Function
```

三、简答题

1. 什么是文件？什么是数据文件？

2. 简述文件操作的步骤。

3. 使用数据文件有什么好处？

四、编程题

1. 通过键盘输入 5 个学生的数据，并将数据保存到顺序文件 sdata.txt 中。数据项包括编号、姓名、性别和年龄信息。

2. 从 sdata.txt 读取数据到内存，并将数据在窗体上显示出来。程序运行结果如图 10-7 所示。

图 10-7　从文件读取数据

3. 编程实现具有对学生成绩录入、修改和显示功能的随机文件。程序运行结果如图 10-8 所示。

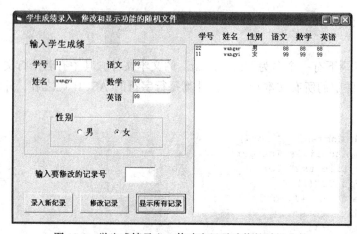

图 10-8　学生成绩录入、修改和显示功能的随机文件

4. 编写程序可以复制任何类型的文件。打开和保存文件时使用通用对话框。

第**11**章
菜单、对话框及其他控件功能

菜单以其友好的可视化界面而大量出现在基于 Windows 的应用程序中。菜单能够给庞杂的命令进行分组，使用户能够更方便、更直观地访问这些命令。同时，菜单还能使用户设计的应用程序看起来更专业、更加美观大方。对话框是应用程序在执行过程中与用户进行交流的窗口。在 VB 中，可以利用系统提供的通用对话框，也可以根据需要自己设计对话框。

11.1　菜单简介

从开发和应用的角度上讲，菜单就是可以选择命令的一个列表。它一般分为下拉式菜单和弹出式菜单两种。下拉式菜单的菜单栏显示在窗体的标题栏下面，在菜单栏中显示菜单的标题。当用户单击菜单栏中的菜单标题时，会出现相应的包含菜单项的列表。菜单项可以是命令、分隔条或是子菜单标题。如图 11-1 所示是媒体播放器的"工具"的下拉式菜单。

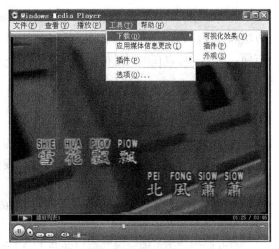

图 11-1　下拉式菜单

在菜单中，有的菜单项是可以直接执行的命令，比如文本编辑软件中常见的"编辑"菜单中的"撤销"菜单项，单击它就可撤销刚才的操作。还有些菜单项可以显示一个对话框，要求用户根据实际情况提供下一步程序执行所需要的数据或设置；这一类菜单项的文字后面通常会带有"…"，例如图 11-1 中的"选项"菜单项。再有一种菜单项是下一级菜单的标题，这种菜单项的文字后面会带有"▶"，当鼠标移至该菜单项时，就会显示出它的子菜单。VB 规定，每个菜单项最多有四级子菜单。在实际应用中，为了使应用程序系统化且使用更方便，通常是将每个菜单项按照它们的功能和用途与它同类的菜单项放在一个分组中；在菜单主体中，还可以使用分隔条将处理相似事务的菜单项放在一起。

在 Windows 的应用程序中，还有另外一种菜单，它一般是通过单击鼠标右键而激活的，称为弹出式菜单。弹出式菜单是显示在窗体之上，独立于菜单栏的浮动式菜单。它显示的位置一般取决于单击鼠标右键时鼠标指针在窗体中的位置，因此有时也被称为"快捷菜单"或"上下文菜单"。不同的情景下，在不同位置弹出的弹出式菜单的内容是不一样的，使用弹出式菜单来调用或执行某种操作是比较常用的一种高效的方法。如图 11-2 所示是在记事本中单击鼠标右键所激活的弹出式菜单。

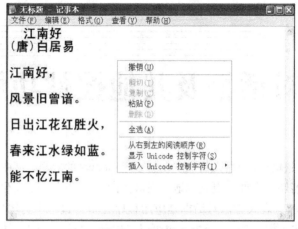

图 11-2　弹出式菜单

11.2　菜单编辑器和建立菜单

在 VB 中，菜单是一个图形对象。每一个菜单项都是一个 menu 控件，它们有自己的属性、方法和事件。VB 应用程序中的菜单可以利用"菜单编辑器"来进行设计。它的主要优点是使用方便、简洁，可以在编程量很小的情况下完全交互式的快速自定义和建立菜单。

11.2.1　菜单编辑器

打开"菜单编辑器"有四种方法。

- 在设计状态下，选择"工具"菜单下的"菜单编辑器"命令。
- 单击工具栏中的"菜单编辑器"快捷按钮。
- 按下快捷键 Ctrl + E 键。
- 在窗体的空白处单击鼠标右键，在弹出的快捷菜单中选择"菜单编辑器"菜单项。

打开后的"菜单编辑器"窗口如图 11-3 所示。

"菜单编辑器"窗口分为上、中、下三个部分。上面部分称为属性设置区，主要用来对菜单项进行属性设置；中间部分的 7 个按钮可以对菜单项进行简单的编辑；下面部分的空白区域用来显示用户设置的全部菜单项的内容。"菜单编辑器"窗口中的主要组成元素的功能如下。

（1）标题文本框：用来显示在窗体上的用户建立的菜单标题，输入的内容会在菜单编辑器窗口的下面的空白部分显示出来。如果设计的菜单需要分

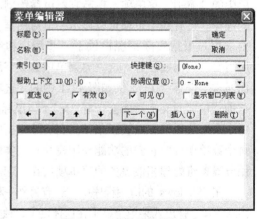

图 11-3　"菜单编辑器"窗口

组，并要用分隔条分开，在标题文本框中输入减号"–"即可产生一个分隔条。

如果输入时在菜单标题的某个字母前加上一个"&"号，那么该字母就成为该菜单项的热键；在窗体上显示时，字母有下划线，操作时只要按键盘 Alt + 该字母键就可以选择这个菜单项。例如，要建立编辑菜单"编辑（E）"，应该在标题文本框中输入"编辑（&E）"；而"E"就是该菜单项的热键。需要注意的是：不能为不同的菜单项建立相同的热键；否则，只有第一次建立的热键才会有效。

（2）名称文本框：用来输入菜单项的名称。菜单项的名称不是在窗体上显示出来的，而是用来在代码编辑时代表相应的菜单项。不过，只要用户在标题文本框中输入了一个菜单标题，那么在名称文本框中就会自动有一个对应的菜单名称，分隔符也不例外。

（3）索引文本框：用来输入 Menu 控件数组元素的下标。Menu 控件数组是一组名称相同的 menu 控件，数组中的元素必须是连续的并且在相同的子菜单内。数组中的每个元素必须有索引。

（4）快捷键列表框：在此列表框中列出了很多快捷键，供用户为菜单项选择一个快捷键。快捷键可以不进行设置，如果设置了快捷键，窗体运行时它就会显示在菜单标题的右边；但是，顶层菜单不能设置快捷键。

（5）复选框："复选"属性设置为 True 时，可以在相应的菜单项左侧加上一个"√"号，表明该菜单项当前处于活动状态；该复选框默认为 False。

（6）有效复选框："有效"属性决定菜单项是否有效。如果复选框被选中，表示菜单项的 Enabled 属性为 True，程序执行时菜单项正常显示，响应用户的事件；如果复选框未被选中，表示菜单项的 Enabled 属性为 False，程序执行时菜单项变成灰色，不响应用户的事件；该复选框默认为 True。

（7）可见复选框："可见"属性决定菜单项是否可见。如果复选框被选中，表示菜单项的 Visible 属性为 True，程序执行时菜单项可见；如果复选框未被选中，表示菜单项的 Visible 属性为 False，程序执行时菜单项不可见；该复选框默认为 True。

（8）"←"和"→"按钮：用来产生或取消内缩符号"…"。如果建立好一个菜单项后按"→"按钮，则该菜单项在显示框中向右缩进四格距离并加上"…"，表示该菜单项为子菜单。如果建立好一个菜单项后按"←"按钮，则该菜单项在显示框中向左缩进四格距离并取消"…"，表示该菜单项为上一级的菜单项。

（9）"↑"和"↓"按钮：用来将选中的菜单项向上或向下移动一位，从而改变菜单中菜单项的上下顺序。

（10）"下一个"按钮：当设置完一个菜单项的各个属性后，单击"下一个"按钮，就可以设置下一个菜单项的属性。

（11）"插入"按钮：在选定的菜单项之前插入和该菜单项级别相同的菜单项。

（12）"删除"按钮：删除选定的菜单项。

（13）菜单显示区域：该区域用来显示用户为某一窗体设计的所有菜单项的标题。用户在设计菜单的过程中，编辑好的菜单项会立刻显示在此区域中。

11.2.2　菜单的设计与编程

设计一个菜单，首先要列出菜单的组成，即菜单包含哪些菜单项，菜单项如何分组以及哪些菜单项需要子菜单等。菜单列举出来以后，利用"菜单编辑器"按照菜单的组成进行设计。最后，再为每一个菜单项编写事件代码。

【例 11.1】设计菜单结构：窗体中有一个文本框，在窗体上建立"文件"和"字体"菜单。"文件"

菜单中包含"清空文本"和"退出"菜单项,"字体"菜单项中包含"楷体"、"宋体"和"字号"菜单项,而"字号"菜单项中又包含10、20、30菜单项。程序运行结果如图11-4和图11-5所示。

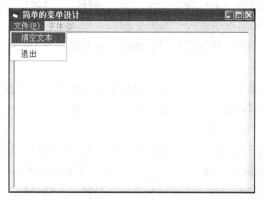

图11-4 例11.1 "文件"菜单项

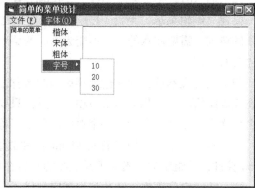

图11-5 例11.1 "字体"菜单项

窗体设计过程如下。

在窗体上添加文本框,其 Text 属性为"简单的菜单设计",其 MultiLine 属性为 True。然后设计菜单:打开菜单编辑窗口,将表11-1列出的各个菜单项属性输入到"菜单编辑器"中即可。

表 11-1 各菜单项属性

菜单项	名称(Name)	菜单项	名称(Name)	索引(Index)
文件(&F)	mf	字体(&O)	mfont	
…清空文本	mc	…楷体	mkai	
… -	ml	…宋体	msong	
…退出	me	…字号	msize	
		……10	mfs	1
		……20	mfs	2
		……30	mfs	3

【例 11.2】编写代码实现例 11.1 所显示菜单中的各菜单项的功能。

程序代码如下:

```
Private Sub mc_Click()
    Text1.Text = ""
End Sub
Private Sub me_Click()
    End
End Sub
Private Sub mkai_Click()
    Text1.FontName = "楷体_GB2312"
End Sub
Private Sub msong_Click()
    Text1.FontName = "宋体"
End Sub
Private Sub mfs_Click(Index As Integer)
    Text1.FontSize = Index * 10
End Sub
```

11.3　菜单项的控制

在应用程序的执行过程中，菜单的形式和作用不一定就是一成不变的，它们可能会随着执行过程和执行条件的变化而相应地发生一些改变。本节讨论菜单形式和作用的控制问题，即菜单项的控制。

11.3.1　菜单项的有效性控制

一般情况下，应用程序的菜单包含了很多命令，然而某些菜单命令在一些情况下是不可用的，如图 11-6 所示。不可用的菜单，又称无效菜单，呈灰色显示，不响应用户事件。

菜单项的有效性由它的 Enabled 属性控制，如果某一菜单项的 Enabled 属性设置为 True，则菜单项有效，在程序运行中该菜单项可用，可以响应用户事件；如果某一菜单项的 Enabled 属性为 False，则情况刚好相反。在菜单设计阶段，菜单项的有效性可以通过"菜单编辑器"窗口的"有效"复选框进行设置；默认值为 True。在程序运行阶段，也可以通过响应代码来控制菜单项的 Enabled 属性，从而达到特定操作的目的。

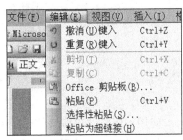

图 11-6　不可用的菜单

【例 11.3】修改例 11.2 的代码，使"字体"菜单只有在文本框中有文字的时候才有效；没有文字或删除文字以后，该菜单项就不可用。

补充代码如下：

```
Private Sub Form_Load()
    If Text1.Text = "" Then mfont.Enabled = False
End Sub
Private Sub Text1_Change()
    If Text1.Text = "" Then
        mfont.Enabled = False
    Else
        mfont.Enabled = True
    End If
End Sub
```

11.3.2　菜单项的复选标记

菜单的复选标记就是菜单项左侧的"√"记号。它表明该菜单项当前处于活动状态，也就是说该菜单项对于该命令只能表示两种状态：活动状态与非活动状态。执行带复选标记的菜单项命令是为了完成状态的切换。当命令菜单项左侧有"√"记号时，单击该菜单项则"√"记号消失；当命令菜单项左侧无"√"记号时，单击该菜单项则添加"√"记号；同时完成各自响应的功能任务。

菜单项的复选标记也可以表示在多个菜单项中选择了哪一个，即在一组菜单项中只能有一个菜单项处于选中状态（左侧有"√"记号）；如图 11-7 所示。

在菜单编辑器中,"复选"复选框用来对复选框进行初始化设置,它对应菜单项的 Checked 属性;该属性只有 True 和 False 两种取值,分别表明该菜单项当前处于活动状态还是非活动状态。

【例 11.4】在例 11.3 的基础上,增加一个"粗体"的菜单项(读者可以自行完成),使该菜单项具有复选标记,用以表明当前字体是否显示粗体形式。

图 11-7　菜单项的复选标记

增加代码如下:

```
Private Sub mcuti_Click()
    mcuti.Checked = Not mcuti.Checked
    Text1.FontBold = mcuti.Checked
End Sub
```

11.4　菜单项的增删

应用程序的菜单应该能够随着程序运行状态的变化而动态地增减菜单中的菜单项。菜单项的增加是通过代码来实现的。通过下面的例子,简要演示一下菜单项的增减实现。

【例 11.5】建立如图 11-8 和图 11-9 所示的动态菜单:当用户在窗体上单击时,"字体颜色"菜单中增加"红色"、"绿色"、"蓝色"菜单项;双击窗体时,这三个菜单项就消失。

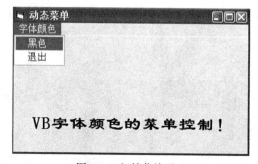

图 11-8　初始菜单项

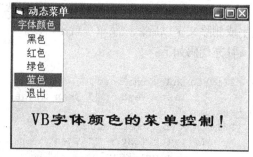

图 11-9　增加以后的菜单

具体设计步骤如下:打开"菜单编辑器"窗口,按照表 11-2 的各菜单项属性进行设置。

表 11-2　　　　　　　　　　　　各菜单项属性

菜单项	名称(Name)	属性
字体颜色	mc	Visible=True
…黑色	mblack	Visible=True
…退出	mexit	Visible=True
…	mrgb	Visible=False
		Index=1

程序代码如下:

```
Dim num As Integer
```

```
Private Sub Form_Click()
    If num = 0 Then
        num = num + 1
        Load mrgb(num)
        mrgb(num).Caption = "红色"
        mrgb(num).Visible = True
        num = num + 1
        Load mrgb(num)
        mrgb(num).Caption = "绿色"
        mrgb(num).Visible = True
        num = num + 1
        Load mrgb(num)
        mrgb(num).Caption = "蓝色"
        mrgb(num).Visible = True
        End If
End Sub
Private Sub Form_DblClick()
    While num > 0
        Unload mrgb(num)
        num = num - 1
    Wend
End Sub
Private Sub mblack_Click()
    Label1.ForeColor = RGB(0, 0, 0)
End Sub
Private Sub mexit_Click()
    End
End Sub
Private Sub mrgb_Click(Index As Integer)
    Select Case Index
        Case 1
            Label1.ForeColor = RGB(255, 0, 0)
        Case 2
            Label1.ForeColor = RGB(0, 255, 0)
        Case 3
            Label1.ForeColor = RGB(0, 0, 255)
    End Select
End Sub
```

11.5　弹出式菜单

　　弹出式菜单（又称快捷菜单）不需要在窗口顶部下拉打开，而是通过单击鼠标右键在窗体的任意位置打开，因而使用方便，具有较大的灵活性。弹出式菜单是一种小型的菜单，它可以在窗体的某个地方显示出来，对程序事件做出响应。

　　建立弹出式菜单通常有两步：首先在"菜单编辑器"中建立菜单，然后用 PopupMenu 方法弹出显示。第一步的操作与前面介绍的基本相同，唯一的不同是，如果不想在窗体顶部显示该菜单，就应把菜单名（即主菜单项）的"可见"属性设置为 False（子菜单项不要设置为 False）。PopupMenu 方法用来显示弹出式菜单。

　　格式：[对象.] PopupMenu　菜单名[, Flags [, x [, y [, BoldCommand]]]]

　　其中，"对象"是窗体名；当省略"对象"时，弹出式菜单只能在当前窗体中显示；要在其他窗体中显示弹出式菜单，必须加上相应的窗体名。"菜单名"是在"菜单编辑器"中定义的主菜单项名；如果主菜单项不需要在窗口顶部显示出来，则应在菜单编辑器中，将主菜单项的"可见"属性设置为 False。弹出式菜单的位置由 x，y 及 Flags 参数共同确定。x 和 y 分别分别指定弹出式菜单显示位置的横坐标和竖坐标；如果省略，则弹出式菜单在鼠标指针的当前位置显示。Flags 参数是一个数值或符号常量，它的取值有两组；一组指定菜单位置，另一组用于定义特殊的菜单行为，具体描述如表 11-3 所示。表中的常数可以单独使用，也可以两组中各取一个，再用 Or 将其连接起来组成 Flags 参数。BoldCommand 的取值是弹出式菜单中某个菜单项的名字；如果选择该参数，则在弹出式菜单中将用黑体显示指定的菜单项标题。

表 11-3　　　　　　　　　　　　　　　　　　Flags 参数

	常　　数	值	说　　明
位置常量	VB PopupMenuLeftAlign	0	默认值，指定的 x 值定义为弹出式菜单的左边界位置
	VB PopupMenuCenterAlign	4	指定的 x 值定义为弹出式菜单的中心位置
	VB PopupMenuRightAlign	8	指定的 x 值定义为弹出式菜单的右边界位置
行为常量	VB PopupMenuLeftButton	0	默认值，菜单命令只接收鼠标右键单击
	VB PopupMenuRightButton	2	菜单命令可以接收鼠标左键或右键单击

　　【例 11.6】设计一个窗体：建立弹出式菜单，实现对文本框文字字体的控制。程序运行结果如图 11-10 和图 11-11 所示。

　　具体步骤：打开"菜单编辑器"，把表 11-4 列出的各菜单项属性输入到"菜单编辑器"中。

图 11-10　窗体的初始状态

图 11-11　右键显示弹出菜单

表 11-4　　　　　　　　　　　　　　菜单项属性的设置

菜单项	名称（Name）	可见性（Visible）
字号	mfont	False
…华文彩云	mhc	True
…华文新魏	mhx	True
…华文行楷	mhk	True

程序代码如下：

```
Private Sub mhc_Click()
      Text1.Font = "华文彩云"
End Sub
Private Sub mhk_Click()
      Text1.Font = "华文行楷"
End Sub
Private Sub mhx_Click()
      Text1.Font = "华文新魏"
End Sub
Private Sub Text1_MouseDown(Button As Integer, Shift As Integer, X As Single, Y
As Single)
      If Button = 2 Then PopupMenu mfont
End Sub
```

11.6　通用对话框

　　VB 提供了一组基于 Windows 操作系统的常用的标准对话框界面，用户可以充分利用通用对话框（Common Dialog）控件在窗体上创建 6 种标准对话框，它们分别是打开（Open）、另存为（Save As）、颜色（Color）、字体（Font）、打印机（Printer）和帮助（Help）对话框。利用这些系统提供的通用对话框可以大量节省设计人员的工作量。

　　通用对话框仅用于应用程序与用户之间进行的信息交互，是输入输出界面，不能实现打开文件、存储文件、设置颜色、字体打印等操作。如果想要实现这些功能还需要用代码进行编程。通用对话框不是标准控件，因此使用前需要先把通用对话框控件添加到工具箱中，操作步骤如下。

　　（1）选择"工程"菜单中的"部件"命令打开"部件"对话框，如图 11-12 所示。

　　（2）在"控件"选项卡中选择"Microsoft Common Dialog Control 6.0"。

　　（3）最后单击"确定"按钮退出。

　　通过上面的操作，通用对话框控件就会出现在控件工具箱中，图标为 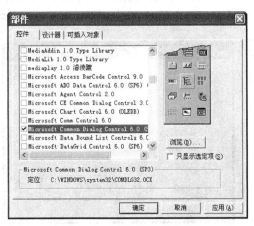 。如果需要使用里面的某种对话框，就可以像使用普通控件一样把它

图 11-12　"部件"对话框

添加到窗体中去，但它的图标大小不能改变。在设计状态，窗体上显示通用对话框图标，但在程序运行时，窗体上不会显示通用对话框，因此可以把它放在窗体上的任意位置。

在窗体中的通用对话框控件上单击鼠标右键，在弹出的快捷菜单上选择"属性"命令，可以调出通用对话框"属性页"对话框，如图 11-13 所示。对话框中有 5 个选项卡，可以对不同类型的对话框设置属性。例如要对打开/另存为对话框进行设置，可以选择"打开/另存为"选项卡。

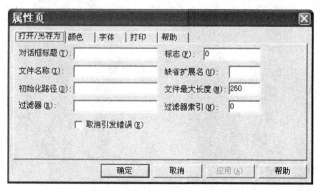

图 11-13　"属性页"对话框

"通用对话框"提供的 6 种对话框可以通过设置它的 Action 属性或调用对应的 6 种方法来打开。通用对话框的属性、方法和含义如表 11-5 所示。

表 11-5　　　　　　　　　　　　　通用对话框的属性和方法

属性值	方法	所显示的对话框
1	ShowOpen	"打开"对话框
2	ShowSave	"保存"对话框
3	ShowColor	"颜色"对话框
4	ShowFont	"字体"对话框
5	ShowPrinter	"打印"对话框
6	ShowHelp	Windows 帮助引擎

以上属性不能在属性窗口内设置，只能在程序中赋值，用于调出相应的对话框。

【例 11.7】如图 11-14 和图 11-15 所示，单击按钮弹出"打开"对话框。

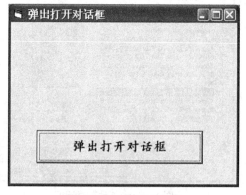

图 11-14　窗体初始状态

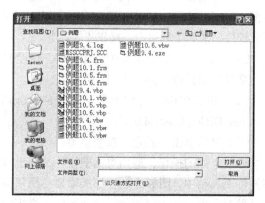

图 11-15　弹出的"打开"对话框

程序代码如下：

```
Private Sub Command1_Click()
    CommonDialog1.Action = 1
End Sub
```

或代码：

```
Private Sub Command1_Click()
    CommonDialog1.ShowOpen
End Sub
```

11.7 "打开"对话框

"打开"对话框是应用程序中经常使用的，其界面如图 11-16 所示。

图 11-16　"打开"对话框

它的功能是指定文件的驱动器、目录、文件扩展名和文件名，并将这个文件打开。使用"打开"对话框时，通常先对其进行属性设置，具体如前面提到的方法，打开"属性页"对话框，如图 11-13 所示。

选择"打开/另存为"选项卡，就可以进行属性设置了。各属性含义和设置方法如下。

（1）对话框标题：对应于"通用对话框"的 DialogTitle 属性，用来给出对话框的标题内容，缺省值为"打开"。

（2）文件名称：对应于"通用对话框"的 FileName 属性，用于设置在对话框的"文件名"文本框中显示的文件名。同时该属性也能返回用户在对话框中选中的文件名。

（3）初始化路径：对应于"通用对话框"的 InitDir 属性，用来指定"打开"对话框中的初始目录，若要显示当前目录，则该属性不需要设置。同时该属性也能返回用户在对话框中选中的目录名。

（4）过滤器：对应于"通用对话框"的 Filter 属性，用于确定文件列表框中所显示文件的类型。设置过滤器属性的格式为：

描述符 1| 筛选符 1|描述符 2| 筛选符 2|描述符 3| 筛选符 3| ……

其中，描述符是在"打开"对话框中的文件类型列表框中显示的字符串，如"所有文件（ * .

＊）"；而筛选符是实际的文件过滤器表示符，如"＊．＊"；分隔符为"|"。描述符与筛选符要成对出现，二者缺一不可。例如：所有文件（＊．＊）|＊．＊|，文本文件 |＊．txt|，Word 文档 |＊．doc|。

（5）标志：对应于"通用对话框"的 Flags 属性，用来设置对话框的一些选项。Flags 属性常用设置值和作用设置值如表 11-6 所示。

表 11-6　　　　　　　　　　　　　　Flags 属性常用设置值和作用

设置值	作　　用
1	建立对话框时，只读复选框初始状态为选定
2	如果用磁盘上已有的文件名保存文件，则显示一个消息框，询问用户是否覆盖已有文件
4	不显示"只读"选择框
8	保留当前目录
16	显示一个 Help 按钮
256	允许文件中有无效字符
512	允许用户选择多个文件

（6）缺省扩展名：对应于"通用对话框"的 DefaultExt 属性，用来指定对话框中文件的缺省扩展名（即指定缺省的文件类型）。如果保存一个没有扩展名的文件时，则自动地以此扩展名作为其扩展名。

（7）文件最大长度：对应于"通用对话框"的 MaxFileSize 属性，用来指定 FileName 的最大长度，范围为 1~2048，缺省值为 256。

（8）过滤器索引：对应于"通用对话框"的 FilterIndex 属性，用索引值来指定对话框使用哪一个过滤器。索引值的起始值为 1。

（9）取消引发错误：对应于"通用对话框"的 CanceError 属性，它是一个复选框按钮，用来设置当前用户单击对话框的"取消"按钮时，是否会显示一个报错信息的消息框。它的缺省值是 False，即复选框未选中状态。当 CanceError 属性为 True 时，若用户单击对话框上的"取消"按钮，通用对话框自动将错误对象 Err. Number 设置为 32775（cdlCancel）以便供程序判断。当 CanceError 属性为 False 时，则单击"取消"按钮时，不产生错误信息。需要说明的是，CanceError 属性的设置方法对其他几种对话框也同样适用。

　　　　　对话框的属性可以用上面的方法进行设置，也可以在代码中进行设置和修改；此处不再赘述。

【例 11.8】设计一个程序：通过对话框选择图片为图像框加载图片。程序运行结果如图 11-17、图 11-18 和图 11-19 所示。

程序代码如下：

```
Private Sub Command1_Click()
    Dim st As String
    CommonDialog1.Filter = "All Files(*.*) | *.* | JPG Files (*.jpg) | *.jpg"
    CommonDialog1.InitDir = "d:\"
    CommonDialog1.Flags = 1
    CommonDialog1.ShowOpen
    st = CommonDialog1.FileName
    Image1.Picture = LoadPicture(st)
End Sub
```

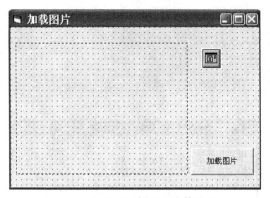

图 11-17　例 11.8 窗体界面

图 11-18　例 11.8 "打开"对话框

图 11-19　例 11.8 运行界面

11.8　其他对话框

还有几个对话框是 Windows 应用程序中经常会用到的，比如"另存为"对话框、"颜色"对话框、"字体"对话框和"打印"对话框。下面将进行简要的介绍。

11.8.1　"另存为"对话框

"另存为"对话框是当 Action 为 2 时的通用对话框。它为用户在存储文件时提供了一个标准用户界面，供用户选择或输入所要存入文件的驱动器、路径和文件名。同样，它并不能提供真正的存储文件操作，储存文件的操作需要编程来完成。"另存为"对话框所涉及的属性基本上和"打开"对话框一样，只是还有一个 DefaulText 属性，它表示所存文件的缺省扩展名。

【例 11.9】设计一个程序，把文本框中的内容以文本文件保存。程序运行结果如图 11-20、图 11-21、图 11-22 和图 11-23 所示。

程序代码如下：

```
Private Sub Command1_Click()
    CommonDialog1.DialogTitle = "保存"
    CommonDialog1.Filter = "Text File(*.txt) | *.txt"
    CommonDialog1.InitDir = "d:\"
```

```
        CommonDialog1.Flags = 2
        CommonDialog1.ShowSave
        Open CommonDialog1.FileName For Output As #1
        Print #1, Text1.Text
        Close #1
End Sub
```

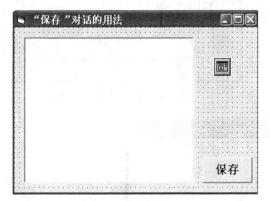

图 11-20　窗体界面

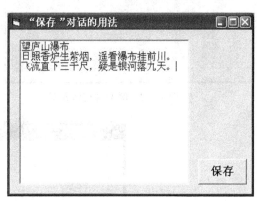

图 11-21　例 11.9 运行界面

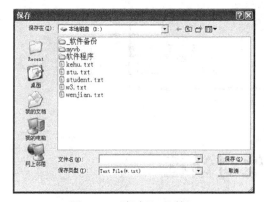

图 11-22　"保存"对话框

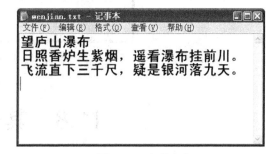

图 11-23　文件内容

11.8.2　"颜色"对话框

　　"颜色"对话框是当 Action 为 3 时的通用对话框，如图 11-24 所示，供用户选择颜色。对于"颜色"对话框，除了基本属性之外，还有个重要属性 Color。它返回或设置选定的颜色。在调色板中提供了基本颜色（Basic Colors），还提供了用户的自定义颜色（Custom Colors），用户可以自己调色，当用户在调色板中选中某颜色时，该颜色值赋给 Color 属性。"颜色"对话框的属性既可以在属性页中设置，也可以在代码中设置。在"通用对话框"控件中，和颜色相关的属性主要有"颜色"和"标志"两个，如图 11-25 所示。

　　其中，"颜色"属性用来设置"颜色"对话框的初始值，同时它也能返回用户在对话框中选择的颜色。取值范围是 &H000000 ～ &HFFFFFF。从最低到最高字节分别代表红、绿、蓝的成分，分别由一个介于 &H00 和 &HFF 的数值来表示。例如，把 CommonDialog1 初始颜色设置为红色的代码为：CommonDialog1.Color = &HFF0000。"标志"属性用来决定颜色对话框的样式；具体取值和含义如表 11-7 所示。

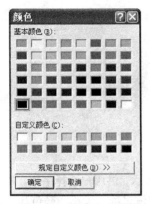

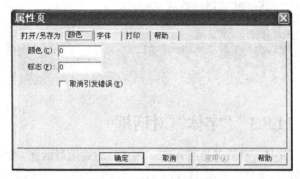

图 11-24 "颜色"对话框　　　　　　图 11-25 颜色相关的属性

表 11-7　　　　　　　　　　"标志"属性的取值和含义

取　值	作　用
1	使 Color 属性定义的颜色在首次显示对话框时显示出来
2	打开的对话框包含"自定义颜色"窗口
4	不能使用"规定自定义颜色"按钮
8	显示一个 Help 按钮

【例 11.10】设计程序，通过"颜色"对话框为文本框中的文字设置颜色。程序运行结果如图 11-26、图 11-27 和图 11-28 所示。

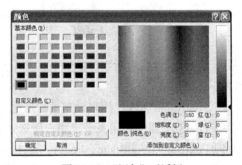

图 11-26 窗体界面设计　　　　　　图 11-27 "颜色"对话框

图 11-28 例 11.10 运行界面

程序代码如下：

```
Private Sub Command1_Click()
```

```
        CommonDialog1.Flags = 2
        CommonDialog1.ShowColor
        Text1.ForeColor = CommonDialog1.Color
    End Sub
    Private Sub Command2_Click()
        End
    End Sub
```

11.8.3 "字体"对话框

"字体"对话框是当 Action 为 4 时的通用对话框,如图 11-29 所示,供用户选择字体。"字体"对话框的属性页如图 11-30 所示。利用"字体"对话框可以指定字体名称、大小、颜色和样式。要使用"字体"对话框,通常先设置"通用对话框"控件中与"字体"对话框相关的属性,然后使用 ShowFont 方法来显示对话框。"字体"对话框主要有以下属性。

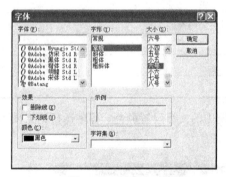

图 11-29 "字体"对话框

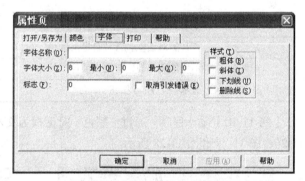

图 11-30 "字体"对话框的属性页

(1)Color 属性:表示字体的颜色;当用户在"颜色"下列表框中选定某颜色时,Color 属性值即为所选颜色值。

(2)FontName 属性:用来设定用户所选定的字体名称。

(3)FontSize 属性:用来设定用户所选定的字体大小。

(4)FontBold、FontItalic、FontStrikeThru、FontUndeline 属性:这些值都是逻辑类型,分别决定字体的粗体、斜体、删除线和下划线,取值为 True 或 False。

(5)Min、Max 属性:用于设定用户在"字体"对话框中所能选择的最小值和最大值,即用户只能在此范围内选择字体大小;该属性以点(Point)为单位。

(6)Flags 属性:在显示"字体"对话框之前必须设置 Flags 属性,否则将发生不存在字体错误。Flags 的属性应设置为下述常数之一。

① cdlCFScreenFonts 或 1:屏幕字体。

② cdlCFPrinterFonts 或 2:打印机字体。

③ cdlCFBoth 或 3:既可以是屏幕字体也可以是打印机字体。

④ 如果想使用 Color、删除线和下划线;还必须加上 cdlCFEffects 常数。例如:CommonDialog1.Flags = cdlCFEffects + 3。

【例 11.11】设计程序,通过"字体"对话框为窗体上标签内的文字设置字体。程序运行结果如图 11-31、图 11-32 和图 11-33 所示。

图 11-31　窗体界面设计

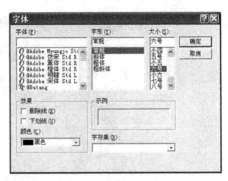

图 11-32　"字体"对话框

图 11-33　例 11.11 运行界面

程序代码如下：

```
Private Sub Command1_Click()
    CommonDialog1.Flags = 1 + cdlCFEffects
    CommonDialog1.ShowFont
    With Label1
        .ForeColor = CommonDialog1.Color
        .FontBold = CommonDialog1.FontBold
        .FontItalic = CommonDialog1.FontItalic
        .FontStrikethru = CommonDialog1.FontStrikethru
        .FontUnderline = CommonDialog1.FontUnderline
        .FontName = CommonDialog1.FontName
        .FontSize = CommonDialog1.FontSize
    End With
End Sub
```

11.8.4　"打印"对话框

"打印"对话框是当 Action 为 5 时的通用对话框，是一个标准打印对话窗口界面，如图 11-34 所示。通过它可以指定打印输出方式，被打印页的范围、打印质量、打印的份数等。这个对话框还包含当前打印机的信息，并允许配置或重新安装缺省打印。但是"打印"对话框并不能把数据传送到打印机上，只是希望打印的情况。如果想真正实现打印功能，还必须编写相应的代码。其属性页如图 11-35 所示。

"打印"对话框的主要属性及其具体含义如下。

（1）复制：决定打印的份数。

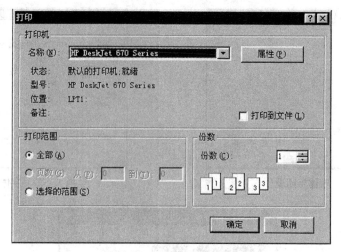

图 11-34 "打印"对话框

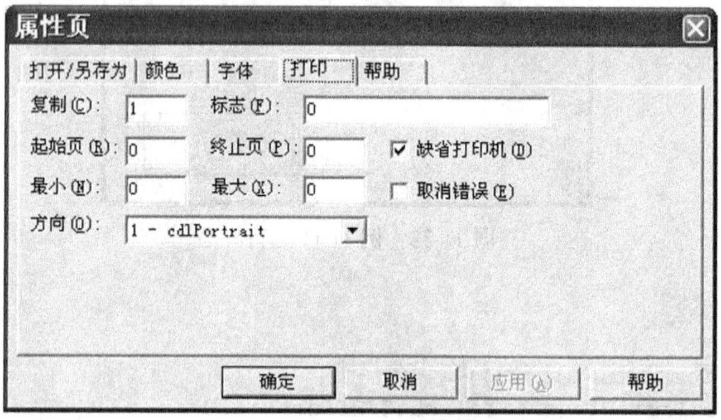

图 11-35 "打印"对话框属性页

（2）标志：如果把 Flags 设置为 0，"打印"对话框中的"打印范围"框架内的"全部"为缺省按钮。如果把 Flags 设置为 1，则"选择的范围"为缺省按钮。如果把 Flags 设置为 2，则"页数"为缺省按钮。

（3）起始页和终止页：用来设置从第几页打印到第几页。注意：如果想设置此属性，必须首先把 Flags 设置为 2。

（4）最小和最大：分别用于设置打印的最小和最大页码数。

（5）方向：用来设定打印的方向。取值为 1 表示纵向打印，取值为 2 表示横向打印。

【例 11.12】设计程序，实现将文本框中的内容打印若干份。程序运行结果如图 11-36 和图 11-37 所示。

程序代码如下：

```
Private Sub Command1_Click()
    Dim i As Integer
    CommonDialog1.ShowPrinter
    For i = 1 To CommonDialog1.Copies
        Printer.Print Text1.Text
    Next
    Printer.EndDoc
End Sub
```

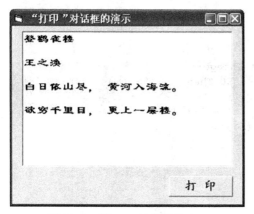

图 11-36 例 11.12 运行界面

图 11-37 例 11.12 "打印"对话框

11.9 键盘事件和鼠标事件

键盘和鼠标对于 Windows 应用程序来说是必需的,尤其是在图形图像处理的程序设计中更为重要,本节主要介绍键盘事件和鼠标事件的应用。

11.9.1 键盘事件

VB 中定义了三个键盘事件过程,分别对应 KeyPress(按下再松开)、KeyDown(按下)和 KeyUp(松开)事件。

1. KeyPress 事件

当一个对象具有焦点时,用户按下再松开一个可返回 ASCII 码的按键,则触发 KeyPress 事件。KeyPress 键盘事件过程的语法格式如下:

Private Sub Object_KeyPress([Index As Intrger,] KeyAscii As Integer)

（1）Object:响应事件的对象。窗体用 Form,其他控件用控件名。

（2）Index:当对象为控件数组时,参数值是控件数组元素的下标。

（3）KeyAscii:当对象为单个控件时,返回按键对应的 ASCII 码(整数),且该参数不能省略。若改变 KeyAscii 的值,可以给对象发送一个不同的字符;若 KeyAscii 的值改变为 0,将取消按键,对象接收不到字符。

（4）该事件可以引用任何可打印的标准键盘字符,包括大小写字母、数字、标点、运算符以及 Enter、Backspace、Tab 和 Esc 键等,但其对方向键等不产生 ASCII 码的按键无响应。

（5）KeyPress 键盘事件过程在截取 TextBox 或 ComboBox 控件中的按键时非常有用,它可以立即测试按键的有效性或在字符输入时对其进行格式处理。

【例 11.13】编写 KeyPress 事件过程,保证在文本框中只能输入字母,且无论大小写,都必须转换为大写字母显示。

解题思路:在 Text1 的 KeyPress 事件中,将键盘的 ASCII 码转换为相应的字符,再将其转换为大写。其中，65、90、97 和 122 分别为 "A"、"Z"、"a" 和 "z" 的 ASCII 码。

程序代码如下：

```
Private Sub Text1_KeyPress(KeyAscii As Integer)
      If KeyAscii >= 65 And KeyAscii <= 90 Then
           Text1 = Text1 + Chr(KeyAscii)
      ElseIf KeyAscii >= 97 And KeyAscii <= 122 Then
           Text1 = Text1 + UCase(Chr(KeyAscii))
      End If
      KeyAscii = 0
   End Sub
```

2. KeyDown 和 KeyUp 事件

当一个对象具有焦点时，按下一个键时触发 KeyDown 事件，松开一个键时触发 KeyUp 事件。KeyDown 和 KeyUp 键盘事件过程语法格式为：

Private Sub 对象_KeyDown ([Index As Integer,] KeyCode As Integer, Shift As Integer)

Private Sub 对象_ KeyUp ([Index As Integer,] KeyCode As Integer, Shift As Integer)

（1）参数 Index 只用于控件数组，KeyCode 和 Shift 用于单个控件。

（2）KeyCode：对应按键的实际 ASCII 码。该码告诉事件过程用户所操作的 "物理键位"，不区分字母的大小写。即只要是在同一个按键上的字符，它们返回的 KeyCode 的值就是相同的。如，对于字符 "A" 和 "a"，它们在 KeyUp 或 KeyDown 事件中的返回值均相同。

（3）Shift：一个 3 位二进制整数，表示键盘事件发生时【Shift】、【Ctrl】和【Alt】键的状态。Shift 参数值与【Shift】、【Ctrl】和【Alt】键状态的对应关系如表 11-8 所示。

（4）KeyDown 和 KeyUp 事件经常用于下列情况：①扩展的字符键，如功能键等；②定位键；③键盘修饰和按键的组合；④区别数字小键盘和常规数字键。

表 11-8　　　　　Shift 参数值与【Shift】、【Ctrl】和【Alt】键状态的对应关系

二进制值	对应 VB 中常量	对应状态表述
001	vbShiftMask	按下【Shift】键
010	vbCtrlMask	按下【Ctrl】键
100	vbAltMask	按下【Alt】键
011	vbShiftMask + vbCtrlMask	同时按下【Shift】键和【Ctrl】键
101	vbShiftMask + vbAltMask	同时按下【Shift】键和【Alt】键
110	vbCtrlMask + vbAltMask	同时按下【Ctrl】键和【Alt】键
111	vbShiftMask + vbCtrlMask+ vbAltMask	同时按下【Shift】键、【Ctrl】键和【Alt】键

【例 11.14】设计一个事件过程，判断用户按下【Shift】、【Ctrl】、【Alt】按键及其他按键的情况。

程序代码如下：

```
Private Sub Form_KeyDown(KeyCode As Integer, Shift As Integer)
      Select Case Shift
           Case 1
                Print "您按下了 Shift 键和" & Chr(KeyCode),
```

```
            Case 2
                Print "您按下了 Ctrl 键和" & Chr(KeyCode),
            Case 3
                Print "您按下了 Shift 键、Ctrl 键和" & Chr(KeyCode),
            Case 4
                Print "您按下了 Alt 键和" & Chr(KeyCode),
            Case 5
                Print "您按下了 Shift 键、Alt 键和" & Chr(KeyCode),
            Case 6
                Print "您按下了 Alt 键、Ctrl 键和" & Chr(KeyCode),
            Case 7
                Print "您按下了 Shift 键、Ctrl 键、Alt 键和" & Chr(KeyCode),
            Case Else
                Print "您按下了" & Chr(KeyCode) & "键"
        End Select
        Print "KeyCode="; KeyCode
    End Sub
```

程序运行后结论：运行结果与表 11-8 所列内容一致；若输入键盘同一按键上的字母、数字或符号，KeyCode 的返回值均相同。

【例 11.15】设计一个应用程序，当按下【Alt】+【F5】组合键时终止程序运行。

 将窗体的 KeyPreview 属性设置为 True；功能按键【F5】被按下的 KeyCode 常数值为 vbKeyF5；【Alt】键被按下的 Shift 常数值为 vbAltMask。

程序代码如下：

```
Private Sub Form_KeyDown(KeyCode As Integer, Shift As Integer)
        If keycode=vbkeyF5 and Shift=vbAltMask then
            end
        end if
End Sub
```

11.9.2 鼠标事件

VB 提供了许多鼠标事件过程，如前面所涉及的 Click 和 DblClick。本节将主要介绍 MouseDown、MouseUp 和 MouseMove 事件，工具箱中的大多数控件都能够识别它们。通过这些事件，应用程序能够对鼠标位置及状态的变化做出响应。

鼠标事件过程的语法格式如下：

Private Sub 对象_MouseDown | MouseMove | MouseUp ([Index As Integer,] Button As Integer, Shift As Integer, X As Single, Y As Single)

（1）对象：响应事件的对象。窗体用 Form，其他控件用控件名。

（2）Index：当对象为控件数组时，参数值是控件数组元素的下标。

（3）Button：是一个 3 位二进制整数，表示哪一个鼠标键被按下。Button 值与鼠标键状态的对应关系如表 11-9 所示。

（4）Shift：是一个 3 位二进制数，表示鼠标事件发生时【Shift】、【Ctrl】和【Alt】键的状态，取值与键盘事件过程中的 Shift 相同。

（5）X、Y：返回鼠标指针的当前位置，该数值参照接受鼠标事件的窗体的坐标系统来确定。

表 11-9   Button 值与鼠标键状态的对应关系

二进制值	对应 VB 中常量	对应状态表述
001	vbLeftButton	按下左键
010	vbRightButton	按下右键
100	vbMiddleButton	按下中间按钮
011	vbLeftButton + vbRightButton	同时按下左键和右键
101	vbLeftButton + vbMiddleButton	同时按下左键和中间按钮
110	vbRightButton + vbMiddleButton	同时按下右键和中间按钮
111	vbLeftButton + vbMiddleButton + vbRightButton	同时按下左键、右键和中间按钮

1. MouseDown 和 MouseUp 事件

MouseDown 事件：鼠标的任一键被按下时触发。

MouseUp 事件：鼠标的任一键被释放时触发。

对应的事件过程常用于判断鼠标指针的位置，处理鼠标右击操作。

【例 11.16】使用鼠标在窗体上画圆。

解题思路：利用窗体的 MuseDown 事件记录圆心的坐标；利用窗体的 MouseUp 事件记录半径端点的坐标，并计算出半径；再利用 Circle 方法在窗体上画圆。

程序代码如下：

```
Dim x1!, y1!, r!                    ' 定义窗体/模块级变量
Private Sub Form_MouseDown(Button As Integer, Shift As Integer, X As Single, Y As
Single)
    x1 = X
    y1 = Y
End Sub
Private Sub Form_MouseUp(Button As Integer, Shift As Integer, X As Single, Y As
Single)
    r = Sqr((x1 - X) ^ 2 + (y1 - Y) ^ 2)
    Circle (x1, y1), r                 ' 利用 Circle 方法画圆
End Sub
```

程序运行结果如图 11-38 所示。

【例 11.17】假设在窗体的左右两边有两个图片框 Picture1 和 Picture2，并分别放置了图片。编程实现：当单击鼠标左键时显示左边图片，单击鼠标右键时显示右边图片。

解题思路：参照表 11-4 可知，当单击鼠标左键时 Button 值为 1，单击鼠标右键时 Button 值为 2，可利用分支语句来实现。

程序代码如下：

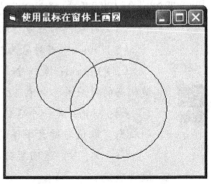

图 11-38   例 11.16 运行界面

```
    Private Sub Form_MouseDown(Button As Integer, Shift As Integer, X As Single, Y As
Single)
        If Button=1 Then
            Picture1.Visible = True
            Picture2.Visible = False
        ElseIf Button=2 Then
            Picture1.Visible = False
            Picture2.Visible = True
        End If
    End Sub
```

另外，在许多 Windows 应用程序中，当右击某对象时会弹出一个快捷菜单，这也是运用 MouseDown 或 MouseUp 事件过程的典型实例，本章不再详述。

2. MouseMove 事件

MouseMove 事件：鼠标被移动时触发。

当鼠标指针处于某个对象的边界内时，该对象能够识别 MouseMove 事件。应用程序能连续识别大量的 MouseMove 事件，因此，MouseMove 事件过程中的代码应尽量简单，避免进行耗时较多的工作。

【例 11.18】利用窗体 MouseMove 事件，将鼠标指针的当前位置坐标 X、Y 显示在文本框内。

程序代码如下：

```
    Private Sub Form_MouseMove(Button As Integer, Shift As Integer, X As Single, Y As
Single)
        Text1.Text = X
        Text2.Text = Y
    End Sub
```

程序运行结果如图 11-39 所示。

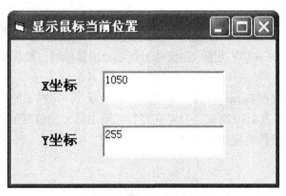

图 11-39　例 11.18 运行界面

11.9.3　鼠标光标

鼠标指针的形状用于反映系统当前所处的状态，在不同的环境中，显示不同的形状，便于用户识别。一般情况下，Windows 默认地为不同的控件设置了不同的形状。例如：指向超链接时变成手型；在窗体上变成朝左倾斜的箭头；在文本框中变为插入点形状等。当鼠标指针位于某个对象上时，如果要改变这些系统默认的形状，则可以通过设置该对象的 MousePointer 属性来实现，如表 11-10 所示。

表 11-10 　　　　　　　　　　　　MousePointer 属性值与对应光标状态

数值	对应 VB 中常量	对应状态表述
0	vbDefault	标准指针（默认值，形状由对象决定）
1	vbArrow	箭头
2	vbCrosshair	十字线
3	vbIbeam	I 型
4	vbIconPointer	图标（矩形内的小矩形）
5	vbSizePointer	十字交叉双向箭头
6	vbSizeNESW	右上—左下尺寸线（指向东北—西南的双向箭头）
7	vbSizeNS	垂直尺寸线（指向南—北的双箭头）
8	vbSizeNWSE	左上—右下尺寸线（指向东南和西北的双向箭头）
9	vbsizeWe	水平尺寸线（指向东—西的双箭头）
10	vbUpArrow	向上的箭头
11	vbHourglass	沙漏（表示等待状态）
12	vbNoDrop	不允许放下（圈内一斜线，无法操作）
13	vbArrowHourglass	箭头和沙漏
14	vbArrowQuestions	箭头和问号
15	vbSizeAll	四项尺寸线
99	vbCustom	通过 MouseIcon 属性所指定的自定义图标

（1）MousePointer 属性值在默认情况下是 0，由系统为对象设置的默认值决定形状；MousePointer 属性值是 99 时，可以通过 MouseIcon 属性为鼠标指针指定一个图标文件（.ico 或.cur）。

（2）具体设置时，既可以在属性窗口中设置，还可以在程序代码中设置。

【例 11.19】编写程序，实现功能：在窗体上连续单击鼠标时，鼠标指针的形状会发生有规律的变化。

解题思路：在事件过程 Form_Click( )中定义静态变量 x，完成 x 加 1 操作，并保证 x 的值在 0 ~ 15 范围内变化；参照表 11-9 可知，只需在过程代码中将 x 的值赋值给 Form1.MousePointer，就可以实现单击时鼠标指针的规律性变化。

程序代码如下：

```
Private Sub Form_Click ()
    Static x%                      ' 定义静态变量 x
    Cls                            ' 清屏
    Print "MosePointer="; x        ' 在窗体上显示 x 值
    Form1.MousePointer = x         ' 设置窗体 MousePoint 属性的值
    x = x + 1                      ' 保证每次单击窗体事件发生时，x 值加 1
    If x = 15 Then x = 0           ' 保证 x 的值在 0 ~ 15 范围内
End Sub
```

程序运行后，在窗体上连续单击鼠标时，Form1.MousePointer 的值依次在 0 ~ 15 之间变化，鼠标指针的形状也会相应改变。在窗体上第 6 次单击鼠标后的光标状态，如图 11-40 所示，在窗体上第 13 次单击鼠标后的光标状态，如图 11-41 所示。

图 11-40　第 6 次单击鼠标后的光标状态

图 11-41　第 13 次单击鼠标后的光标状态

11.9.4　鼠标拖放

所谓拖放，就是用鼠标从屏幕上把一个对象从一个地方"拖拉"到另一个地方再放下。通常把原来位置的对象叫做源对象，而拖动后放下的位置所对应的对象叫目标对象。

1. 与拖放有关的属性

（1）DragMode 属性：设置控件的拖放方式。在默认情况下，该属性值为 0，表示控件可以进行手动拖放操作；属性值为 1，表示控件可以执行自动拖放操作。

（2）如果把一个对象的 DragMode 属性设置为 1，则该对象将不再接受 Click 事件和 MouseDown 事件。

（3）DragIcon：指定拖动控件时显示的图标。需要说明的是，控件本身位置的改变必须通过程序代码来设置，因此，在用户拖动一个控件时，并不是控件本身在移动，而是由一个指定的图标来形象的表示拖动过程。

2. DragDrop 事件和 DragOver 事件

这里有两个重要的术语。①源控件：被拖动的控件。②目标对象：放置控件的对象，此对象可为窗体或控件，能识别 DragDrop 事件和 DragOver 事件。

鼠标指针指向源控件，按下左键并移动至目的地释放时，目标对象将产生 Dragdrop 事件。对应的事件过程框架如下：

```
Private Sub 目标对象_DragDrop(Source As Control,X As Single,Y As Single)
    ...
End Sub
```

（1）source 参数：指被拖动的控件。

（2）X、Y：指拖动的目的地坐标，即拖动到的具体位置。

在拖动源控件的过程中，目标对象将产生 DragOver 事件。对应的事件过程框架如下：

```
Private Sub 目标对象_DragOver ( Source As Control, X As Single,Y As Single, State
As Integer )
    ...
End Sub
```

（1）X、Y：指拖动过程中，鼠标指针当前所在的位置。X、Y 值随移动位置的变化而即时变化。

说明

（2）State：用于指出源控件与目标对象的关系。

State=0 表示源控件正进入目标对象中。

State=1 表示源控件正退出目标对象。

State=2 表示源控件正位于目标对象中。

【例 11.20】 在窗体上放置两个图片框 Picture1 和 Picture2，要求完成图片框的自动拖放。

解题思路：

（1）首先将图片框的 DragMode 属性值均设置为 1。

（2）当拖动图片框时，窗体的 DragDrop 事件过程会做出响应，代码如下：

```
Private Sub Form_DragDrop(Source As Control,X As Single,Y As Single)
    Source.Move X,Y
End Sub
```

程序运行后，图片框可以被拖放到鼠标所指的确定位置。

（3）也可以将 DragDrop 事件过程改为 DragOver，代码如下：

```
Private Sub Form_DragOver (Source As Control,X As Single,Y As Single, State As Integer)
    Source.Move X, Y
End Sub
```

程序运行后，图片框可以被拖放到鼠标所指的确定位置，请读者自行比较以上两个事件过程响应效果的异同。

习 题 11

一、单选题

1. 用菜单编辑器创建菜单时，如果要在菜单中添加一条分隔线，正确的操作是（   ）。

    A. 在分隔线上面一个菜单项标题的后面添加一个"_"（下划线）字符

    B. 在分隔线上面一个菜单项标题的后面添加一个"-"（减号）字符

    C. 插入一个单独的菜单项，标题为"_"（下划线）

    D. 插入一个单独的菜单项，名称为"_"（下划线）

2. 窗体上有文本框 Text1 和一个菜单，菜单标题、名称如表 11-11 所示，界面如图 11-42 所示。要求程序执行时单击"保存"菜单项，则把其标题显示在 Text1 文本框中。下面可实现此功能的事件过程是（   ）。

表 11-11　菜单标题、名称

标题	名称
文件	file
新建	new
保存	save

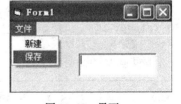

图 11-42　界面

A. Private Sub save_Click()

Text1.Text = file.save.Caption

End Sub

B. Private Sub save_Click()

Text1.Text = save.Caption

End Sub

C. Private Sub file_Click()

Text1.Text = file.save.Caption

End Sub

D. Private Sub file_Click()

Text1.Text = save.Caption

End Sub

3. 以下叙述中错误的是（　　　）。

A. 在程序运行时，通用对话框控件是不可见的

B. 在同一个程序中，用不同的方法（如 ShowOpen 或 ShowSave 等）激活同一个通用对话框，可以使该通用对话框具有不同的作用

C. 调用通用对话框的 ShowOpen 方法能够直接打开在该通用对话框中指定的文件

D. 调用通用对话框的 ShowColor 方法，可以打开颜色对话框

4. 在窗体上有一个名为 Cd1 的通用对话框，要在运行程序时打开保存文件对话框，则在程序中应使用的语句是（　　　）。

A. Cd1.Action=2

B. Cd1.Action=1

C. Cd1.ShowSave=True

D. Cd1.ShowOpen

5. 为使程序运行时通用对话框 CD1 上显示的标题为"对话框窗口"，程序中应包含的语句是（　　　）。

A. CD1.DialogTitle = "对话框窗口"

B. CD1.Action = "对话框窗口"

C. CD1.FileName = "对话框窗口"

D. CD1.Filter = "对话框窗口"

二、填空题

1. 在 VB 中可以建立_____和_____菜单。

2. 菜单编辑器可以分为 3 个部分：_____、_____和_____。

3. 如果要将某个菜单设计为分隔线，则该菜单项的标题应设置为_____。

4. 在菜单编辑器中，菜单项后面 4 个小点的含义是_____。

5. VB 中的对话框分为 3 类：_____、_____和_____。

6. 把通用对话框控件加到工具箱中，应在"部件"对话框的"控件"选项卡中选择_____。

7. 建立打开文件、保存文件、颜色、字体和打印对话框所使用的方法分别为_____、_____、_____、_____和_____。如果使用 Action 属性，则应把该属性的值分别设置为_____、_____、_____、_____和_____。

8. 在文件对话框中，FileName 和 FileTitle 属性的主要区别是_____。假定一个名为"f.exe"的文件，它位于"d:\myvb\"目录下，则 FileName 属性的值为_____；FileTitle 属性的值为_____。

9. 假定窗体上有一个通用对话框名称为 CommonDialog1，为了建立一个保存文件对话框，则需要把____属性设置为_____，其等价的方法为_____。

三、简答题

1. 菜单的主要作用是什么？VB 提供什么类型的菜单？

2. 什么是弹出式菜单？用什么方法显示弹出式菜单？

3. 对话框有哪些类型？它们各自有什么特点？

四、编程题

1. 设计菜单及其应用程序界面，编程实现如下功能：用户输入一个十进制数，通过菜单项的选择将该数转换为八进制数或十六进制数。程序的运行结果如图 11-43 和图 11-44 所示。

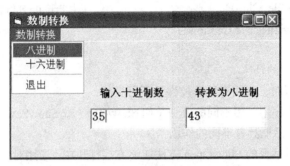

图 11-43　编程题 1 将数据转换为八进制

图 11-44　编程题 1 将数据转换为十六进制

2. 设计一个界面，编程实现一个图片浏览器的简单效果。程序运行结果如图 11-45 所示。

图 11-45　编程题 2 图片浏览器运行界面

3. 设计一个界面菜单，编程实现以下功能：通过菜单命令可以控制文本框中的字体的相关属性。程序运行结果如图 11-46、图 11-47 和图 11-48 所示。

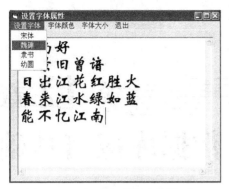

图 11- 46　编程题 3 设置字体类型

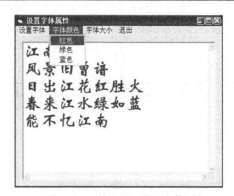

图 11- 47　编程题 3 设置字体颜色

图 11- 48　编程题 3 设置字体大小

4．在窗体上画一个标签，再建立一个菜单，窗体外观如图 11-49 所示。请编写程序，使得选中"当前时间"菜单项时，就把系统时间显示在标签上；当选中"当前日期"菜单项时，就把系统日期显示在标签上。程序运行结果如图 11-50 所示。

图 11-49　编程题 4 窗体外观

图 11-50　编程题 4 显示日期

5．设计一个应用程序，在窗体上建立一个文本框 text1 和一个标签 label1，当从键盘向文本框输入英文字符时，将其转换成大写字母显示在标签中。

6．建立一个窗体，在窗体上添加一个按钮。编写程序，保证该按钮随鼠标点击的位置而移动。

第12章
数据库应用基础

数据管理一直是计算机的一个重要应用领域，随着计算机的广泛应用，需要计算机处理的数据越来越复杂，数据量越来越巨大，而用户对数据处理的要求却越来越高，用传统的数据文件来管理数据的方法已经无法适应要求了。对于复杂、巨量数据的管理，需要有更准确的数据模型来描述数据之间的复杂逻辑关系，更高效的平台来管理和实现数据的各种操作，更安全的手段来保证数据的安全性、完整性和一致性，于是数据库就应运而生。在程序设计中如何操作和维护数据库就成为程序设计中的一项重要工作。

VB 6.0 提供了强大的数据库访问功能。它所附带的"可视化数据管理器"可以使对数据库了解不多的用户轻松、方便地管理和维护数据库；它提供的数据控制控件可以使用户不编程或很少编程就能实现数据库的简单操作；新引入的 ADO 技术允许用户方便、灵活地访问各种常用的关系型数据库。

本章在介绍了关系数据库和 SQL 语言的基本知识的基础上，介绍可视化数据管理器的使用和利用 Data 数据控件、ADO Data 控件访问数据库的方法。本章介绍的内容均以 Access 数据库为例。

12.1　数据库基础

数据库是按一定组织方式把相关数据组织在一起的数据集合。数据模型决定了数据的组织方式，采用关系模型的数据库称为关系数据库，是目前应用最为广泛的数据库，目前流行的 Access、Foxpro、SQL Server、Oracle 都是关系型数据库。

12.1.1　关系数据库概述

1. 数据的组织形式

关系数据库用二维表来组织数据，它把现实世界中的同一类实体对象（称为实体）用一个二维表来表示，称为"关系"。二维表的列描述实体的属性，二维表的行表示实体的一个具体实例。例如，学生是一类性质相同的对象，可以用一组相同的属性来描述，因此可以抽象为一个实体，每个学生是这个实体的一个具体实例。因此可以用表 12-1 所列出的二维表来描述多个学生的基本情况。

显然，这张二维表的列是相对稳定的，而行则可能随时增加或减少。

这个二维表被称为"数据表"或"表"。表中的列称为"字段"，表中的行称为"记录"。表中的每个字段是一个数据项，有自己的名称、数据类型和允许的最大长度每条记录由相同的一组数据项组成，但每条记录中的数据不能完全相同。

表 12-1　　　　　　　　　　　　　　　学生基本情况表

学号	姓名	性别	出生日期	班号	专业
07071221	陈胜	男	1989-5-12	070712	信息安全
07070522	刘红	女	1988-12-21	070705	计算机科学与技术
08110419	张小军	男	1990-6-11	081104	管理工程

一个关系数据库由多个数据表组成，数据表由若干个字段组成，表中的数据以行的形式存储，每一行是一条记录。

2. 数据表的结构

在设计关系数据库时，要确定数据库由哪些数据表组成，每个数据表由哪些字段组成。所谓表结构，指的就是组成数据表的字段的数量、字段的数据类型、字段所允许的最大长度和其他一些约束条件。表 12-1 中第一行列出的就是字段的名称，也隐含了字段的数量。表 12-2 所示的就是学生基本情况表的表结构。

表 12-2　　　　　　　　　　　　"学生基本情况"数据表的表结构

字段名	数据类型	字段长度	主键
学号	字符型	8	是
姓名	字符型	8	否
性别	字符型	2	否
出生日期	日期型	8	否
班号	字符型	6	否
专业	字符型	20	否

设计一个数据表，就是要确定它的表结构。

3. 主关键字

在关系数据库中，要求每个表中不能有完全相同的重复记录。在一个表中能够唯一确定一条记录的一个字段或多个字段的组合称为"主关键字"，简称"主键"。主键不能是空值。每个表必须有一个主键，每条记录的主键值不能相同。

4. 数据表之间的联系

一个数据库往往由多个数据表组成，但这些数据表不是孤立的，它们之间总有一定的逻辑关系。例如一个学生成绩管理的系统中，除了要记录学生的基本情况外，还要有课程情况和学习情况记录。学生不依赖于课程而存在，课程也不依赖于学生而存在。所以学生、课程各是一个独立的实体，用单独的二维表来表示。表 12-3 所示的是"课程"数据表的表结构。

学生与课程虽然可以独立存在，但在一个应用系统中它们又是有联系的，学生通过选课与课程建立了联系。一个学生可以选多门课，一门课可以被多个学生选。两个表之间的这种关系被称为多对多的关系，可以把这个关系命名为"学习"，它记载了学生选课的情况，是联系"学生基本情况"与"课程情况"的纽带。"学习"也可以用一个二维表来描述。表 12-4 所示的是"学习"数据表的表结构。

在"学习"二维表中，"学号"和"课程编号"2 个字段的组合构成表的主键，保证记录的唯一性。

于是，根据"学习"表中的学号，可以在"学生基本情况"表中找到具有该学号的学生的姓名、性别等基本信息，根据"学习"表中同一记录的"课程编号"，可以在"课程"表中找到该学生所选课程的名称、学分、学时等课程信息。"学习"表中的一条记录记载了某个学生所选的一门课程，以及该学生该课程的学习成绩。

表 12-3   "课程"数据表的表结构

字段名	数据类型	字段长度	主键
课程编号	字符型	10	是
课程名称	字符型	20	否
学分	单精度型	4	否
学时	整型	2	否
课程简介	字符型	50	否
选修课	字符型	20	否

表 12-4   "学习"数据表的表结构

字段名	数据类型	字段长度	主键
学号	字符型	8	是
课程编号	字符型	10	是
成绩	整型	2	否

5. 索引

为了加快数据表的查询速度，可以为数据表建立索引。建立索引实际是对表的一个字段或几个字段的值进行排序。应用中，一般对经常需要检索的字段建立索引，这样，在查找记录时，可以在索引中快速找到要查找的字段值，再在表中定位该记录的位置，从而找到整个记录。由于在有序的数据中检索可以大大提高检索速度，所以，当记录较多时，一般都要为数据表建立索引。

通常要为表的主键建立索引，根据需要，可以为一个表建立多个索引。

12.1.2   SQL 查询语句

结构化查询语言（Structure Query Language，SQL）是操作关系数据库的标准语言，具有数据定义、数据操作和数据查询等各种功能。目前流行的关系型数据库管理系统都支持 SQL 语言。

SQL 语言中用于数据查询的是 SELECT 查询语句。用 SELECT 语句可以实现各种单表、多表的简单和复杂的查询要求，使用起来极为方便。

SELECT 语句最常用的语法格式是（字母大小写不限）：

SELECT <字段列表>   FROM <表名>   [WHERE <条件>]   [ORDER BY <排序字段> [ASC | DESC]]

其中：

① 字段列表是需要在查询结果中包含的所有字段的名称，字段名之间用逗号隔开。如果使用"*"，则表示要包含所有字段。可见，指定字段列表实际是在数据表中筛选列。

② FROM 子句限定查询数据的来源，即数据表。表名是指要查询的数据表的名称，如果要从多个表中查找数据，每个表名之间要用逗号隔开。

③ WHERE 子句限定查询条件，只有满足条件的记录才会出现在查询结果集中，如果省略 WHERE 子句，则表示表中所有记录都符合条件。可见，WHERE 子句的作用是在数据表中筛选行。多表查询时，表之间的连接条件也写在 WHERE 子句中。

④ ORDER BY 子句决定查询结果中的所有记录按哪个或哪些字段排序，ASC 表示升序，是默认值，DESC 表示降序。省略 ORDER BY 子句表示不排序。

【例 12.1】下面的查询产生的结果是获得学生基本情况表中所有男生的学号、姓名和专业等信息。

```
SELECT 学号，姓名，专业 FROM 学生基本情况 WHERE 性别="男"
```

【例 12.2】下面的查询产生的结果是获得学生基本情况表中所有信息安全专业男生的所有字段中的数据。

```
SELECT * FROM 学生基本情况 WHERE 性别="男" AND 专业="信息安全"
```

【例 12.3】下面的查询产生的结果是获得选修了课程编号为"1000211232"课程的所有学生的学号、成绩和该课程的名称，查询结果按成绩升序排序。

```
SELECT 学号，课程名称，成绩 FROM 学习，课程
WHERE 学习.课程编号=课程.课程编号 AND 学习.课程编号="1000211232"
ORDER BY 成绩
```

其中学号、成绩取自"学习"数据表，课程名称取自"课程"数据表。记录的筛选条件是课程编号="1000211232"，两表的连接条件是课程编号相同的记录。这样，只有学习表中指定课程编号的记录被选中进入结果集，并在"课程"表中找出相同课程编号记录的"课程名称"字段的值放到结果集中。

由于学习表和课程表中都有"课程编号"字段，在每次用到该字段时，要在前面指定数据表的名称并用"."隔开。

【例 12.4】下面的查询产生的结果中包含了陈胜同学的学号、姓名、课程编号为"1000211232"的课程名称和该课程的成绩。

```
SELECT 学生基本情况.学号，姓名，课程名称，成绩
FROM 学生基本情况，学习，课程
WHERE 学生基本情况.学号=学习.学号 AND 学习.课程编号=课程.课程编号
     AND 姓名="陈胜" AND 学习.课程编号="1000211232"
```

本例使用了 3 个表。

【例 12.5】请列出所有"程序设计"课程不及格的学生的姓名、专业、"程序设计"课程的名称、学分和成绩。

分析：

在字段列表中，姓名、专业来源于学生基本情况表，课程名称、学分来源于课程表，成绩来源于学习表。

连接条件是：学生基本情况表与学习表中的学号字段的值应相同；学习表与课程表中课程编号字段的值应相同。

记录的筛选条件是：学习表中的成绩小于 60，并且课程表中的课程名称等于"程序设计"。

查询语句：

```
SELECT 姓名，专业，课程名称，学分，成绩
FROM 学生基本情况，学习，课程
WHERE 学生基本情况.学号=学习.学号 AND 学习.课程编号=课程.课程编号
     AND 成绩<60 AND 课程名称="程序设计"
```

12.2 可视化数据管理器

VB 提供了一个称为"可视化数据管理器"的软件工具,可以用来进行数据库的创建、数据的编辑和查询。可视化数据管理器通过可视化界面管理和使用数据库,使用起来非常方便。利用可视化数据管理器不用编程就可以完成数据库的简单应用。

可视化数据管理器可以管理多种数据库,下面以 MS Access 数据库为例介绍可视化数据管理器的使用方法。

图 12-1 可视化数据管理器窗口

12.2.1 启动可视化数据管理器

在 VB 集成环境中选择"外接程序"菜单中的"可视化数据管理器"命令,或直接运行 VB 系统安装目录中的 VisData.exe 文件就可以启动可视化数据管理器。启动后打开的窗口如图 12-1 所示。

12.2.2 建立数据库

建立数据库的步骤如下。

① 在"文件"菜单中依次选择"新建"、"Microsoft Access"、"Version 7.0 MDB",可弹出"选择要创建的 Microsoft Access 数据库"对话框。

② 在"选择要创建的 Microsoft Access 数据库"对话框中选择文件夹和数据库文件的名称,例如 Students,再单击"保存"按钮,即可在指定的文件夹中建立 Students.mdb 文件。同时,在可视化数据管理器窗口内打开了 2 个子窗口:"数据库窗口"和"SQL 语句"窗口,如图 12-2 所示。

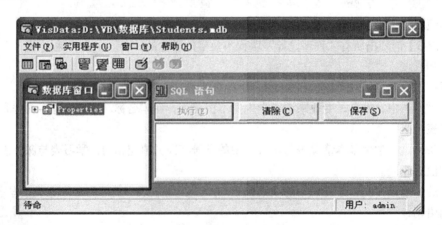

图 12-2 数据库窗口和 SQL 语句窗口

数据库窗口用于管理数据库中的数据表、索引等内容;SQL 语句窗口用于输入并执行 SQL 语句。

12.2.3　在数据库中建立数据表

数据库一般包含多个数据表。刚建立的数据库是空的，还要分别建立各个数据表。

1．定义表结构

建立数据表实际上就是定义表结构。

下面以表 12-2 所示的表结构来建立"学生基本情况"表。

定义表结构的具体步骤如下。

① 打开数据库文件。如果刚建立了数据库文件，数据库文件已经被打开，直接进入下一步。如果还未打开要操作的数据库，可在"文件"菜单中依次选择"打开数据库"、"Microsoft Access"，在弹出的"打开 Microsoft Access 数据库"对话框中选择要打开的数据库文件名，单击"打开"按钮，则会在可视化数据管理器窗口打开如图 12-2 所示的数据库窗口和 SQL 语句窗口。

② 打开"表结构"对话框。用鼠标右键单击"数据库窗口"，在弹出的快捷菜单中选择"新建表"命令，可弹出如图 12-3 所示的"表结构"对话框。

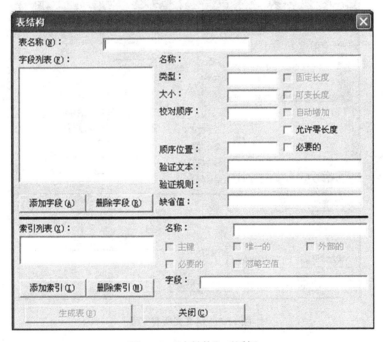

图 12-3 "表结构"对话框

③ 确定数据表名称。在"表结构"对话框的"表名称"文本框中输入表的名称，例如"学生基本情况"。

④ 为表添加新字段。单击对话框中的"添加字段"按钮，弹出如图 12-4 所示的"添加字段"对话框。

⑤ 定义新字段。确定字段名、字段的数据类型、字段大小等相应信息。字段的类型可在"类型"下拉列表中选择，其中"Text"表示字符型。如果字段是非空的，例如主键，应选中"必要的"复选框。输入完毕，单击"确定"按钮，则新添加的字段的字段名将出现在"表结构"对话框的"字段列表"中。

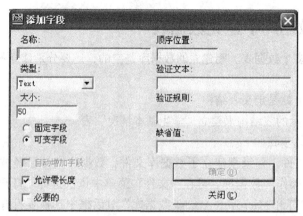

图 12-4　"添加字段"对话框

⑥ 重复第④、⑤步添加表 12-2 中的所有字段。然后单击"关闭"按钮返回"表结构"对话框。这时，在"表结构"对话框的"字段列表"中列出了所有字段的名称，如图 12-5 所示。

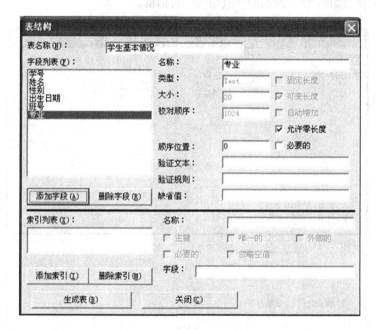

图 12-5　定义完所有字段

⑦ 生成数据表。单击"生成表"按钮返回"数据库窗口"，则"学生基本情况"数据表出现在"数据库窗口"中，单击"数据库窗口"中表名左端的 田 和展开后 Fields 左端的 田 ，可以显示该表的所有字段的字段名，如图 12-6 所示。

建立好"学生基本情况"表后，再以同样的方法，参照表 12-3、表 12-4 所示的表结构建立"课程"表和"学习"表。

2. 建立索引

建立索引的步骤如下。

① 单击"表结构"对话框中的"添加索引"按钮，打开如图 12-7 所示的"添加索引"对话框。对话框的"可用字段"下面列出了要建立索引的数据表中的所有可以被选为索引关键字的字段名。

图 12-6　数据库窗口中展开数据表

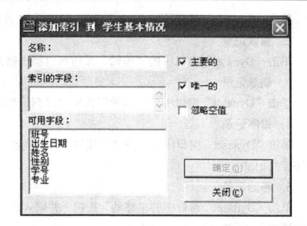

图 12-7　"添加索引"对话框

② 单击"可用字段"列表中的某个字段，例如"学号"，则该字段名列在"索引的字段"列表中。

③ 在"名称"文本框中为索引输入一个名称，例如"学号"。

④ 单击"确定"按钮，则索引的名称将被添加到"表结构"对话框的"索引列表"列表框中。单击"关闭"按钮，返回"表结构"对话框。

3．修改表结构

如果要修改已经建立好的数据表的结构，可以在"数据库窗口"中用鼠标右键点击数据表的表名，在弹出的快捷菜单中选择"设计"命令，打开"表结构"对话框，对表结构进行修改。

12.2.4　数据的编辑

数据的编辑包括数据的输入、修改、删除等操作，这些操作都在"Dynaset"（动态集）窗口中完成。右击数据库窗口中要处理的数据表名，在弹出的快捷菜单中选"打开"命令，或双击要处理的数据表名，可以打开"Dynaset"窗口，如图 12-8 所示。

1．添加记录

数据表建立好之后，要向表中添加记录。单击"添加"按钮，"Dynaset"窗口成为图 12-9 所示状态，输入数据后单击"更新"按钮回到图 12-8 所示状态，并且数据被填进各文本框。重复操作，可添加多条记录。

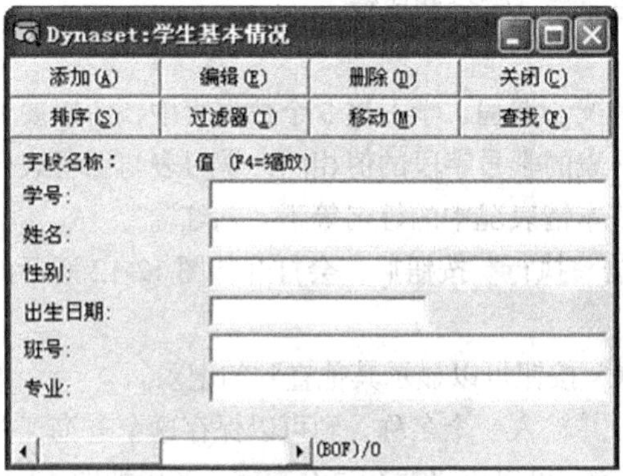

图 12-8　"Dynaset"窗口

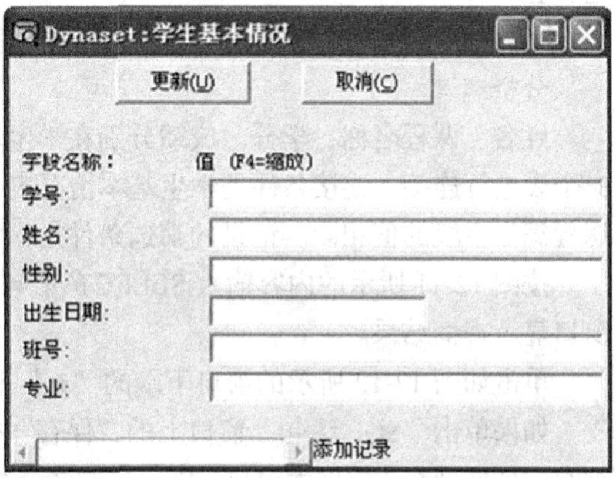

图 12-9　添加记录

单击"Dynaset"窗口下端的"▶"和"◀"按钮,可以在已经添加的多条记录之间进行切换。

2. 修改记录

单击"Dynaset"窗口中的"编辑"按钮可以编辑修改当前正在显示的记录。

3. 删除记录

单击"Dynaset"窗口中的"删除"按钮可以删除当前正在显示的记录。

4. 排序记录

单击"Dynaset"窗口中的"排序"按钮,并输入要排序的列(例如"学号"),将按这个列的升序排列记录。

5. 移动记录

单击"Dynaset"窗口中的"移动"按钮,并输入移动的行数(正数表示向后移动,负数表示向前移动),将改变当前记录的位置。

6. 过滤记录

过滤记录实际是对记录进行简单的筛选。单击"Dynaset"窗口中的"过滤器"按钮,并输入一个过滤器表达式,则只显示能够使表达式为真的记录,但并不删除未显示的记录。例如,如果输入的过滤器表达式为:性别="男",则单击"▶"和"◀"按钮就只能看到男生的记录。

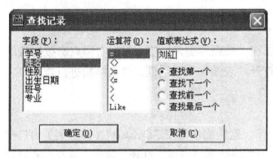

图 12-10 "查找记录"对话框

7. 查找记录

单击"Dynaset"窗口中的"查找"按钮,会打开如图 12-10 所示的"查找记录"对话框。选择字段和运算符,并输入要查找的字段值后单击"确定"按钮,在"Dynaset"窗口中就会显示查到的记录。

查找只在过滤通过的记录中进行。

12.2.5 数据的查询

"Dynaset"窗口中的"查找"功能过于简单,更复杂的查询需要使用 SQL 查询语句,或查询生成器。

1. SQL 语句查询

在可视化数据管理器的"SQL 语句"窗口直接输入 SELECT 语句并单击"执行"按钮就可进行查询。

【例 12.6】用 SELECT 语句查询刘红同学所选的课程、学分和成绩。

分析:

姓名、课程名称、学分、成绩分别在学生基本情况、课程、学习这 3 个数据表中,所以要将 3 个表进行连接。连接条件是学生基本情况表与学习表的学号字段的值相同;学习表与课程表中课程编号字段的值相同。记录的筛选条件是:学生基本情况表中的姓名等于"刘红"。

按图 12-11 所示的内容输入 SELECT 语句,单击"执行"按钮后,会打开如图 12-12 所示的窗口显示查询结果。

单击如图 12-12 所示的窗口下端的"▶"和"◀"按钮可以显示其他查到的记录。

如果单击"SQL 语句"窗口上的"保存"按钮,并输入一个名称,则可以保存这个查询,并把它的名称列在"数据库窗口"中。双击这个查询名称,可以直接执行这个查询,产生如图 12-12 所示的结果。

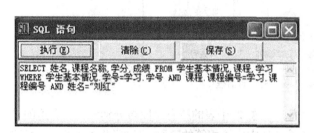

图 12-11　输入 SELECT 查询语句

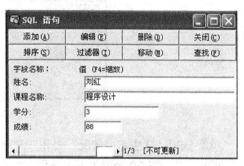

图 12-12　查询结果

2. 查询生成器

查询生成器也使用 SQL 查询语句进行查询，只是不需要用户自己编写查询语句，而是通过对话框进行选择和输入，然后自动生成 SELECT 语句，并用此语句进行查询。

从可视化数据管理器的"实用程序"菜单中选择"查询生成器"命令，可以打开如图 12-13 所示的"查询生成器"对话框。

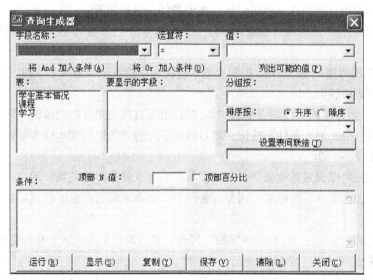

图 12-13　"查询生成器"对话框

下面以例 12.6 中的查询为例介绍查询生成器的使用方法。

【例 12.7】用查询生成器完成例 12.6 中的查询。

（1）选择要使用的表。查询生成器对话框的"表"列表框中显示了当前数据库中的所有数据表。单击未选中的表名可以选中该表，被选中的表的所有字段将出现在"要显示的字段"列表框中和"字段名称"下拉列表中；单击已选中的表名则该表变为不选中，该表的字段也从"要显示的字段"列表框和"字段名称"下拉列表中消失。本例选中全部 3 个表。

（2）设置表间的联结。多表查询需要设置表之间的连接条件，步骤如下。

① 单击"设置表间联结"按钮，打开"联结表"对话框。在第（1）步中选中的表将列在"选择表对"列表框中，如图 12-14 所示。

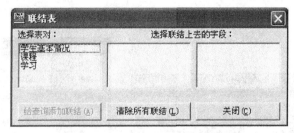

图 12-14 "联结表"对话框

② 选中"学生基本情况"表和"学习"表，则这 2 个表的所有字段将分别出现在右边的 2
个列表框中，在这 2 个列表框中分别选中在连接条件中应该相等的字段，即"学生基本情况.学号"
和"学习.学号"。

③ 单击"给查询添加联结"按钮，则这个连接条件就出现在"查询生成器"对话框"设置
表间联结"按钮下面的文本框中。

④ 以同样方法建立"课程"表和"学习"表的连接，连接的字段是"课程.课程编号"和"学
习.课程编号"。然后关闭"联结表"对话框。

（3）设置查询条件。可以直接在"条件"文本框中输入查询条件，它对应的是 SELECT 语句
中 WHERE 子句中的查询条件。也可以生成查询条件，步骤如下。

① 在"字段名称"下拉列表中选择字段"学生基本情况.姓名"，在"运算符"下拉列表中选
择"="。

② 单击"列出可能的值"按钮，则学生基本情况表中所有记录的姓名字段的值都可以从"值"
组合框的下拉列表中找到。

③ 在"值"组合框的下拉列表中选"刘红"，也可直接在组合框的编辑域输入"刘红"。

④ 单击"将 And 加入条件"按钮，则对话框下方的"条件"文本框中就列出了查询条件：
学生基本情况.姓名 = '刘红'。

用同样的方法可以设置其他条件，并根据与已经存在的条件的关系，用"将 And 加入条件"
按钮或"将 Or 加入条件"按钮添加到查询条件中。如果不满意，也可以直接在"条件"文本框
中修改查询条件。

（4）选择显示字段。在"要显示的字段"列表框中用鼠标单击"学生基本情况.姓名"、"课程.
课程名称"、"课程.学分"、"学习.成绩"。

（5）查看 SELECT 语句。单击"显示"按钮可以查看生成的 SELECT 语句是否正确。

（6）执行查询。单击"运行"按钮执行查询，产生的结果与图 12-12 所示的结果相同。

如果单击"保存"按钮并输入一个名称，可以保存刚生成的查询供以后执行。

12.2.6 数据窗体设计器

前面所介绍的各种操作都是在可视化数据管理器平台下完成的，是独立于 VB 应用程序的。
为了在 VB 应用程序中使用数据库，应该以 VB 的窗体为界面进行数据库操作，因此要设计一个
数据操作的窗体。可视化数据管理器提供的"数据窗体设计器"可以设计这样的窗体，并把它添
加到当前工程中去。

当打开一个数据库之后，从可视化数据管理器的"实用程序"菜单中选择"数据窗体设计器"
命令，可以打开如图 12-15 所示的"数据窗体设计器"对话框。

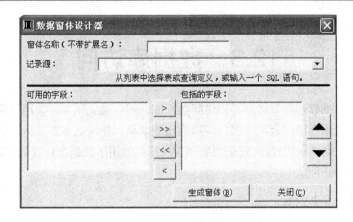

图 12-15　"数据窗体设计器"对话框

对话框中各个选项的作用如下。

（1）窗体名称：用于输入要建立的数据窗体的名称。在 VB 工程中的实际窗体名称由前缀"frm"和这个窗体名称构成。

（2）记录源：用于确定数据窗体上显示的记录从哪里来。单击右边的"▼"按钮，会列出当前数据库中的所有表名和保存的查询名，供用户选择。也可以直接输入一个 SQL 查询语句，使其查询得到的记录集合成为记录源。

（3）可用的字段：列出指定记录源中的所有可用字段供用户选择。

（4）包括的字段：数据窗体上将要显示的字段，是用户从"可用的字段"列表中选出来的。列表中字段的顺序代表了字段在数据窗体上的顺序。

（5）">"按钮：把"可用的字段"列表中选中的一个字段移到"包括的字段"列表中。

（6）"<"按钮：把"包括的字段"列表中选中的一个字段移回到"可用的字段"列表中。

（7）">>"按钮：把"可用的字段"列表中所有字段移到"包括的字段"列表中。

（8）"<<"按钮：把"包括的字段"列表中所有字段移回到"可用的字段"列表中。

（9）"▲"、"▼"按钮：调整选中的字段在"包括的字段"列表中的位置。

（10）"生成窗体"按钮：当全部选项设置完毕，单击此按钮就生成一个数据窗体。

例如，若在数据窗体设计器上进行了下列设置：

窗体名称：Student

记录源：学生基本情况

包含的字段：学号、姓名、性别、专业

单击"生成窗体"按钮后将在当前工程中添加一个名称为"frmStudent"的窗体，其外观如图 12-16 所示。生成的窗体不仅含有相关控件，还包含了各控件的事件过程。

运行程序时，这个窗体将显示"学生基本情况"表中的第 1 条记录。窗体下端的"▶"、"◀"按钮可以切换到下一条、上一条记录。"添加"、"删除"、"刷新"、"更新"等按钮也可以完成相应的操作。

图 12-16　生成的数据窗体

12.3　数据库访问

使用"可视化数据管理器"虽然可以访问数据库，但它独立于 VB 应用程序。建立的数据窗体虽然可以与 VB 应用程序结合在一起，但功能比较简单，外观也不够灵活。要设计一个满足用户特定要求的 VB 数据库应用程序，还是要利用 VB 提供的用于数据库访问的控件或采用 ADO 对象来实现对数据库的访问。

12.3.1　Data 控件

图 12-17　Data 控件

Data 控件是 VB 的标准控件，在工具箱中用图标 表示，在窗体上画出的外观如图 12-17 所示。

Data 控件本身不能显示和修改记录，记录中各个字段的显示和修改是在"数据绑定控件"中完成的。数据绑定控件是指具有"数据源"（DataSource）属性的控件，在 VB 的标准控件中，文本框、标签、列表框、组合框、复选框、图片框、图像框都是数据绑定控件。在数据库应用中需要把 Data 控件与数据绑定控件进行"绑定"，Data 控件则相当于一个记录指针，用来控制数据绑定控件中显示或处理的是哪条记录。

1. Data 控件的常用属性

（1）Connect 属性

Connect 属性用于指定数据库类型，默认值为"Access"，表示使用 Access 数据库。

（2）DatabaseName 属性

DatabaseName 属性设定数据源的名称和位置。

（3）RecordsetType 属性

RecordsetType 属性指出记录集的类型。这里所说的记录集是一组与数据库相关的逻辑记录集合，可以是一个数据表中的部分或全部记录，也可以是一个查询所产生的一组记录。RecordsetType 属性可以设置的值有以下几种。

0 — Table：表类型记录集。数据源是一个数据表，其中的数据允许被修改。

1 — Dynaset：动态集类型。记录集可以来自多个数据表，数据源中记录的变化可以动态地体现在记录集中。

2 — Snapshot：快照类型。它是数据源记录的一个副本，数据源中记录的变化不会动态地体现在记录集中，不能修改数据源中的记录。

（4）RecordSource 属性

RecordSource 属性用来设置要访问的记录的来源。它可以是数据库中的一个表，或一个已经保存的查询，也可以是一条返回记录的 SQL 语句。

2. Data 控件与数据绑定控件的绑定

在 VB 的数据库应用程序中，数据绑定控件（例如文本框）需要与 Data 控件"绑定"后，才能连接到数据源上，实现对数据库中数据的访问。这个"绑定"操作就是正确设置 Data 控件的相关属性和数据绑定控件与数据源有关的属性。

数据绑定控件常用的与数据源有关的属性有以下几种。

（1）DataSource 属性

DataSource 属性为数据绑定控件设置数据源。这一属性应该设置为 Data 控件的名称，表示数据绑定控件绑定到哪个 Data 控件上。

（2）DataField 属性

DataField 属性设置绑定的数据项。其内容应该是 Data 控件的 RecordSource 属性所确定的记录来源中的一个字段名。

一旦把数据绑定控件与 Data 控件正确绑定后，不需要编程，就可完成一个简单的数据库应用程序。

【例 12.8】利用 Data 控件实现对学生基本情况表的简单操作。

分析：

学生基本情况表是 Students 数据库中的一个数据表，共有 6 个字段，可以用 6 个文本框显示和处理各个字段中的数据，再用一个 Data 控件与它们绑定，并正确设置 Data 控件与数据绑定控件的相关属性，就可以实现数据库的简单操作。

主要控件的相关属性设置如表 12-5 所示。

表 12-5　　　　　　　　　　　　　　例 12.8 中控件属性的设置

控件类型	控件名称	用途	属性与属性值
文本框	Text1	关联"学号"字段	DataSource="Data1"，DataField="学号"
文本框	Text2	关联"姓名"字段	DataSource="Data1"，DataField="姓名"
文本框	Text3	关联"性别"字段	DataSource="Data1"，DataField="性别"
文本框	Text4	关联"出生日期"字段	DataSource="Data1"，DataField="出生日期"
文本框	Text5	关联"班号"字段	DataSource="Data1"，DataField="班号"
文本框	Text6	关联"专业"字段	DataSource="Data1"，DataField="专业"
Data 控件	Data1	连接数据库	Connect="Access" DatabaseName="D:\VB\数据库\Students.mdb" RecordsetType=1 RecordSource="学生基本情况"

界面设计窗体界面如图 12-18 所示。

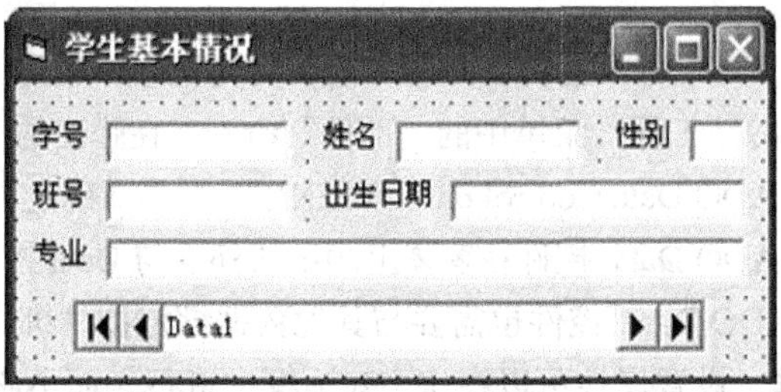

图 12-18　例 12.8 中的界面

程序运行时，单击 Data 控件两端的 ▶、◀按钮，可以显示下一条、上一条记录，单击 |◀、▶| 按钮可以显示第一条、最后一条记录。当修改某个文本框中的数据，并切换记录后，该文本框中的数据就被写到相关联的字段中，使记录集更新，最终形成数据库的更新。

【例 12.9】用 Data 控件实现对学生成绩的简单操作。窗体上包括的字段有学号、姓名、专业、课程名称、学分、成绩。

分析：

与例 12.8 不同的是这 6 个字段来源于 3 个不同的表，且 3 个表中的记录有一定的逻辑关系。一个简单的方法是利用可视化数据管理器建立一个查询，通过连接条件把 3 个表连接起来。用这个查询产生的记录集合作为 Data 控件的记录来源。其他设置则与例 12.8 相同。

（1）建立查询。

用可视化数据管理器打开 Students 数据库，在"SQL 语句"子窗口中输入如下 SELECT 语句，并以"学生成绩"为名称保存这个查询：

SELECT 学习.学号，姓名，专业，课程名称，学分，成绩

FROM 学生基本情况，课程，学习

WHERE 学生基本情况.学号=学习.学号 AND 课程.课程编号 =学习.课程编号

ORDER BY 学习.学号

图 12-19　例 12.9 运行界面

（2）设置控件属性。

把 Data 控件的 RecordSource 属性设置为"学生成绩"，Data 控件其他属性的设置与例 12.8 相同。参照例 12.8 设置相关文本框的属性。

程序运行结果如图 12-19 所示。

12.3.2　ADO Data 控件和 DataGrid 控件

Data 控件采用的是 DAO（Data Access Objects，数据访问对象）技术。VB 6.0 引入了更先进的 ADO（ActiveX Data Object，ActiveX 数据对象）技术。ADO 是一个基于 OLE DB 之上的对象模型，用于数据访问。

使用 ADO 控件访问数据库具有简单、方便，编码量小的特点。

1. ADO Data 控件

ADO Data 控件使用 ADO 来快速建立数据绑定控件和数据提供者之间的连接。ADO Data 控件的使用方法与 Data 控件类似，但有更先进的数据访问方式，可以连接任何符合 OLE DB 规范的数据源。

ADO Data 控件不是 VB 的标准控件，使用之前，要先把它加载到工具箱中。加载的方法是：选择 VB 集成环境主窗口的"工程"菜单中的"部件"命令，在弹出的"部件"对话框的"控件"选项卡中选中"Microsoft ADO Data Control 6.0 (OLEDB)"，单击"确定"按钮，则该控件的图标就出现在工具箱窗口中。ADO Data 控件在窗体上画出的外观与 Data 控件相同。

与 Data 控件相似，ADO Data 控件也需要与其他数据绑定控件绑定后使用。ADO Data 控件有一个"属性页"对话框，设置属性可以在这个对话框中进行，而不必在属性窗口中直接输入。鼠标右键单击窗体上的 ADO Data 控件，在弹出的快捷菜单中选择"ADODC 属性"就可打开如图 12-20 所示的"属性页"对话框。

下面通过实例来说明 ADO Data 控件的使用方法。

【例 12.10】利用 ADO Data 控件实现例 12.8。

首先在窗体的下端画一个名称为 Adodc1 的 ADO Data 控件，然后设置该控件的属性，属性设置的步骤如下。

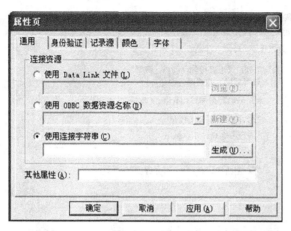

图 12-20　ADO Data 控件的"属性页"对话框

① 打开如图 12-20 所示的"属性页"对话框，选择"使用连接字符串"单选按钮，单击"生成"按钮，弹出"数据链接属性"对话框，如图 12-21 所示。

图 12-21　"数据链接属性"对话框

② 在"数据链接属性"对话框的"提供程序"选项卡中选择"Microsoft Jet 4.0 OLE DB Provider"，单击"下一步"按钮或直接单击"连接"选项卡。

③ 在"连接"选项卡的"选择或输入数据库名称"文本框中输入要连接的 Access 数据库文件名，或单击右边的"…"按钮选择数据库文件名，如图 12-22 所示。

④ 单击"测试连接"按钮。若测试成功，单击"确定"按钮。

⑤ 单击"属性页"对话框的"记录源"选项卡。在选项卡的"命令类型"下拉列表中选"2 — adCmdTable"。

⑥ 在下面的"表或存储过程名称"下拉列表中选"学生基本情况"，如图 12-23 所示。单击"确定"按钮关闭"属性页"对话框。

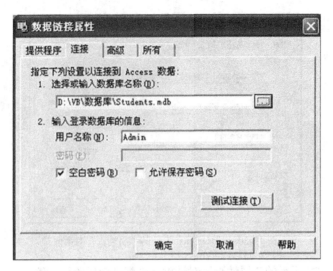

图 12-22　选择数据库

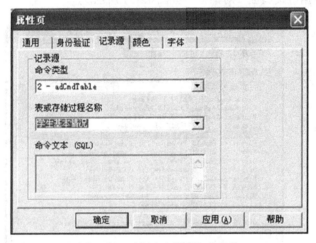

图 12-23　选择命令类型和表名称

设置好 ADO Data 控件，再画数据绑定控件 Text1 ～ Text6 并设置与数据绑定有关的属性。它们的 DataField 属性与例 12.8 中设置的一样，但 DataSource 要设置为 "Adodc1"。

运行程序后其界面与效果与例 12.8 类似。

使用 ADO Data 控件最重要的是要正确设置它的 ConnectionString、CommandType、RecordSource 属性。例 12.10 中的第②、③步完成 ConnectionString 属性的设置，第⑤步完成 CommandType 属性的设置，第⑥步完成 RecordSource 属性的设置。这些属性的设置结果可以在属性窗口中看到。

2．DataGrid 控件

前面使用的数据绑定控件每个控件只能绑定一个字段，这样，一条记录需要多个数据绑定控件，而每次也只能显示一条记录。如果希望在一个控件中显示记录集中的多行多列，就需要使用数据网格控件。

VB 6.0 提供了一个 DataGrid 控件，它是一个数据绑定控件，但只能与 ADO Data 控件一起使用，不能与 Data 控件一起使用。

DataGrid 控件也是 ActiveX 控件，使用前要先把它添加到工具箱中。添加的方法是在"部件"对话框中选择"Microsoft DataGrid Control 6.0 (OLEDB)"。添加后在工具箱中的图标是 。

DataGrid 控件可以以二维表的形式同时显示多条记录，每列显示一个字段，每行显示一条记录。使用时要与 ADO Data 控件绑定。绑定的方法是在属性窗口中，把 DataGrid 控件的 DataSource 属性设置为 ADO Data 控件的名称。

【例 12.11】用 DataGrid 控件实现对学生成绩的简单操作。

① 画控件。在窗体的上端画一个名称为 DataGrid1 的 DataGrid 控件，下端画一个名称为 Adodc1 的 ADO Data 控件。

② 设置 ADO Data 控件的属性。按照例 12.10 中的步骤设置 Adodc1 的属性。

③ 设置 DataGrid 控件的属性。在属性窗口中把 DataGrid1 的 DataSource 属性设置为 Adodc1。

运行程序后，显示的界面如图 12-24 所示。

其中，DataGrid 控件中左端有"▶"的记录是当前记录。

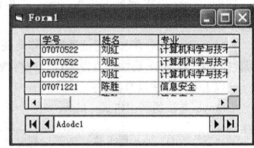

图 12-24　例 12.11 运行界面

12.3.3　记录集 Recordset 对象

除了使用 ADO Data 控件访问数据库，还可以用 ADO 对象访问数据库。ADO 对象模型共有 7 种对象，其中用得最多的是 Recordset 对象即记录集对象。

Recordset 对象包括了某个 SQL 查询返回的数据库记录集合，这个记录集合也是二维表结构，一行是一条记录，一列是一个字段，记录指针所指的记录是当前记录。利用 Recordset 对象的方法和属性可以方便地对记录集合进行各种操作，这些操作最终将体现到数据库中，所以它也是一种操作数据库的工具。

1. Recordset 对象的常用属性

（1）BOF 属性

若记录指针在记录集的首记录之前，则 BOF 属性的值为 True，否则为 False。在程序中向前移动记录指针时，一般要检测 BOF 属性的值，判断是否已经到了记录集的最前面。

BOF 属性是只读属性。

（2）EOF 属性

若记录指针在最后一条记录之后，则 EOF 属性的值为 True，否则为 False。在程序中向后移动记录指针时，一般要检测 EOF 属性的值，判断是否已经到了记录集的最后面。

EOF 属性也是只读属性。

若 BOF、EOF 属性同时为 True，则表示记录集为空，没有记录。

（3）AbsolutePosition 属性

AbsolutePosition 属性的值是整数，指明记录指针的当前位置，首记录的位置为 1。利用 AbsolutePosition 属性的值可以知道记录指针的位置，了解当前记录是第几条记录；为 AbsolutePosition 属性赋一个整数值，则可把记录指针移到对应的记录上去，使之成为当前记录。

（4）RecordCount 属性

RecordCount 属性返回记录集中记录的个数。此属性为只读属性。

2. Recordset 对象的常用方法

使用 Recordset 对象的各种方法可以对记录进行编辑操作。

（1）记录的定位

记录定位需要调用记录集的 Move 方法组，该方法组用于移动记录指针。

MoveFirst 方法：把记录指针移动到首记录上。

MoveLast 方法：把记录指针移动到最后一条记录上。

MoveNext 方法：把记录指针移动到下一条记录上。调用这一方法后，一般应判断 EOF 属性的值，若 EOF 属性的值为 True，应再调用 MoveLast 方法，把记录指针定位到最后一条记录上。

MovePrevious 方法：把记录指针移动到上一条记录上。调用这一方法后，一般应判断 BOF 属性的值，若 BOF 属性的值为 True，应再调用 MoveFirst 方法，把记录指针定位到首记录上。

以上 4 个方法没有参数。

Move 方法的调用格式：Move <n> [, <start>]

---

① start 指明移动记录指针时的参照位置，可以取 3 种值。

0（符号常量是：adBookmarkCurrent）—— 参照位置是当前记录；

1（符号常量是：adBookmarkFirst）—— 参照位置是首记录；

2（符号常量是：adBookmarkLast）—— 参照位置是尾记录。

默认值是 0。

② n 表示从参照位置开始，记录指针向前或向后跳过的记录数，正值向后，负值向前。

例如：

Recordset.Move 2　把记录指针移到当前记录后面的第 2 条记录上。

Recordset.Move −1　把记录指针移到当前记录前面的一条记录上。

Recordset.Move 3, adBookmarkFirst　把记录指针移到记录集的第 4 条记录上。

Recordset.Move −1, adBookmarkLast　把记录指针移到记录集的倒数第 2 条记录上。

Recordset.Move 0, adBookmarkLast　把记录指针移到记录集的最后一条记录上。

（2）字段的编辑

Recordset 对象有一个 Fields 集合，其中的每个对象对应记录集中的一个字段，利用 Fields 可以设置、修改当前记录的某个字段的值。例如：要把当前记录的"姓名"字段值改为"张三"，可以使用下面的赋值语句：

Recordset.Fields("姓名") = "张三"

（3）记录的编辑

调用记录集具有编辑功能的方法可以增加、删除、修改记录。

AddNew 方法：添加一条空记录。通常，在调用此方法添加一条空记录之后，要利用被绑定的控件输入新记录的具体值。也可以用 Recordset 对象的 Fields 集合为新记录的各个字段赋值。

Update 方法：更新记录。对记录集中已有记录做了修改之后，应调用 Update 方法把所做的修改保存起来。

Delete 方法：删除记录。调用不带参数的 Delete 方法将删除当前记录，在删除前不给出任何提示。

CancelUpdate 方法：用于取消对记录集中已有记录的修改，但如果已经调用了 Update 方法，则在此之前所做的修改不会被取消。

（4）记录的查找

查找记录使用 Find 方法，其调用格式为：

Recordset.Find <搜索条件> [, [<位移>] , [<搜索方向>] , [<起始位置>]]

① 搜索条件是一个字符串，字符串的内容类似于一个条件表达式，包含字段名、比较运算符和数据。

例如：Recordset.Find "姓名='刘红'"

其中的字符串："姓名='刘红'" 是搜索条件。该语句可以把记录指针定位到姓名为刘红的记录上去。

下面的语句也可以得到相同的结果：

strname$ = "刘红"

Recordset.Find "姓名='" & strname & "'"

搜索条件中可以使用 Like 运算符和 "*" 进行模糊查询。

例如：Recordset.Find "姓名 like '张*'"

这条语句可以把记录指针定位到姓张的记录上去。

② 位移是一个整数，默认值为 0，指定从开始位置位移多少条记录后开始搜索。正数向下位移，负数向上位移。

③ 搜索方向的值为 adSearchForward 时从开始位置向后搜索，这也是默认值；为 adSearchBackward 时从开始位置向前搜索。

④ 起始位置指定搜索的起始位置，1 表示起始位置是记录集的首记录，2 表示起始位置是记录集的尾记录，缺省时表示当前记录位置。

例如：Recordset.Find "姓名='刘红'", , , 1

表示从记录集的首记录开始向后搜索，并把记录指针定位到第一个姓名为 "刘红" 的记录上去。

以上这些方法都需要获得了一个记录集之后才能使用。如果在程序中使用了 ADO Data 控件，可以利用 ADO Data 控件的数据源获得记录集，再利用 ADO Data 控件的 Recordset 属性使用记录集对象。

3. 通过 ADO Data 控件使用记录集

ADO Data 控件有一个 Recordset 属性（这一属性不出现在属性窗口中），可以直接利用 Recordset 属性，使用 ADO 的 Recordset 对象的方法和属性。这时所得到的记录集是 ADO Data 控件的 RecordSource 属性所限定的数据源。

利用 ADO Data 控件使用记录集对象的格式是：

<ADO Data 控件的名称>.Recordset.<属性|方法>

其中的属性、方法是指 Recordset 对象的属性和方法。

【例 12.12】编写一个对 "学生基本情况" 表进行简单维护的程序，包括记录的添加、删除、修改和简单查询功能。

分析：

为实现记录的添加、删除、修改和简单查询，应使用 Recordset 对象的相应方法。可以采用命令按钮来激活这些功能。

界面设计：在窗体上画一个名称为 DataGrid1 的 DataGrid 控件和一个名称为 Adodc1 的 ADO Data 控件，并按照例 12.10 设置这两个控件的属性。由于要使用命令按钮进行操作，应把 Adodc1 的 Visible 属性设置为 False。再画 8 个命令按钮构成一个控件数组，数组名称为 Command1。设计好的窗体如图 12-25（a）所示，程序运行结果如图 12-25（b）所示。

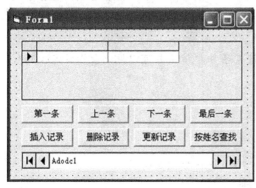
（a）设计界面

（b）运行界面

图 12-25　例 12.12 运行界面

程序代码如下：

```
Private Sub Command1_Click(Index As Integer)
    Select Case Index
        Case 0
            Adodc1.Recordset.MoveFirst          '移到第一条记录
        Case 1
            Adodc1.Recordset.MovePrevioust      '移到上一条记录
            If Adodc1.Recordset.BOF Then
                Adodc1.Recordset.MoveFirst
            End If
        Case 2
            Adodc1.Recordset.MoveNextt          '移到下一条记录
            If Adodc1.Recordset.EOF Then
                Adodc1.Recordset.MoveLast
            End If
        Case 3
            Adodc1.Recordset.MoveLastt          '移到最后一条记录
        Case 4
            Adodc1.Recordset.AddNew             '插入一条空记录
        Case 5
            Adodc1.Recordset.Delete             '删除当前记录
        Case 6
            Adodc1.Recordset.Update             '保存所做的修改
        Case 7
            ch$ = Val(InputBox("请输入要查找的姓名"))
```

```
        Adodc1.Recordset.Find "姓名 Like '" & ch & "*" & "'", , , 1 ' 从
首记录开始向下搜索
        End Select
    End Sub
```

程序说明：

① 由于要通过 ADO Data 控件使用 Recordset 对象，在所有 Recordset 的前面要添加 "Adodc1."。

② 单击"插入记录"按钮时，插入的是一条空记录，还需要在空记录中输入各个字段数据。

③ 删除记录时不会自动给出任何提示，为了安全起见，可以在调用 Delete 方法之前，加入显示提示信息的代码。

④ 查询功能采用的是模糊查询，输入姓名时，既可输入全名，也可只输入姓氏。

习 题 12

一、单选题

1. 下面关于关系型数据库的叙述中错误的是（　　　）。

    A. 数据库中只能有一个表　　　　　　　B. 数据库中可以有多个表

    C. 关系数据库中的表是二维表　　　　　D. 表中不能有完全相同的记录

2. 下面关于索引的叙述中正确的是（　　　）。

    A. 只能为一个表建立一个索引　　　　　B. 建立索引的目的是提高输入速度

    C. 可以为一个表建立多个索引　　　　　D. 建立索引的目的是节省存储空间

3. 查询语句：SELECT * FROM 学生基本情况 WHERE 性别="女" 中的"*"的含义是（　　　）。

    A. 所有满足条件的记录　　　　　　　　B. 指定表中的所有字段

    C. 数据库中的所有表　　　　　　　　　D. 指定表中的所有记录

4. 下面的查询语句用到的所有数据表有（　　　）。

```
SELECT 学号，课程名称，成绩  FROM 学习，课程
WHERE 学习.课程编号=课程.课程编号 AND 学习.课程编号="1000211232"  ORDER BY 成绩
```

    A. "学习"表　　　　　　　　　　　　　B. "课程"表

    C. "成绩"表　　　　　　　　　　　　　D. "学习"表与"课程"表

5. 如果希望在窗体中显示数据库中的数据，当选用了 ADO Data 控件来进行数据库操作之后，则（　　　）。

    A. 还需使用命令按钮　　　　　　　　　B. 还需使用 Data 控件

    C. 还需使用数据绑定控件　　　　　　　D. 不需要再使用其他控件

6. 设数据库"Students"中有"学生基本情况"数据表，如果选用 ADO Data 控件来进行"学生基本情况"表的操作时，必须把它的一个属性设置为"学生基本情况"，这个属性是（　　　）。

    A. ConnectionString　　　　　　　　　　B. CommandType

    C. RecordSource　　　　　　　　　　　D. DataSource

7. 设数据库"Students"中有"学生基本情况"数据表，并且用 ADO Data 控件来控制对"学

生基本情况"表的操作，如果要用 Text1 文本框显示"学生基本情况"表中"姓名"字段的值，则 Text1 的 DataSource 属性应设置为（　　）。

  A．ADO Data 控件的名称   B．"学生基本情况"

  C．"姓名"   D．不设置，使用默认值

8．如果 EOF 属性为 True，说明当前指针位置在 RecordSet 对象的（　　）。

  A．第一条记录   B．第一条记录之前

  C．最后一条记录   D．最后一条记录之后

9．如果 ADO Data 控件的名称是 Adodc1，并且已经连接了数据库，则下面的方法调用的结果是（　　）。

    Adodc1.Recordset.Move -1

  A．把记录指针移到记录集的最前面一条记录上

  B．把记录指针移到当前记录前面的一条记录上

  C．把记录指针移到当前记录后面的一条记录上

  D．把记录指针移到记录集的最后一条记录上

10．记录集对象的插入新记录的方法是（　　）。

  A．Find 方法   B．Update 方法   C．AddNew 方法   D．Delete 方法

二、填空题

1．关系数据库由二维表组成，二维表的行称为 _____ ，列称为 _____ 。

2．一个表中不同记录的同一字段中的数据，其数据类型是 _____ 。

3．在 Visual Basic 集成环境中，执行 _____ 菜单中的"可视化数据管理器"命令，可以打开"可视化数据管理器"窗口。

4．从可视化数据管理器的 _____ 菜单中选择"查询生成器"命令，可以打开"查询生成器"对话框。

5．设在数据库中已经创建了如表 12-2、12-3、12-4 所示的"学生基本情况"表、"课程"表和"学习"表，并已经输入了若干记录。

① 查询所有"计算机科学与技术"专业学生的所有信息的 SELECT 语句是

_____ 。

② 查询所有学分大于 3 的课程的课程编号、课程名称和课程简介的 SELECT 语句是

_____ 。

③ 查询张楠同学的所有课程的成绩的 SELECT 语句是

_____ 。

④ 查询张楠同学的所有课程的课程名称和成绩的 SELECT 语句是

_____ 。

⑤ 查询所有"091021"班同学学习"VB 程序设计"课程的成绩，结果按成绩降序排列的 SELECT 语句是

_____ 。

6．把 ADO Data 控件添加到工具箱的方法是：在 _____ 菜单中选择 _____ 命令，在打开的对话框中选择"Microsoft ADO Data Control 6.0 (OLEDB)"，然后单击"确定"按钮即可。

7．DataGrid 控件可以显示多条记录，每一行是 _____ ，左端有"▶"的记录是 _____ 。

8. 如果使用了 ADO Data 控件和 DataGrid 控件，DataGrid 控件的 DataSource 属性应设置为 _____ 。

三、编程题

1. 利用可视化数据管理器为 Students 数据库添加 2 个表："图书基本信息"表和"借阅"表，它们的结构分别如表 12-6 和表 12-7 所示，并输入若干条图书基本信息记录和学生借阅图书的记录。

表 12-6   "图书基本信息"表结构

字段名	数据类型	字段长度	主键
图书编号	字符型	10	是
书名	字符型	50	否
作者	字符型	20	否
出版社	字符型	50	否
价格	单精度	4	否
内容提要	字符型	100	否

表 12-7   "借阅"表结构

字段名	数据类型	字段长度	主键
学号	字符型	8	是
图书编号	字符型	10	是
借出日期	日期形		否

2. 利用可视化数据管理器的 SQL 语句窗口输入 Select 语句，按以下要求进行查询。

① 查看所有"天空出版社"出版社的图书。

② 查看陈影同学借阅的所有图书的书名、作者、价格、借出日期。

③ 查看 2010 年 9 月以前借出的书名、借阅者姓名、借出日期。

3. 用查询生成器生成第 2 题的第②、③两个查询。

4. 用数据窗体设计器设计一个窗体，管理维护"图书基本信息"表。

5. 在窗体设计一个显示"图书基本信息"表数据，每次显示一条记录。要求分别用 Data 控件和 ADO Data 控件实现。

6. 设计一个窗体显示第 2 题的第②小题查到的信息，每次显示一条记录。请使用 ADO Data 控件来连接数据源，如图 12-26 所示。

图 12-26   编程题第 6 题的界面

7. 设计一个窗体显示第 2 题的第③小题查到的信息，每次显示多条记录。请使用 ADO Data 控件来连接数据源，如图 12-27 所示。

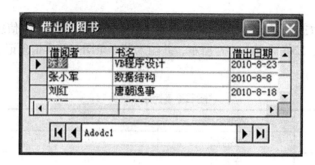

图 12-27　编程题第 7 题的界面

8. 编写一个对"图书基本信息"表进行简单维护的程序，包括记录的添加、删除、修改和简单查询功能，这些功能用菜单实现。程序运行结果如图 12-28 所示。

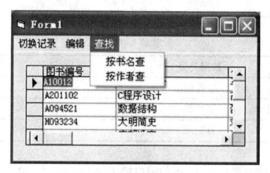

图 12-28　编程题第 8 题的运行结果

附录 A
VB 6.0 环境下程序的调试

在程序开发过程中，不可避免地会发生错误。程序调试就是对程序进行测试，查找程序中隐藏的错误并将这些错误修正或排除。程序调试是十分重要的一个环节，附录 A 将简要介绍一下如何使用 VB 的调试工具，程序调试的一般方法，以及错误的捕获和错误处理程序的设计方法。

附 A.1　应用程序中的错误类型

程序设计中常见的错误可分为以下三种：编译错误、运行错误和逻辑错误。

1. 编译错误（语法错误）

编译错误指 VB 在编译程序过程中出现的错误。此类错误是由于不正确的构造代码而产生的，比如关键字输入错误、遗漏了必需的标点符号等。

编译错误多因语法不能满足编译而发生，故也可称为语法错误。

例如，Printt　"hello" 语句会导致编译错误，如图附 A-1 所示。

图附 A-1　VB 编译错误

当在代码窗口中输入一个语句时，为了使 VB 能够立即显示语法出错信息，应选定"自动语法检测"。选择"工具"菜单中的"选项"，在"选项"对话框的"编辑器"选项卡，可选定或取消"自动语法检测"，如图附 A-2 所示。

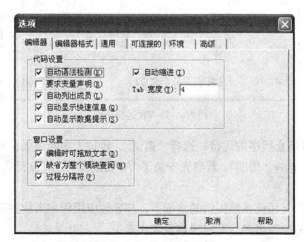

图附 A-2　自动语法检测

对于结构性语句，例如，For...Next 语句、Select...Case 语句、Do...Loop 语句等，在输入代码时编译系统不会检查其前后语句是否对应，但当用户运行存在此类缺陷的程序时，系统因无法编译，仍将给出编译错误。例如，有下面的一段代码：

```
Private Sub Form_click()
    score = Val(InputBox("input a number"))
    Select Case score
        Case Is >= 85
            Print "优秀"
        Case Is >= 60
            Print "合格"
        Case Else
            Print "不合格"
End Sub
```

图附 A-3　VB 编译错误

输入时遗漏了与 Select Case 对应的 End Select，当程序运行时，单击窗体 Form1 时，系统将给出编译错误信息，如图附 A-3 所示。如果用户在建立上述代码后没有执行 Form1_Click 事件，而试图生成该工程的 EXE 文件时，系统也会给出如图附 A-3 所示的编译错误。

2. 运行错误

运行错误指编译通过后，代码执行了非法操作或某些操作失败而发生的错误。比如，要打开的文件没找到，除法运算时除数为零，数据溢出等。通常，运行错误是指那些语句本身没有语法错误，但却无法执行的语句。

例如：

```
average = Sum / amount      '错误提示如图附 A-4 所示
print 245*1000              '由于 245*1000 的值超过了整数的范围，也会弹出如图附 A-4 所
示的错误提示
```

图附 A-4　VB 运行错误

选择"结束"，可终止程序的运行；选择"调试"，将进入中断模式，光标定位在发现错误的语句处，可进行修改；选择"帮助"，若事先安装了 VB 帮助文件，将获得有关此错误的帮助信息。

3. 逻辑错误

逻辑错误是指在没有任何系统提示的情况下，却导致应用程序未能按照预期方式执行的那些错误。导致逻辑错误的原因很多，有时很难发现和避免。

例如：

把语句 s=s+l 中的英文字母 l 写成了数字 1。

将语句 c=a+b 中的+写成了*等等。

通常，逻辑错误不会产生错误提示信息，故较难排除，需要程序员认真分析，有时需借助调试工具才能查出原因并改正。

附 A.2   VB 开发环境的三种模式

VB 开发环境有三种模式：设计模式，运行模式和中断模式。开发环境中的标题能够显示出当前所处的模式，如图附 A-5 所示。

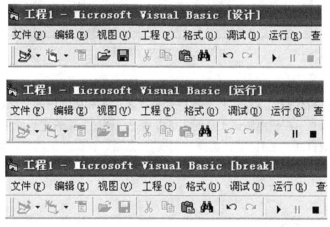

图附 A-5   VB 标题栏上的 3 种模式显示

1. 设计模式

创建应用程序的大多数工作都是在设计模式下完成的，启动 VB 后就进入设计模式。

2. 运行模式

单击"启动"按钮进入运行模式。在运行模式下，用户可以与引用程序交互，还可以查看代码，但不能修改代码。

3. 中断模式

在运行时，选择"运行"菜单中的"中断"可切换到中断模式，此外，应用程序在运行时产生错误，也可以自动切换到中断模式。在中断模式下，可以查看并编辑代码，重新启动应用程序，结束执行或从中断处继续运行，大多数调试工具只能在中断模式下使用。

附 A.3   程序调试方法

使用 VB 提供的调试工具与调试手段，可以提高程序调试的效率。

1. VB6.0 系统的调试工具

程序中的错误是难以避免的，VB 中提供了专门的调试工具来进行错误跟踪与调试。

（1）设置自动语法检测

在 VB 编辑器中，有一些自动功能可以使用户的编程非常方便、快捷。要设置编辑器自动功能，可单击"工具"菜单中的"选项"菜单项，并在弹出的"选项"对话框中选择"编辑器"选项卡，如图附 A-6 所示。

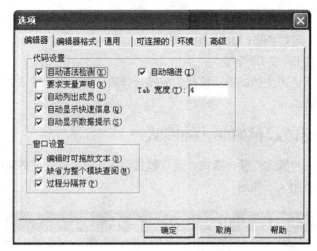

图附 A-6 "选项"对话框

（2）调试工具

调试工具能够分析代码的运行过程，跟踪变量、表达式和属性值的变化情况。VB 有专门的调试菜单和调试工具栏。在使用调试工具时，可以通过"调试"菜单进行操作，如图附 A-7 所示。也可以单击鼠标右键打开"工具栏"，选择"调试"，激活"调试"工具栏，便可以使用调试工具栏了，如图附 A-8 所示。

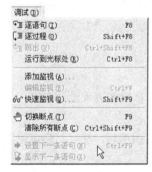

图附 A-7 "调试"菜单

图附 A-8 "调试"工具栏

2. 调试和排错方法

在 VB 中利用什么工具进行调试，这是我们下面要解决的方法。

（1）控制程序的运行

为了控制程序的运行可以运用设置断点、插入观察变量、逐行执行和过程跟踪等方式进行控制。

① 设置断点

VB 在运行应用程序时，遇到具有断点的代码会中断应用程序的执行。通常，断点被设置在代码被怀疑可能有问题的区域。断点可以在设计模式或中断模式下设置。设置断点的简便方法是在代码窗口中，在要设置断点的那一行代码的灰色左页边上单击鼠标左键。若要取消断点，单击断点行左边小圆点即可。

② 逐语句执行

在设计模式或中断模式下，按【F8】键或单击"调试"菜单中的"逐语句"就可以进入逐语句执行方式。每按一次【F8】键就执行一个语句。

（2）程序调试窗口

在中断模式下，利用调试窗口可以观察有关变量的值。VB 提供了"立即"、"本地"、"监视"和"堆栈"四种调试窗口。

① 立即窗口

立即窗口可以在中断模式下自动激活，还可以通过其他方法打开，如单击"调试"工具条上的"立即窗口"按钮、执行"视图"工具条上的"立即窗口"命令、或按下 Ctrl+G 快捷键。该窗口是最方便、最常用的窗口，如图附 A-9 所示。

② 本地窗口

该窗口只显示当前过程中所有变量和对象值，只在中断模式下可用，在设计和运行时均不可用。当程序的执行从一个过程切换到另一个过程时，本地窗口的内容也会随之发生相应的变化，即它只反映当前过程中可用的变量，如图附 A-10 所示。

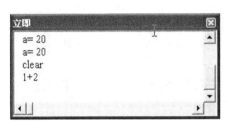

图附 A-9　立即窗口

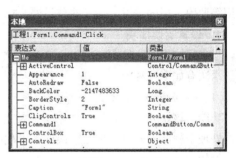

图附 A-10　本地窗口

③ 监视窗口

该窗口在代码运行过程中监控并显示当前监视表达式的值。在中断状态下，可以用监视窗口显示当前的某个变量或表达式的值。在使用监视窗口监视表达式的值时，应首先利用"调试"菜单中的"添加监视命令"或"快速监视"命令添加监视表达式及设置监视类型，如图附 A-11 所示。

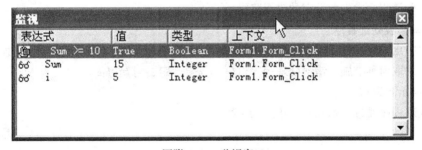

图附 A-11　监视窗口

④ 调用堆栈窗口

当应用程序执行一系列嵌套过程时，使用"堆栈"窗口可以跟踪操作的过程。当程序的嵌套比较复杂时，使用单步跟踪不能清楚地对程序监视，用堆栈对话框可以使该操作过程比较清楚地体现出来。单击工具条中的"调用堆栈"按钮，可激活"调用堆栈"对话框，如图附 A-12 所示。

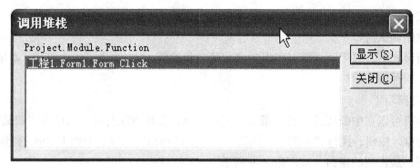

图附 A-12　调用堆栈窗口

附 A.4　出错处理

利用 VB 系统中的调试工具可以排除程序中代码的错误，但是无法处理由于运行环境、资源使用等原因出现的错误。为了捕获错误，VB 提供了捕获错误与错误处理语句。

1.　设置错误捕获

当出现错误时，使用 On Error Goto 设置错误捕获陷阱，从而截取可捕获的错误。

语法有如下几种。

（1）On Error Goto　行号| 行标号

功能：该语句用来设置错误陷阱，并指定错误处理子程序的入口。"行号"或"行标号"是错误处理子程序的入口，位于错误处理子程序的第一行。

例如：

On Error Goto 100

指发生错误时，跳到从行号 100 开始的错误处理子程序。

（2）On Error Resume Next

功能：当程序发生错误时，程序不会终止执行，而是忽略错误，继续执行出错语句的下一条语句。

（3）On Error Goto 0

功能：取消程序中先前设定的错误陷阱。

2.　编写错误处理程序

当程序中出现运行错误时，程序的运行将转到错误处理程序，错误处理程序根据可预知的错误类型决定采取何种措施。错误处理程序可根据需要而定，可繁可简。

3.　Resume 语句

错误处理程序通过 Resume 语句实现结束。

常用字符与 ASCII 代码对照表

ASCII值/	字符	控制字符	ASCII值	字符	ASCII值	字符	ASCII值	字符	ASCII值	字符	ASCII值	字符	ASCII值	字符	ASCII值	字符
000	null	NUL	032	空格	064	@	096	`	128	Ç	160	á	192	└	224	α
001	☺	SOH	033	!	065	A	097	a	129	Ü	161	í	193	┴	225	β
002	☻	STX	034	"	066	B	098	b	130	é	162	ó	194	┬	226	Γ
003	♥	ETX	035	#	067	C	099	c	131	â	163	ú	195	├	227	π
004	♦	EOT	036	$	068	D	100	d	132	ä	164	ñ	196	─	228	Σ
005	♣	END	037	%	069	E	101	e	133	à	165	Ñ	197	┼	229	σ
006	♠	ACK	038	&	070	F	102	f	134	å	166	ª	198	├	230	µ
007	beep	BEL	039	'	071	G	103	g	135	ç	167	º	199	├	231	τ
008	back space	BS	040	(	072	H	104	h	136	ê	168	¿	200	└	232	Φ
009	tab	HT	041	)	073	I	105	i	137	ë	169	⌐	201	┌	233	θ
010	换行	LF	042	*	074	J	106	j	138	è	170	¬	202	┴	234	Ω
011	♂	VT	043	+	075	K	107	k	139	ï	171	½	203	┬	235	δ
012	♀	FF	044	,	076	L	108	l	140	î	172	¼	204	├	236	∞
013	回车	CR	045	-	077	M	109	m	141	ì	173	¡	205	─	237	ø
014	♫	SO	046	.	078	N	110	n	142	Ä	174	«	206	┼	238	∈
015	☼	SI	047	/	079	O	111	o	143	Å	175	»	207	┴	239	∩
016	►	DLE	048	0	080	P	112	p	144	É	176	░	208	┴	240	≡
017	◄	DC1	049	1	081	Q	113	q	145	æ	177	▒	209	┬	241	±
018	↕	DC2	050	2	082	R	114	r	146	Æ	178	▓	210	┬	242	≥
019	‼	DC3	051	3	083	S	115	s	147	ô	179	│	211	└	243	≤
020	¶	DC4	052	4	084	T	116	t	148	ö	180	┤	212	└	244	⌠
021	§	NAK	053	5	085	U	117	u	149	ò	181	┤	213	┌	245	⌡
022	▬	SYN	054	6	086	V	118	v	150	û	182	┤	214	┌	246	÷
023	↨	ETB	055	7	087	W	119	w	151	ù	183	┐	215	┼	247	≈
024	↑	CAN	056	8	088	X	120	x	152	ÿ	184	┐	216	┼	248	°

ASCII值/	字符	控制字符	ASCII值	字符	ASCII值	字符	ASCII值	字符	ASCII值	字符	ASCII值	字符	ASCII值	字符	ASCII值	字符
025	↓	EM	057	9	089	Y	121	y	153	ö	185	┥	217	┘	249	•
026	→	SUB	058	:	090	Z	122	z	154	Ü	186	‖	218	┌	250	.
027	←	ESC	059	;	091	[	123	{	155	¢	187	┐	219	■	251	$\sqrt{}$
028	∟	FS	060	<	092	\	124	¦	156	£	188	┘	220	▬	252	ⁿ
029	↔	GS	061	=	093	]	125	}	157	¥	189	┘	221	▮	253	²
030	▲	RS	062	>	094	^	126	~	158	P_t	190	┘	222	▮	254	▮
031	▼	US	063	?	095	_	127	⌂	159	ƒ	191	┐	223	▬	255	

附录 C
VB 语言中的关键字

一、常用的关键词

1. 编译命令关键字

作用	关键字
定义编译常数:	#Const
编译程序码中的选择区块:	#If…Then…#Else

2. 变量与常数关键字

作用	关键字
指定值:	Let
声明变量或常数:	Const, Dim, Private, Public, New, Static
声明模块为私有:	Option Private Module
判断 Variant	IsArray, IsDate, IsEmpty, IsError, IsMissing,IsNull,IsNumeric, IsObject, TypeName, VarType
引用当前对象:	Me
变量须明确声明:	Option Explicit
设置缺省数据类型:	Deftype

3. 运算符关键字

作用	关键字
算术:	^, -, *, /, \, Mod, +, &
比较:	=, <>, <, >, <=, >=, Like, Is
逻辑运算:	Not, And, Or, Xor, Eqv, Imp

4. 错误关键字

作用	关键字
产生运行时错误:	Clear, Error, Raise
取得错误信息:	Error
提供错误信息:	Err
返回 Error 变体:	CVErr
运行时的错误处理:	On Error, Resume

类型确认: IsError

5. Collection 对象关键字

作用   关键字

建立一个 Collection 对象: Collection
添加对象到集合对象中: Add
从集合对象中删除对象: Remove
引用集合对象中的项: Item

6. 金融关键字

作用   关键字

计算折旧率: DDB, SLN, SYD
计算未来值: FV
计算利率: Rate
计算本质利率: IRR, MIRR
计算期数: NPer
计算支付: IPmt, Pmt, PPmt
计算当前净值: NPV, PV

7. 控制流关键字

作用   关键字

分支: GoSub...Return, GoTo, On Error, On...GoSub,
                                      On...GoTo

退出或暂停程序: DoEvents, End, Exit, Stop
循环: Do...Loop For...Next, For Each...Next, While...Wend,
                                      With

判断: Choose, If...Then...Else, Select Case, Switch
使用过程: Call, Function, Property Get, Property Let, Property
                                      Set, Sub

8. 目录和文件关键字

作用   关键字

改变目录或文件夹: ChDir
改变磁盘: ChDrive
复制文件: FileCopy
新建目录或文件夹: MkDir
删除目录或文件夹: RmDir
重新命名文件、目录或文件夹: Name
返回当前路径: CurDir
返回文件的日期、时间: FileDateTime
返回文件、目录及标签属性: GetAttr
返回文件长度: FileLen
返回文件名或磁盘标签: Dir
设置有关文件属性的信息: SetAttr

9. 日期与时间关键字

作用	关键字
设置当前日期或时间:	Date ,Now, Time
计算日期:	DateAdd, DateDiff, DatePart
返回日期:	DateSerial, DateValue
返回时间:	TimeSerial, TimeValue
设置日期或时间:	Date, Time
计时:	Timer

10. 输入与输出关键字

作用	关键字
访问或创建文件:	Open
关闭文件:	Close, Reset
控制输出外观:	Format, Print, Print #, Spc, Tab, Width #
复制文件:	FileCopy
取得文件相关信息:	EOF, FileAttr, FileDateTime, FileLen, FreeFile, GetAttr, Loc, LOF, Seek
文件管理:	Dir, Kill, Lock, Unlock, Name
从文件读入:	Get, Input, Input #, Line Input #
返回文件长度:	FileLen
设置或取得文件属性:	FileAttr, GetAttr, SetAttr
设置文件读写位置:	Seek
写入文件:	Print #, Put, Write #

11. 数据类型关键字

作用	关键字
数据类型变换:	CBool, CByte, CCur, CDate, CDbl, CDec, CInt, CLng, CSng, CStr, CVar, CVErr, Fix, Int
设置数据类型:	Boolean, Byte, Currency, Date, Double, Integer, Long, Object, Single, String, Variant (default)
检查数据类型:	IsArray, IsDate, IsEmpty, IsError, IsMissing, IsNull, IsNumeric, IsObject

12. 数学关键字

作用	关键字
三角函数:	Atn, Cos, Sin, Tan
一般计算:	Exp, Log, Sqr
产生随机数:	Randomize, Rnd
取得绝对值:	Abs
取得表达式的正负号:	Sgn
数值变换:	Fix, Int

13. 数组关键字

作用	关键字

确认一个数组:	IsArray
建立一个数组:	Array
改变缺省最小值:	Option Base
声明及初始化数组:	Dim, Private, Public, ReDim, Static
判断数组下标极限值:	LBound, UBound
重新初始化一个数组:	Erase, ReDim

14. 注册关键字

作用	关键字
删除程序设置:	DeleteSetting
读入程序设置:	GetSetting, GetAllSettings
保存程序设置:	SaveSetting

15. 变换关键字

作用	关键字
ANSI 值变换为字符串:	Chr
大小写变换:	Format, LCase, UCase
日期变换为数字串:	DateSerial, DateValue
数字进制变换:	Hex, Oct
数值变换为字符串:	Format, Str
数据类型变换:	CBool, CByte, CCur, CDate, CDbl, CDec, CInt, CLng, CSng, CStr, CVar, CVErr, Fix, Int
日期变换:	Day, Month, Weekday, Year
时间变换:	Hour, Minute, Second
字符串变换为 ASCII 值:	Asc
字符串变换为数值:	Val
时间变换为数字串:	TimeSerial, TimeValue

16. 字符串处理关键字

作用	关键字
比较两个字符串:	StrComp
变换字符串:	StrConv
大小写变换:	Format, LCase, UCase
建立重复字符的字符串:	Space, String
计算字符串长度:	Len
设置字符串格式:	Format
重排字符串:	LSet, RSet
处理字符串:	InStr, Left, LTrim, Mid, Right, RTrim, Trim
设置字符串比较规则:	Option Compare
运用 ASCII 与 ANSI 值:	Asc, Chr

17. 其他关键字

作用	关键字
处理搁置事件:	DoEvents

运行其他程序：	AppActivate, Shell
发送按键信息给其他应用程序：	SendKeys
发出警告声：	Beep
系统：	Environ
提供命令行字符串：	Command
自动：	CreateObject, GetObject
色彩：	QBColor, RGB

二、常用的 VB 函数及用法

（一）类型转换类函数

1．CType(X)

[格式]：

P=CBool(X)	'将 X 转换为"布尔"（Boolean）类型
P=CByte(X)	'将 X 转换为"字节"（Byte）类型
P=CCur(X)	'将 X 转换为"金额"（Currency）类型
P=CDate(X)	'将 X 转换为"日期"（Date）类型
P=CDbl(X)	'将 X 转换为"双精度"（Double）类型
P=CInt(X)	'将 X 转换为"整型"（Integer）类型
P=CLng(X)	'将 X 转换为"长整型"（Long）类型
P=CSng(X)	'将 X 转换为"单精度"（Single）类型
P=CStr(X)	'将 X 转换为"字符串"（String）类型
P=Cvar(X)	'将 X 转换为"变体型"（Variant）类型
P=CVErr(X)	'将 X 转换为 Error 值

[范例]：

（1）CStr(13)+CStr(23) ' 数值转换成字符串后，用"+"号连接，结果为 1323

（2）CInt("12")+12 ' 字符串转换成整型后与 12 相加，结果为 24

（3）P=CInt(True) ' 输出结果为-1

布尔值与数值的转换时要注意，布尔值只有 True 和 False，其中 True 在内存中为-1，False 存为 0。

（4）CBool(-0.001)' 输出结果为 True。

将数值转换为布尔型时，等于 0 的数值将得到 False，不等于 0 的数值得到 True。

2．Int(X),Fix(X)：取 X 的整数值

[格式]：

P=Int(X) ' 取<=X 的最大整数值

P=Fix(X) ' 取 X 的整数部分，直接去掉小数

[范例]：

（1）Int(-54.6) ' 结果为-55，取<=-54.6 的最大整数

（2）Fix(54.6)　　　' 结果为 54，取整数并直接去掉小数

（二）常用数学函数

1. Abs(N) 取绝对值

例：Abs(-3.5)' 结果为 3.5

2. Cos(N) 余弦函数

例：Cos(0)' 结果为 1

3. Exp(N) 以 e 为底的指数函数

例：Exp(3) ' 结果为 20.068

4. Log(N) 以 e 为底的自然对数

例：Log(10) ' 结果为 2.3

5. Rnd[(N)] 产生随机数

例：Rnd ' 结果为 0～1 之间的数

6. Sin(N) 正弦函数

例：Sin(0) ' 结果为 0

7. Sgn(N) 符号函数

[说明]：应取正负号。Y=Sgn(X) 即 X>0 则 Y=1；X=0 则 Y=0；X<0 则 Y=-1。

8. Sqr(N) 平方根

例：Sqr(9) ' 结果为 3

9. Tan(N) 正切函数

例：Tan(0) ' 结果为 0

10. Atn(N) 反切函数

例：Atn(0) ' 结果为 0

[注意]：在三角函数中，以弧度表示。

（三）字符串类函数

1. ASC(X)，Chr(X)：转换字符字符码

[格式]：

P=Asc(X) 返回字符串 X 的第一个字符的字符码

P=Chr(X) 返回字符码等于 X 的字符

[范例]：

（1）P=Chr(65)

' 输出字符 A,因为 A 的 ASCII 码等于 65

（2）P=Asc("A")

' 输出 65

2. Len(X)：计算字符串 X 的长度

[格式]：

P=Len(X)

[说明]：

空字符串长度为 0，空格符也算一个字符，一个中文字虽然占用 2 Bytes，但也算一个字符。

[范例]:

（1）令 X="" (空字符串)

Len(X) 输出结果为 0。

（2）令 X="abcd"，

Len(X) 输出结果为 4。

（3）令 X="VB 教程"

Len(X) 输出结果为 4。

3. Mid(X)函数：读取字符串 X 中间的字符

[格式]:

P=Mid(X,n)

由 X 的第 n 个字符读起，读取后面的所有字符。

P=Mid(X,n,m)

由 X 的第 n 个字符读起，读取后面的 m 个字符。

[范例]:

（1）X="abcdefg"

P=Mid(X,5)

结果为 P="efg"。

（2）X="abcdefg"

P=Mid(X,2,4)

结果为 P="bcde"。

4. Replace: 将字符串中的某些特定字符串替换为其他字符串

[格式]:

P=Replace(X,S,R)

[说明]:

将字符串 X 中的字符串 S 替换为字符串 R，然后返回。

[范例]:

X="VB is very good"

P=Replace(X,good,nice)

输出结果为 P="VB is very nice"。

5. StrReverse：反转字符串

[格式]:

P=StrReverse(X)

[说明]:

返回 X 参数反转后的字符串

[范例]:

X="abc"

P=StrReverse(X)

输出结果：P="cba"

6. Ucase(X)，Lcase(X)：转换英文字母的大小写

[格式]:

P=Lcase(X)

'将 X 字符串中的大写字母转换成小写

P=Ucase(X)

'将 X 字符串中的小写字母转换成大写

[说明]：除了英文字母外，其他字符或中文字都不会受到影响。

[范例]：

令 X="VB and VC"

则 Lcase(X)的结果为"vb and vc"，Ucase(X)的结果为"VB AND VC"。

7. InStr 函数：寻找字符串

[格式]：

P=InStr(X,Y)

'从 X 第一个字符起找出 Y 出现的位置

P=InStr(n,X,Y)

'从 X 第 n 个字符起找出 Y 出现的位置

[说明]：

（1）若在 X 中找到 Y，则返回值是 Y 第一个字符出现在 X 中的位置。

（2）InStr(X,Y)相当于 InStr(1,X,Y)。

（3）若字符串 X 的长度小于字符串 Y 的长度或 X 为空字符串或在 X 中找不到 Y，则都返回 0。

（4）若 Y 为空字符串，则返回 0。

（四）日期时间类函数

1. Year(X)，Month(X)，Day(X)：取出年，月，日

[格式]：

P=Year(X)

'取出 X"年"部分的数值

P=Month(X)

'取出 X"月"部分的数值

P=Day(X)

'取出 X"日"部分的数值

[说明]：Year 返回的是公元年，若 X 里只有时间，没有日期，则日期视为#1899/12/30#。

2. Hour，Minute，Second 函数：取出时，分，或秒

[格式]：

P=Hour(X)

'取出 X"时"部分的数值

P=Minute(X)

'取出 X"分"部分的数值

P=Second(X)

'取出 X"秒"部分的数值

[说明]：Hour 的返回值是 0 ~ 23 之间。

[范例]：

X=10:34:23

P=Hour(X)

Q=Minute(X)

R=Second(X)

则输出结果：P=10，Q=34，R=23。

3. DateSerial 函数：合并年，月，日成为日期

[格式]：DateSerial(Y,M,D)

其中 Y 是年份，M 为月份，D 为日期。

[说明]：

（1）M 值若大于 12，则月份从 12 月起向后推算 M-12 个月；若小于 1，则月份从 1 月起向后推算 1-M 个月。

（2）若日期 D 大于当月的日数，则日期从当月的日数起，向后推算 D-当月日数；若小于 1，则日期从 1 日起向前推算 1-D 日。

[范例]：

P=DateSerial(2000,02,02)

则结果为 P=2000/02/02。

4. TimeSerial 函数：合并时，分，秒成为时间

[格式]：P=TimeSerial(H,M,S)

其中 H 为小时数，M 为分钟数，S 为秒数。

[说明]：

推算原理同上面的 DateSerial。

[范例]：

P=TimeSerial(6,32,45)

结果为：P=6:32:45。

5. Date,Time,Now 函数：读取系统的日期时间

[格式]：

P=Date()

P=Time()

P=Now()

[说明]：

这三个函数都无参数。

[范例]：

若当前时间为 2003 年 8 月 29 日晚上 19 点 26 分 45 秒，则

P=Now()

结果为：P=2003-08-29 19:26:45。

6. MonthName：返回月份名称

[格式]：

P=MonthName(X)

[说明]：

X 参数可传入 1 ~ 12，则返回值为"一月"、"二月"……，但是在英文 Windows 环境下，返回的是"January","February"……

[范例]：

P=MonthName(1)

则 P="一月"。

7. WeekdayName：返回星期名称

[格式]：P=WeekdayName(X)

[说明]：X 参数可传入 1 ~ 7，则返回值为"星期日"，"星期一"……，但是在英文 Windows 环境下，返回的是"Sunday","Monday"……

[范例]：

P=WeekdayName(1)

结果为：P="星期日"。

附录 D
全国计算机等级考试二级VB考试大纲

● 基本要求

1. 熟悉 Visual Basic 集成开发环境。
2. 了解 Visual Basic 中对象的概念和事件驱动程序的基本特性。
3. 了解简单的数据结构和算法。
4. 能够编写和调试简单的 Visual Basic 程序。

● 考试内容

一、Visual Basic 程序开发环境

1. Visual Basic 的特点和版本。
2. Visual Basic 的启动与退出。
3. 主窗口：
（1）标题和菜单；
（2）工具栏。
4. 其他窗口：
（1）窗体设计器和工程资源管理器；
（2）属性窗口和工具箱窗口。

二、对象及其操作

1. 对象：
（1）Visual Basic 的对象；
（2）对象属性设置。
2. 窗体：
（1）窗体的结构与属性；
（2）窗体事件。
3. 控件：
（1）标准控件；
（2）控件的命名和控件值。
4. 控件的画法和基本操作。
5. 事件驱动。

三、数据类型及其运算

1. 数据类型：
（1）基本数据类型；

（2）用户定义的数据类型。

2. 常量和变量：

（1）局部变量与全局变量；

（2）变体类型变量；

（3）缺省声明。

3. 常用内部函数。

4. 运算符与表达式：

（1）算术运算符；

（2）关系运算符与逻辑运算符；

（3）表达式的执行顺序。

四、数据输入、输出

1. 数据输出：

（1）Print 方法；

（2）与 Print 方法有关的函数(Tab,Spc,Space$)；

（3）格式输出(Format$)。

2. InputBox 函数。

3. MsgBox 函数和 MsgBox 语句。

4. 字形。

5. 打印机输出：

（1）直接输出；

（2）窗体输出。

五、常用标准控件

1. 文本控件：

（1）标签；

（2）文本框。

2. 图形控件：

（1）图片框，图像框的属性,事件和方法；

（2）图形文件的装入；

（3）直线和形状。

3. 按钮控件。

4. 选择控件：复选框和单选按钮。

5. 选择控件：列表框和组合框。

6. 滚动条。

7. 计时器。

8. 框架。

9. 焦点与 Tab 顺序。

六、控制结构

1. 选择结构：

（1）单行结构条件语句；

（2）块结构条件语句；

（3）Iif 函数。

2. 多分支结构。

3. For 循环控制结构。

4. 当循环控制结构。

5. Do 循环控制结构。

6. 多重循环。

七、数组

1. 数组的概念：

（1）数组的定义；

（2）静态数组与动态数组。

2. 数组的基本操作：

（1）数组元素的输入、输出和复制；

（2）ForEach…Next 语句；

（3）数组的初始化。

3. 控件数组。

八、过程

1. Sub 过程：

（1）Sub 过程的建立；

（2）调用 Sub 过程；

（3）通用过程与事件过程。

2. Function 过程：

（1）Function 过程的定义；

（2）调用 Function 过程。

3. 参数传送：

（1）形参与实参；

（2）引用；

（3）传值；

（4）数组参数的传送。

4. 可选参数与可变参数。

5. 对象参数：

（1）窗体参数；

（2）控件参数。

九、菜单与对话框

1. 用菜单编辑器建立菜单。

2. 菜单项的控制：

（1）有效性控制；

（2）菜单项标记；

（3）键盘选择。

3. 菜单项的增减。

4. 弹出式菜单。

5. 通用对话框。

6. 文件对话框。

7. 其他对话框（颜色，字体，打印对话框）。

十、多重窗体与环境应用

1. 建立多重窗体应用程序。

2. 多重窗体程序的执行与保存。

3. Visual Basic 工程结构：

（1）标准模块；

（2）窗体模块；

（3）SubMain 过程。

4. 闲置循环与 DoEvents 语句。

十一、键盘与鼠标事件过程

1. KeyPress 事件。

2. KeyDown 与 KeyUp 事件。

3. 鼠标事件。

4. 鼠标光标。

5. 拖放。

十二、数据文件

1. 文件的结构和分类。

2. 文件操作语句和函数。

3. 顺序文件：

（1）顺序文件的写操作；

（2）顺序文件的读操作。

4. 随机文件：

（1）随机文件的打开与读写操作；

（2）随机文件中记录的增加与删除；

（3）用控件显示和修改随机文件。

5. 文件系统控件：

（1）驱动器列表框和目录列表框；

（2）文件列表框。

6. 文件基本操作。

● 考试方式

上机考试，考试时长 120 分钟，满分 100 分。

1. 题型及分值

单项选择题 40 分（含公共基础知识部分 10 分）。

基本操作题 18 分。

简单应用题 24 分。

综合应用题 18 分。

2. 考试环境

Microsoft Visual Basic 6. 0